KRÖNERS TASCHENAUSGABE BAND 476

ROBERT M. BROWNING

DEUTSCHE LYRIK DES BAROCK
1618–1723

Autorisierte deutsche Ausgabe
besorgt von

GERHART TEUSCHER

ALFRED KRÖNER VERLAG STUTTGART

CIP-Kurztitelaufnahme der Deutschen Bibliothek

Browning, Robert M.:
Deutsche Lyrik des Barock: 1618–1723/Robert M. Browning. Autoris. dt. Ausg. besorgt von Gerhart Teuscher. – Stuttgart: Kröner, 1980.
(Kröners Taschenausgabe; Bd. 476)
Einheitssacht.: German baroque poetry ⟨dt.⟩
ISBN 3-520-47601-0

Originaltitel: *German Baroque Poetry, 1618–1723,*
The Pennsylvania State University Press 1971

INHALT

VORWORT DES HERAUSGEBERS

Die hier vorgelegte Arbeit erschien erstmals 1971 in Nordamerika als vielbeachteter englischsprachiger Beitrag zur lyrischen Dichtung des deutschen Barock. Der Verfasser, ein namhafter Germanist, war bis zu seiner Emeritierung im Jahr 1979 Professor für deutsche Sprache und Literatur am Hamilton College im Staat New York.

Im englischen Vorwort wies Professor Browning auf die bestürzenden Lücken im Bereich der deutschen Literatur des 17. Jahrhunderts, wo, wie er betonte, für viele Dichter noch immer keine zuverlässigen Werkausgaben existieren, wo monographische Studien größtenteils noch fehlen, wo sogar die allgemeinen Entwicklungszüge des Jahrhunderts noch weitgehend ungewiß und Gegenstand der Spekulation sind. Diese unbefriedigende Situation stelle den Literaturhistoriker vor eine äußerst schwierige Aufgabe.

Der Verfasser hat diese Aufgabe gelöst, indem er ein Buch über eine Reihe repräsentativer Dichter und ihre Themen schrieb. Diese Dichter werden sowohl in ihrer individuellen Eigenart als auch in ihren zeittypischen Eigenschaften erfaßt; die entsprechenden Ausführungen stützen sich in jedem Falle auf eine genaue Lektüre der Werke.

Das erste Kapitel spürt der eigentümlichen Spätentwicklung der deutschen Barockliteratur nach und untersucht die Bedeutung von Martin Opitz für die deutsche Dichtung des 17. Jahrhunderts. Im zweiten Kapitel werden führende Vertreter der Kirchenlieddichtung des ausgehenden 16. und des 17. Jahrhunderts vorgestellt; eine detaillierte Untersuchung des Schaffens von Johann Scheffler, Catharina Regina von Greiffenberg und Quirinus Kuhlmann schließt sich an. Im Mittelpunkt des dritten Kapitels steht die überragende Gestalt des Andreas Gryphius. Die Dichtung der »Manieristen-Erotiker« ist das Thema des vierten Kapitels. Jedes Kapitel bietet eine reiche Auswahl von Gedichtbeispielen und Interpretationen. Ausführliche biographisch-bibliographische Angaben zu den einzelnen Dichtern sind zur Entlastung des Haupttextes in einem separaten Anmerkungsteil zweckmäßig untergebracht. Das besonders umfangreiche Schlußkapitel nimmt Abschied vom Barockzeitalter. Hier werden in einer spannenden, die neueste Forschung berücksichtigenden Darstellung Leben und Werk Johann Christian Günthers verwoben und die Anfänge eines neuen Empfindens sichtbar gemacht.

Fachgelehrte in Nordamerika und Europa haben das Buch als einen wichtigen und interessanten Beitrag gewürdigt, der literaturgeschichtliche Darstellung, Forschungsbericht und kritischen Kommentar in einer das selbständige Urteil des Lesers herausfordernden Weise vereinige. Die Kritik war sich einig in ihrem Lob für die von solider Sachkenntnis getragene Arbeit, die die literarische Entwicklung in Deutschland vor den Hintergrund der europäischen Entwicklung stelle, neue und notwendige Fragestellungen zur barocken Lyrik biete und insbesondere den Nichtspezialisten in das lyrische Schaffen des Zeitalters einführe, ohne in eine unwissenschaftlich popularisierende Darstellung zu verfallen.

Dem Übersetzer war die Besorgung einer deutschen Ausgabe seit längerem ein Anliegen, das sich nun innerhalb eines von der Universität bewilligten vorlesungsfreien Jahres verwirklichen ließ. Er ist dem Verlag dankbar für die Aufnahme der Übersetzung in dessen Sammlung wissenschaftlicher Taschenbücher.

Die Übertragung ist ungekürzt; verschiedene Ergänzungen wurden zusätzlich eingearbeitet. Die Gedichtzitate sind, wo immer möglich, mit den angegebenen Quellen verglichen worden. Vom Verfasser paraphrasierend verwendete wissenschaftliche Literatur konnte fast in jedem Fall eingesehen werden; die Fernleihdienste der Universität McMaster wurden dafür dankbar in Anspruch genommen. Eine Reihe von Textstellen wurde für den deutschen Leser kurz erläutert. Neu in den Anmerkungsteil aufgenommen wurden kurze biographische Angaben zu Simon Dach, Johann Rist, Friedrich von Logau, Nicolaus Selnecker, Philipp Nicolai und Johannes Heermann.

Stark erweitert und auf den neuesten Stand gebracht wurde das Literaturverzeichnis, das jetzt vierfach unterteilt ist, und zwar in eine Zusammenstellung von Sammlungen deutscher Barocklyrik, ein Verzeichnis von Werkausgaben der behandelten Dichter, ein Sekundärliteraturverzeichnis sowie einen kurzen allgemeinen Teil. (Dankbar erwähnt sei hier die gewissenhafte kompilatorische Vorarbeit von Mrs. C. Königsreuther-Socknat, M.A.) Vollständigkeit wurde dabei nicht angestrebt.

Das Übersetzungsmanuskript wurde mit dem Verfasser während einer mehrtägigen Begegnung abgesprochen und durchgearbeitet. Der Übersetzer dankt Professor Browning für wertvolle Ratschläge und für seine freundliche Geduld. Er teilt seine Hoffnung, das Buch möge beim Leser – besonders beim jüngeren Leser, der sich vielleicht erstmals mit dem deutschen Barock befaßt – ein Interesse, wenn nicht sogar eine Begeisterung für dieses Zeitalter wachrufen. Seine Übertragung widmet der Übersetzer in Dankbarkeit seinem verehrten Lehrer, Herrn Professor A. George de Capua.

Hamilton, im Frühjahr 1980

I

OPITZ UND DIE LYRIK DER RENAISSANCE

Ein auffallendes Merkmal der deutschen Literatur, die vom allgemeinen europäischen Standpunkt aus gesehen ohnehin in mehrfacher Hinsicht Besonderheiten aufweist, ist ihre eigentümliche Spätentwicklung. Im Chor der Nationen setzt ihre Stimme fast als letzte ein. Auch noch im 17. Jahrhundert hat sie nur der eigenen Einschätzung nach europäisches Format erreicht. Ein kurzer Blick auf die Lage in den Nachbarländern erhellt rasch die exzentrische Position Deutschlands.

Nach dem Rückgang der lyrischen Springflut im Spätmittelalter folgte in den deutschen Ländern eine lange Periode der Dürre, ein krasser Gegensatz zu der üppigen Blüte in anderen Nationen. Die Renaissance befruchtete die deutschsprachige Dichtung im 15. und 16. Jahrhundert kaum. Man hat gesagt, daß Deutschland eine Reformation statt einer Renaissance gehabt habe und daß alle Energien, die der Schaffung von Poesie hätten dienen können, in polemischen Auseinandersetzungen verbraucht worden seien. Ebenso wurde durch die spaltende Wirkung der Reformation jedes aufkommende Gefühl für nationale Einheit geschwächt. Das Nationalgefühl in Frankreich, England, Spanien, Portugal und Holland erwachte mit nationaler Expansion, zentralisierter Regierung, Welterforschung und Welthandel. Es erwachte mit dem Gefühl für eine nationale Sendung, und damit erwuchsen die neuen Nationalliteraturen. Deutschland war mit sich selbst uneins, stark dezentralisiert und ohne die treibende Kraft, die das Heilige Römische Reich geschaffen hatte. Es war schwach, weil es zu viele Schwerpunkte hatte – nicht, weil es keinen Schwerpunkt besaß –, und so blieb es abseits der Hauptströmung. So kann man argumentieren. Das Problem bei solchen Argumenten ist das Problem aller Ex-post-facto-Argumente. Hätte es im 15. und 16. Jahrhundert trotz dieser Bedingungen wirklich eine Blütezeit deutscher Dichtung gegeben, dann hätte die Geistesgeschichte ganz sicher auch dafür eine Fülle von Gründen beigebracht. Sie hätte dann ihren Aussagen lediglich ein positives statt einem negativen Vorzeichen geben müssen. Der Geist weht, wo er will. Vielleicht ist das der wahre ›Grund‹. Und außerdem: Als Deutschland dann doch eine Nationalliteratur im europäischen Stil zu schaffen begann, war es immer noch eine gespaltene Nation und sogar gespaltener als je zuvor – die Anfänge dieser Literatur fallen zusammen mit dem Dreißigjährigen Krieg.

Das Beispiel Italiens, zerrissen von inneren Zwisten, überrannt von fremden Eindringlingen, schwach, dezentralisiert, ohne ein stärkeres Gefühl für nationale Sendung als Deutschland, könnte als weiteres Gegenbeispiel dienen. War es doch in Italien, wo die moderne europäische Literatur entstand. Italien hatte bis zum 17. Jahrhundert der westlichen Welt eine Dichtung geschenkt, die mit zur wertvollsten und wirkungsträchtigsten zählt, die diese Welt besitzt, und es hatte Konventionen eingeführt, die zumindest in der Lyrik in ganz Europa bis ins 18. Jahrhundert vorherrschen sollten. Man braucht sich nur die Namen von Dichtern wie Dante, Petrarca, Ariost, Tasso, Michelangelo, Sannazzaro und Guarini ins Gedächtnis zu rufen. Und auch in der Literaturtheorie (Dante, Boccaccio, Cinzio, Minturno, Castelvetro) ist Italien führend.

Die Blüte einer nationalen Literatur in Spanien im *siglo de oro* ist kaum weniger eindrucksvoll. Bis zum 17. Jahrhundert oder während dieses Jahrhunderts haben sich Jorge de Montemayor, Garcilaso de la Vega, San Juan de la Cruz, Cervantes, Lope, Góngora, Quevedo und Calderón vorgestellt, alles Namen von europäischem Format. Die französische Leistung ist weniger überwältigend, aber noch immer ziemlich eindrucksvoll. Impulse, die in Frankreich in der provenzalischen Dichtung entstanden waren und in Italien vom Neuplatonismus umgeformt und von großen Dichtern entwickelt worden waren, wirkten von Italien aus wieder auf Frankreich ein, und die Franzosen schufen schon bald eine ›moderne‹ und ausgesprochen nationale Literatur. Die bedeutendsten Namen sind hier Ronsard und Du Bellay, die zentrale Gruppe ist die Plejade, deren revolutionäre Ansprüche zwar übertrieben, aber doch nicht völlig unbegründet waren, wenn man sie im französischen Rahmen betrachtet. Mit einer gewissen Berechtigung läßt sich sagen, daß die Gründungsurkunde der französischen Literatur Du Bellays Manifest *Deffense et Illustration de la Langue Françoyse* (1549) ist.

Englands ›nest of singing birds‹ (Zitat aus *The Life of Johnson* [1791], v. James Boswell: ›Sir, we are a nest of singing birds‹.) hatte bis zum 17. Jahrhundert längst das Licht der Welt erblickt, und das Jahrhundert selbst sollte in John Milton den zweitgrößten Dichter englischer Sprache hervorbringen. Sogar die niederländische Literatur, die bald dem deutschen Barock als eine der Hauptanregungen dienen sollte, hatte im 16. Jahrhundert von Italien Feuer gefangen, und bis zur Mitte des nächsten Jahrhunderts waren die meisten ihrer klassischen Werke entstanden. Der schicksalhafte Zufall, der es wollte, daß die Gedichte und Stücke von Hooft, Bredero, Vondel und Huygens in einer der ›Neben‹-Sprachen Europas verfaßt wurden, ist der Hauptgrund dafür, daß die meisten von uns so wenig darüber wissen.

An dieser unglaublichen Blüte des europäischen Geistes – und wir haben nur einen flüchtigen Blick auf die Leistung in der Literatur geworfen und nichts über die Malerei, Musik, Architektur, Naturwissenschaft oder Philosophie gesagt – hatte Deutschland nur einen geringen Anteil (die wichtige Ausnahme ist die Malerei). Sein Beitrag war die Reformation, und die Reformation blickte ebensosehr zum Mittelalter zurück, wie sie dem Humanismus und der Neuen Kunstdichtung entgegenblickte[1].

Damit soll nicht gesagt werden: *Germania non cantabat.* Tatsächlich wurde viel gesungen; das 15. und das 16. Jahrhundert waren sogar das goldene Zeitalter des Volkslieds. Es bedeutet nur, daß Deutschland noch keinen Anschluß an die Hauptströmung der europäischen Literatur gefunden hatte. Und ebensowenig hatte es – außer auf eine gewissermaßen halb unbewußte und abgewertete Weise – irgendeine Verbindung mit der eigenen deutschen Dichtung des Mittelalters bewahrt. Nicht einmal Gelehrte hatten mehr als eine leise Ahnung davon – wenn überhaupt das –, wer Walther von der Vogelweide, Wolfram von Eschenbach und Gottfried von Straßburg waren. Die Manuskripte ihrer Werke sollten noch viele Jahre lang verstauben. Man hielt es kaum für möglich, irgend etwas anderes als Kirchenlieder,

Balladen und polemisch-didaktische Werke in deutscher Sprache zu schreiben. Dichtung mit Bildungsanspruch wurde auf lateinisch geschrieben. Natürlich gab es in Deutschland neulateinische Dichter ersten Ranges. (Der am meisten gefeierte war Jakob Balde [1604–68].) Es ist nicht unsere Absicht, sie herabzusetzen; sie gehören einfach nicht ins Zentrum unserer Betrachtung.

Der Einfluß neulateinischer Dichtung auf die deutsche Literatur des 17. Jahrhunderts ist nicht leicht abzuschätzen. In einer Hinsicht könnte man ihn als allumfassend bezeichnen. Diese Dichtung war das Medium, durch das die Tradition der Klassik übermittelt und am Leben erhalten wurde, und die meisten Dichter der Zeit schrieben sowohl lateinische als auch deutsche Verse. In anderer Hinsicht jedoch könnte man den Einfluß dieser Dichtung für weniger wichtig halten, und zwar genau deshalb, weil sie *zu* klassisch ausgeprägt und weitgehend frei von den Einflüssen war, welche die volkssprachlichen Literaturen Europas formten. Sicher ist, daß ihr Einfluß auf die Entwicklungsart, die wir als spezifisch ›barock‹ bezeichnen, nicht entscheidend war, und wenn auch nur aus dem einen Grund, daß sie sich an die ›mittlere Ebene‹ des Sprechens hielt und den dekorativen Stil im allgemeinen vermied[2]. Dennoch ist ein großer Teil der deutschsprachigen Dichtung im 17. Jahrhundert von neulateinischem Geist geprägt. Als Humanisten waren die Dichter in der deutschen wie in der lateinischen Sprache zu Hause, die großen Neulateiner mehr in der ersteren als in der letzteren. Gewöhnlich war es ihnen unmöglich, Dichtung im neuen Stil auf deutsch zu schreiben. Offensichtlich lagen für sie die stilistisch-soziologischen Ebenen zu weit auseinander. Es scheint, daß sie sich das Deutsche nur als volkssprachliches Medium zur Verständigung mit den Ungebildeten vorstellen konnten und daher unweigerlich in die altmodischen Muster der Volksdichtungen zurückfielen, wenn sie versuchten, sich deutsch auszudrücken.

Das Volkslied ist ebenfalls ein Kapitel für sich und gehört in ein anderes Buch. An dieser Stelle möge der Hinweis genügen, daß sein Einfluß auf die ›normale‹ deutsche Dichtung des 17. Jahrhunderts sehr gering war. Neben dem Volkslied hatte seit dem 14. Jahrhundert eine als ›Gesellschaftslied‹ bezeichnete anspruchsvollere Liedform floriert, die entfernt mit dem Minnesang und näher mit dem Volkslied verwandt ist, jedoch soziologisch vom Volkslied unterschieden ist. Gegen Ende des 16. und zu Beginn des 17. Jahrhunderts war diese Form in der Hand zweier ihrer Hauptvertreter, der Musikerdichter Jakob Regnart (1540–99) und Johann Hermann Schein (1586–1630), sogar noch anspruchsvoller geworden, als sie nämlich im Text und in der Musik stark italienisiert wurde. Man meinte früher einmal, sie habe den Beginn deutscher Lyrik des 17. Jahrhunderts im neuen Stil bezeichnet, doch ist diese These widerlegt worden[3]. Das Gesellschaftslied war ein musikalisch, aber nicht poetisch bedeutsames Phänomen, trotz der recht beachtlichen Qualität einiger Texte. Die Dichter suchten anderswo nach ihren Vorlagen.

In Georg Rudolf Weckherlin (1584–1653) haben wir dagegen einen echten, wenn auch einsamen Vorläufer der neuen Stilrichtung vor uns[4]. Der aus Schwaben stammende Weckherlin war eine Zeitlang Hofdichter beim Herzog von Württemberg. Später trat er in den Dienst der englischen Krone und stieg unter Jakob I. und dessen Nachfolger Karl I. bis zum ›Latin Secretary‹ (Parlamentssekretär für Auswärtige Angelegenheiten) auf, wurde damit also der unmittelbare Vorgänger Miltons in diesem Amt. Seine *Oden und Gesänge* (1618–19) verraten trotz starker Beeinflussung durch Ronsard und Du Bellay ein originales und vitales Talent, das uns durch seine Frische noch immer bezaubert. Wäre es ihm statt Martin Opitz, dessen Stern wenige Jahre später aufging, gelungen, das Vorbild für die Wiedergeburt der deutschen Dichtung abzugeben, dann hätte es vielleicht fast so etwas wie eine organische Entwicklung des Neuen aus dem Alten gegeben. Weckherlin hatte nämlich trotz seiner geistigen Nähe zur anspruchsvollen Renaissancelyrik Frankreichs den Kontakt mit der schlichteren und urwüchsigeren Volkstradition nicht völlig verloren – eine Vereinigung beider wäre vielleicht erreicht worden. So aber führte Opitz ihre fast völlige Trennung herbei.

Was Weckherlin zu tun versuchte, wenn auch auf eine viel weniger methodische und bewußte Art, war im wesentlichen das, was Opitz und seine Schule dann tatsächlich erreichten: die Einführung der Neuen Kunstdichtung ins Deutsche. Sein begrenzter Erfolg war hauptsächlich auf zwei Faktoren zurückzuführen. Der erste: der phänomenale Aufstieg Opitz' stellte

Weckherlin in den Schatten, ließ ihn altmodisch erscheinen und blockierte von vornherein jeden Einfluß, den er vielleicht auf andere Dichter hätte ausüben können. Der zweite Faktor war unmittelbar mit dem ersten verbunden: Weckherlin suchte romanische Prinzipien der Verslehre auf die deutsche Versdichtung zu übertragen, nach denen jede Verszeile eine vorgeschriebene Silbenzahl hatte, jedoch unbeschränkte Variationsmöglichkeiten im Akzent. Die von Opitz eingeführte Reform ließ ein solches Verfahren allerdings exzentrisch erscheinen, wenn auch zuzugeben ist, daß es eine plausible Methode zur Behandlung deutscher Verse ist.

> Dein leben, dessen end uns plaget,
> War wie ein tag schön und nit lang,
> Ein Stern vor des morgens aufgang...

Zeilen mit weiblichem Ausgang haben hier neun Silben, die mit männlichem Ausgang haben acht. Sie lassen sich nicht nach einem festen Schema skandieren. Hier ist ein weiteres Beispiel aus einem in Alexandrinern verfaßten Sonett (zwölf Silben in männlichen Zeilen, dreizehn in weiblichen):

> Ihr augen, die ihr mich mit einem blick und plitz
> Scharpf oder süß nach lust könt strafen und belohnen;
> O liebliches gestirn, Stern, deren liecht und hitz
> Kan, züchtigend den stoltz, der züchtigen verschonen...

Es ist sehr gut möglich, daß niemand je dagegen protestiert hätte; ja, es hätte mit der Zeit vielleicht als besondere Schönheit des deutschen Versmaßes gegolten, hätte Opitz es später nicht als krassen Fehler gebrandmarkt, wenn metrische Betonung und Wortakzent nicht zusammenfallen. Weckherlin wurde überstimmt, und er selbst läßt Anzeichen des Versuchs erkennen, in späteren Revidierungen die Opitzsche Linie einzuhalten.

In gewisser Hinsicht deutet Weckherlin jedoch mehr auf künftige Entwicklungen hin als Opitz und seine Schule. So ist er etwa viel mehr ›barock‹. Seine offizielle Gelegenheitsdichtung wurde verfaßt mit dem Zweck, einem herzoglichen Fest Glanz zu verleihen, des Todes einer hochgestellten Persönlichkeit zu gedenken, eine Hochzeit zu feiern usw., und sie ist natürlich deutlich zugeschnitten auf ihr höfisches Publikum und bemüht sich selbst, so höfisch wie möglich zu sein. In ihrer Großartigkeit und pomphaften Enkomiastik und in ihrer Sucht nach rhetorischen Ausdrucksmitteln entfaltet sie die volle Pracht des erhabenen Stils, wenn auch ihre weite Robe zuweilen noch immer recht plumpe Falten wirft.

In seiner Liebesdichtung folgt Weckherlin weitgehend der herrschenden petrarkistischen Konvention und fällt dabei gelegentlich all den Auswüchsen zum Opfer, die sich innerhalb dieser Konvention im Lauf der Jahrhunderte gebildet hatten. Er gestaltet dann auf höchst intellektuelle Art, baut jede mögliche rhetorische Figur ein und konstruiert wie die englischen ›Metaphysicals‹ (Bezeichnung für eine Gruppe englischer Lyriker der ersten Hälfte des 17. Jahrh.) eher ein zu lösendes Problem als ein Gedicht, das zum Vergnügen gelesen werden kann. Aber in anderen Fällen haben seine Liebesgedichte eine Schlichtheit und Innerlichkeit, die fast an das Volkslied erinnern. Ein gutes Beispiel für diese Seite seines Talents ist das Lied ›Waiß ich nicht‹; ein Beispiel für seine ›metaphysische‹ Seite ist das Sonett ›Von ihren überschönen augen‹, dessen erstes Quartett oben zitiert wurde[5].

Auch aufrechte Mannhaftigkeit und patriotischen Eifer versteht Weckherlin ohne weiteres auszudrücken, wie das Sonett ›An das Teutschland‹ zeigt. Er war der erste deutsche Dichter, der die Sonettform erfolgreich verwendete, und einer der ersten, der in Alexandrinern schrieb, der charakteristischen Verszeile des Zeitalters. ›An das Teutschland‹ macht deutlich, daß er beides beherrscht:

Zerbrich das schwere Joch, darunder du gebunden,
O Teutschland, wach doch auff, faß wider einen muht,
Gebrauch dein altes hertz, und widersteh der wuht
Die dich, und die Freyheit durch dich selbs überwunden.

Straff nu die Tyranney, die dich schier gar geschunden,
Und lösch doch endlich auß die (dich verzöhrend) glut,
Nicht mit dein aignem schwaiß, sondern dem bösen blut
Fliessend auß deiner feind unnd falschen brüder wunden.

Verlassend dich auff Got, folg denen Fürsten nach,
  Die sein gerechte hand will (so du wilt) bewahren,
  Zu der getrewen trost, zu der trewlosen raach:

So laß nu alle forcht, und nicht die zeit hinfahren,
  Und Got wird aller welt, daß nichts dan schand und schmach
  Des feinds meynaid und stoltz gezeuget, offenbahren.

(Gott wird offenbahren, daß des Feinds Meineid und
Stolz nichts als Schande und Schmach gezeugt hat.)

Und dann gibt es den Weckherlin Rabelaisscher Prägung, so in der Ode ›Drunckenheit‹, einer belustigenden und unterhaltsamen Wiedergabe eines wüsten Gelages unter Kameraden des Dreißigjährigen Krieges und ihren Frauen. Hier sehen wir sie, wie sie anstatt auf Tillys Truppen auf ein gebratenes Spanferkel und einen Kalbskopf losgehen:

Sih, wie mit brechen, schneiden, beissen,
Dem lieben Feind wir machen grauß!
Laß mich das Spanfährlein zerreissen,
Stich dem Kalbskopff die augen auß:
  So, so, wirff damit an die Frawen,
Die wan sie schon so süß und milt
Doch könden hawen und auch klawen;
    Es gilt, es gilt.

Im folgenden Absatz sieht die lustige Gesellschaft bereits weiße Mäuse:

Ha, duck den kopff, scheiß, beiß, Meerwunder.
Nu brauset, sauset laut das Meer;
Ein regen, hagel, blitz und dunder,
Hey, von Hayschrecken ein Kriegsheer;
  Ho! schlag den Elefanten nider,
Es ist ein storck, ha nein, ein lauß,
Glick zu, gut nacht, kom küssz mich wider,
    Das liecht ist auß.

Weckherlin liebt das Leben; dies ist die Quelle seiner Frische und seines Reizes. In einem Gedicht wie ›Die vierte Eclog von der

Herbst zeit‹ gibt es Stellen von fast Keatsischer Sinnlichkeit und erdrückendem Vollgefühl der Sinne. Hier locken die verschiedenen Weintraubensorten die Erntenden mit dem Zauber ihres Namens, ihrer Farben und Eigenschaften:

> Die Glefener schwartz braun , und die Gutedle weiß,
> Die Muscateller gelb, Gänßfüsser und Treutschtrauben,
> Und die Traminer roht, mit schmollend-süssem fleiß
> Den Lesern gleichsam sich auf opfernd abzuklauben.

Und hier gibt ›Florido‹ seiner ›Marina‹ in wollüstigen Bildern deutlich zu verstehen, ihre Reize seien wie der Pfirsich in seiner Hand:

> Ach! widerholet er, wie schön ist dise Frucht,
> Ist der Herbst-Pfersich nicht dick, rohtlecht,
> halb-gespalten?
> Daß schawend ihn nur an empfind ich die Liebsucht,
> Und wünsch alßbald von dir, du weist was, zuerhalten.

Der Umfang von Weckherlins Register und die Vielfalt seiner Formen sind beeindruckend, besonders wenn man bedenkt, daß er am Anfang einer Ära ohne nennenswerte Vorgänger in seiner Muttersprache steht. Man kann sich nicht eines Gefühls des Bedauerns erwehren angesichts dessen, daß die von ihm unternommenen Anfänge zum Scheitern verurteilt waren. War es doch ein Dichter ganz anderer Prägung, der in diesem Zeitalter den Ton angeben sollte.

Martin Opitz (1597–1639)[6] muß nach jedem europäischen Maßstab als zweitrangiger Dichter gelten; dennoch spielt er in der Geschichte der deutschen Literatur eine erstrangige Rolle. Ohne zu übertreiben, könnte man das 17. Jahrhundert ›das Zeitalter Opitzens‹ nennen. Sein Einfluß beruht jedoch weniger auf dem Wert seiner Dichtung als auf der Vorbildlichkeit seines Beispiels und der Genialität seiner zentralen Idee, die in nichts anderem bestand als darin, die deutsche Literatur in Übereinstimmung mit den vorherrschenden Tendenzen in anderen Nationen, besonders Frankreich und Holland, zu reformieren. Wie Kolumbus vermochte Opitz sein Ei nicht aufrechtzustellen, ohne die Schale zu zerbrechen; er vermochte seine Reform nur auf Kosten eines klaren Bruchs mit der nationalen Tradition auszuführen. Sicher muß diese Tradition in unseren Augen sehr rückständig, ja sogar mittelalterlich erscheinen, denn sie hatte eigentlich noch keine Verbindung mit der neuen Renaissancedichtung aufgenommen. Und dennoch wäre es, wie das Beispiel Weckherlins zu zeigen scheint, im Fall eines weniger unnachgiebigen Reformators als Opitz vielleicht doch möglich gewesen, eine Art von Verbindung zwischen beiden herbeizuführen und so eine echt *deutsche* Dichtung zu schaffen anstatt der derivativen deutsch*sprachigen* Variationen über europäische Renaissancedichtung, die dann tatsächlich das Ergebnis der Opitzschen Reform waren.

Opitz war seiner Natur nach eher ein Gelehrter und Schulmann als ein Dichter. Er war ein typischer Humanist, gelehrt und stolz auf seine Gelehrtheit, und er besaß eine natürliche Begabung für Verskunst. Bei den Gelehrten wollte er auch Anklang finden, er war der Pate einer ganzen Generation von Dichtergelehrten. Seine Patenkinder waren typische junge Gelehrte wie er selbst, die seit der Lateinschule lateinische Verse verfaßt hatten, streng nach dem Vorbild der Klassiker. Alle Verfasser von *Kunstpoesie* (im Gegensatz zur *Volkspoesie*) dieser Zeit waren gelehrt; der Poet war seiner Definition nach *doctus*. Es gab hier kein Naturkind, das unbekümmert seine Melodien pfiff und damit bestand. Diese Humanisten sahen herab auf die gewöhnliche Herde und die volkstümliche Literatur in der Landestradition. Sie dachten haargenau wie Opitz; er war ihr geborener *praeceptor poeticae*.

Opitzens Reform kam in Gestalt eines schmalen Bandes (der moderne Nachdruck hat rund 60 Seiten) mit dem Titel *Buch von der Deutschen Poeterey* (Breslau 1624), das an einem Abend gelesen und in einer Woche verarbeitet werden kann. Es ist lediglich eine abgekürzte oder ›Reader's-Digest‹-Version einer langen Reihe von klassischen bzw. Renaissancepoetiken von Horaz über Scaliger bis zu Ronsard-Du Bellay. Das Neue liegt ausschließlich darin, daß es auf die besonderen Erfordernisse des Deutschen zugeschnitten ist. Das Buch hatte rasch eine ganze Nachkommenschaft von ähnlichen Nachschlagewerken zur Folge, darunter einige recht kunstreiche, aber keines war wesentlich verschieden[7]. Das letzte in dieser Reihe war Gottscheds *Critische*

Dichtkunst, die etwas über hundert Jahre später (1730) erschien.

Die von Opitz eingeführte ›Reform‹ läßt sich auf den folgenden Nenner bringen: Er zeigte seinen Landsleuten, daß auch sie bei Befolgung einiger ziemlich einfacher Regeln und bei genauer Beobachtung ihrer Sprache und Grammatik recht beachtliche deutsche Dichtung im Renaissancestil schaffen konnten. Natürlich versprach er nicht, seidene Täschchen aus Schweinsohren herzustellen. Eigenes Talent wurde vorausgesetzt, ebenso humanistische Gelehrtheit, das sine qua non für jeden zeitgenössischen Dichter. War dies aber gegeben, dann sollte man, wenn man sich an die Anleitungen von Opitz hielt, ein Gedicht schreiben können, das seine Probe bestand, selbst in der Wertung der Niederländer. Opitz gibt nicht vor, etwas anderes zu liefern als technisches know-how. Aber gerade das wurde gebraucht. Von Inhalt in unserem Sinn des Begriffs ist in der *Poeterey* kaum die Rede, und zwar aus dem sehr einfachen Grund, daß für dieses Zeitalter Inhalt und Stoff noch immer wesentlich ein und dasselbe waren – handelte man z. B. von Königen, so bedeutete das ipso facto, im erhabenen Stil und über ein hohes Thema zu schreiben. Auch gibt es hier nichts, was unserem Begriff von ästhetischer Kritik nahekommt. Das Ethos ist humanistisch-patriotisch; das heißt, es wird vorausgesetzt, daß humanistische Ideale – natürlich durchdrungen vom Christentum – als einzige ernsthaft in Betracht gezogen werden können. Und die Deutschen werden im Namen ihres Nationalstolzes ermahnt, die Muttersprache durch deutsche Lieder zu verherrlichen, wie sie das laut Tacitus und Strabo einst in alten Zeiten und – Opitz ist hier mehr oder weniger ungenau informiert – auch im Mittelalter taten (er zitiert das Beispiel Walthers von der Vogelweide). Die deutsche Dichtkunst seiner eigenen Zeit und der vorausgehenden anderthalb Jahrhunderte ignoriert Opitz als nicht wert, daß man sich ernsthaft damit befasse – vom Standpunkt der Neuen Kunstdichtung aus nicht ohne eine gewisse Berechtigung.

Opitzens oberstes poetisches Ideal und im Grunde das Ideal des ganzen Zeitalters ist die ›Zier‹ oder ›Zierlichkeit‹, worunter ›Dekorum‹ bzw. ›Schicklichkeit‹ sowie ›Anmut‹ verstanden werden[8]. Was Opitz damit meint, läßt sich ziemlich gut aus den Hauptregeln ersehen, die er zur Erreichung dieser ›Zier‹ aufstellt.

Man muß:

sich einer reinen Sprache bedienen, das heißt, eines mundartfreien Hochdeutsch;

sorgfältig auf klaren Satzbau und grammatische Korrektheit achten;

Neuwörter durch Zusammensetzung erfinden können, um damit Zahl und Wirksamkeit der eigenen Epitheta zu erhöhen;

lautmalerische Effekte und die Bedeutung der Tropen zur Kenntnis nehmen;

die verschiedenen Arten der Redeweise beachten;

vor allen Dingen das ›ansehen vnd die dignitet‹ der poetischen Rede berücksichtigen, die in erster Linie im metaphorischen Gebrauch der Sprache (›in den *tropis* vnnd *schematibus*‹) besteht. Zu diesem Zweck dürfen die Klassiker ausgebeutet werden;

sich um Reinheit der Reime bemühen;

den Hiatus usw. vermeiden.

Es ist nicht schwer zu sehen, daß all dies auf einen drastischen Bruch mit der gewöhnlichen Sprache deutet, daß das Hauptbestreben sogar dahin geht, einen eigenen Bereich zu schaffen, in dem die Dichtung ihr Leben in ›Dignität‹ und ›Zierlichkeit‹ führen kann. Opitz wäre der letzte gewesen, der Luthers Ratschlag in dessen *Sendbrief vom Dolmetschen* befolgt hätte:

> den man mus nicht die buchstaben inn der lateinischē sprachen fragē / wie man sol Deutsch redē / wie diese esel thun / sondern / man mus die mutter jhm hause / die kinder auff der gassen / den gemeinen mā auff dem marckt drumb fragen / vn̄ den selbigē auff das maul sehen / wie sie reden / vnd darnach dolmetzschen / so verstehen sie es den / vn̄ mercken / das man Deutsch mit jn redet. (*S. v. D.*, hrsg. von K. Bischoff, ^{2}1965.)

Vom Standpunkt der Geschichte der deutschen Versdichtung aus gesehen ist jedoch der wichtigste Rat von Opitz zweifellos der, der das Metrum betrifft. Um seine Bedeutung zu ermessen, muß man eine gewisse Vorstellung davon haben, wie es mit dem Versmaß in der volkstümlichen Tradition aussah.

Die Meistersinger des 15. und 16. Jahrhunderts, z. B. Hans Rosenplüt und Hans Sachs – sowie die ihnen Nacheifernden, wie etwa Martin Luther in seinen Kirchenliedern –, hatten bereits die Alternierung als Norm für die Verszeile eingeführt, hatten aber nicht verlangt, daß der metrische Akzent mit dem natürlichen Wortakzent zusammenfallen müsse. So macht sich Luther nichts daraus, in ›Ein feste Burg‹ zu schreiben:

dér alt bö́se feind
mít ernst érs itzt meint

oder: ›láss fahrén dahín‹. Beim Singen paßte man sich natürlich entsprechend an. Der Beitrag von Opitz bestand darin, die Alternierung beizubehalten, gleichzeitig aber zu verlangen, daß natürlicher Akzent und metrischer Akzent zusammenfallen sollten. So einleuchtend dies uns auch erscheinen mag, war es doch für die deutsche Dichtung des 17. Jahrhunderts eine weitreichende Neuerung. Die Autorität von Opitz erhob sie zu einem ›Gesetz‹.

Opitz war der Meinung, daß im Deutschen nur zwei Metren möglich seien, der Jambus (◡—) und der Trochäus (—◡), und das bedeutete praktisch, daß er glaubte, der deutsche Vers müsse einen streng alternierenden Takt haben. Spätere Theoretiker und Experimentatoren führten dann aber schon bald den Daktylus (—◡◡) ein.

Was die Formen betrifft, so bespricht Opitz vor allem das Sonett, Quatrains (oder Epigramme) und die ›Ode‹, die für ihn eine Liedform ist. Der Reim wird als wesentliches Merkmal des volkssprachlichen Verses erachtet, eine allgemein verbreitete Ansicht. Der Alexandriner ist für ihn wie für das Zeitalter überhaupt der heroische Vers par excellence, er eignet sich aber auch für besinnliche Dichtung.

Opitzens Erfolg war phänomenal und unmittelbar. Man folgte ihm nicht nur, man lobhudelte ihm. Uns muß es etwas seltsam erscheinen, daß eine ganze Nation einen einzigen auf diese Weise den Geschmack diktieren ließ. Der Grund ist mehr in der Bildungsgeschichte zu suchen als im nationalen Charakter, wenn auch zweifellos patriotischer Stolz eine beträchtliche Rolle spielte. Ein kurzer Blick auf die rhetorische Tradition und ihre Rolle in der humanistischen Bildung hilft uns vielleicht, eine bessere Vorstellung davon zu bekommen, warum die Opitzsche Reform so ungeheuer erfolgreich war.

Wenn auch der deutsche Humanismus hinsichtlich seiner Anschauung über die letzten Wahrheiten tief in der christlichen Tradition wurzelte, so war er doch gleichzeitig hinsichtlich seiner Darstellung dieser Wahrheiten ebenso fest verwurzelt in den Traditionen der antiken Rhetorik. Die Rhetorik ciceronianischer und quintilianischer Prägung blieb bis weit ins 18. Jahrhundert eine lebendige Kraft und beeinflußte die literarische Theorie und Praxis zutiefst[9]. Man hielt vorbehaltlos fest an der Lehre von der *rhetorica nutrix omnium artium*, der Rhetorik als Mutter aller Künste, und natürlich ganz besonders aller Redekünste. Heute neigen wir dazu, die poetische und die oratorische Rede als verschiedene Sprechweisen zu betrachten, die erste als ›intransitive‹, absichtslose, ›reine‹ Rede, die zweite als ›transitive‹, das heißt, auf Beeinflussung des Handelns zielende. Diese Unterscheidung ist modern; sie war bestimmt nicht die Auffassung der Humanisten des 16. und 17. Jahrhunderts. In ihrem Fall wäre es eher richtig zu sagen, daß sie die Dichtkunst mehr als gereimte Rhetorik oder Redekunst in Versen betrachteten. Auch die Dichtkunst wurde als Möglichkeit zur Beeinflussung des Handelns gesehen, wenn auch dieses Handeln weitgehend innerlich, das heißt, emotional sein konnte. Das Ziel der Dichtkunst war wie das der Redekunst die *Überredung*, die Eroberung des Herzens und des Verstands.

Dieser pathetisch-ethische Aspekt der deutschen Dichtung des 17. Jahrhunderts wurde im Verlauf des Jahrhunderts noch deutlicher und ist in der Tat ihr spezifisch ›barockes‹ Charakteristikum. Er äußert sich in manieristischen Übertreibungen. Als den Dichtern selber immer klarer wurde, was sie eigentlich taten, daß sie nämlich die Mittel der (klassischen) Rhetorik auf den deutschen Vers anwandten, kam es zu einem deutlichen Bemühen um immer kunstreichere Ausschmückung, Expansion, bizarre Metaphern, Häufung von Substantiv auf Substantiv und Wendung auf Wendung – kurzum, das ganze Spektrum rhetorischer Kunstmittel in üppiger Übertreibung, was man abwertend als ›Schwulst‹ oder Bombast (den ›geschwollenen‹ Stil) bezeichnet. Es ist, als fragten sie sich: Wenn *etwas* gut ist, warum soll dann *mehr* nicht besser sein? Ein weiterer Grund für eine solche Extravaganz liegt aber zweifellos darin, daß die von den zeitgenössischen Dichtern behandelten Themen traditionell und zahlenmäßig ziemlich begrenzt sind – die Vergänglichkeit der Welt, stoisches Heldentum, Sehnsucht nach (zeitlichem und ewigem) Frieden, Carpe diem, Lob der Geliebten; das sind mit die häufigsten. Das Bemühen um die Darstellung dieser traditionellen Themen auf immer neue und auffallendere Weise führt unweigerlich zur Übertreibung. Für eine einzige Idee suchte man einen immer kräftigeren Ausdruck. Nicht Genauigkeit war das Ziel, sondern das Eindrucksvolle. Der Leser sollte *überwältigt* werden. Vom Standpunkt des Ethos dieser Tradition aus läßt sich die manieristische Verwendung rhetorischer Mittel erklären als Möglichkeit zur Beeinflussung des Handelns – oder in diesem Fall zur Beeinflussung des Gefühls.

Opitz tat also einfach folgendes: Er zeigte seinen Landsleuten, wie man die rhetorische Tradition, mit der jedes Schulkind bereits gründlich vertraut war, auf den *deutschen* Vers anwendet. Er diktierte deshalb nicht den Geschmack, er folgte ihm. Er zeigte seinen Landsleuten, was sie wirklich meinten. Das war seine Botschaft, und das war der Grund, warum er sogleich eine zahlreiche Anhängerschaft fand.

Diese weitverbreitete Haltung trägt dazu bei, eine Reihe von Dingen in der deutschen Dichtung des 17. Jahrhunderts zu erklären. Da sich die rhetorische Methode weitgehend mehr oder weniger mechanisch anwenden ließ, erklärt sich daraus zum einen die ungeheure Zahl von Verseschmieden, eifrigen Schülern, die begierig waren zu beweisen, daß auch sie ihre Lektion verstanden hatten. Zum andern erklärt sich daraus die Ablehnung der viel schlichteren und direkteren (und für unser Empfinden viel tiefempfundeneren) volkstümlichen Tradition. Wie wir schon andeuteten, liegt darin auch mit die Erklärung für die typisch barocken Übertreibungen, die wenigstens teilweise nur das Ergebnis des Durchdenkens der grundsätzlichen Prämisse bis zum logischen Schluß waren; und schließlich erklärt sich daraus – in recht paradoxer Weise, wenn man bedenkt, daß das Ziel *persuasio* war – weitgehend die ›Distanziertheit‹ eines so großen Teils der barocken Dichtung, was Günther Müller als ihre ›Distanzhaltung‹ bezeichnete[10]. Der Grund liegt wahrscheinlich vor allem in der Reduzierung persönlichen Erlebens auf allgemeine Begriffe, um es im rhetorischen Sinn lebensfähig zu machen, was dem

Gegenpol der späteren und symbolischen Behandlung des persönlich Erlebten nahekommt.

Opitzens eigene Lyrik war, wie heute weithin anerkannt wird, noch nicht ›barock‹. Vielmehr behält sie die ›mittlere Ebene‹ des Sprechens bei, die typisch ist für die klassische Tradition von Horaz bis Ronsard; mit anderen Worten, sie ist das, was man Renaissancelyrik nennt. Daß ihr das Leidenschaftliche fehlt, ist nicht eigentlich charakteristisch für die Renaissancelyrik, sondern für Opitzens eigene Natur. Wo man versucht hat, Opitz als subtilen und tiefsinnigen Dichter hinzustellen, hat man nicht sehr überzeugt[11]. Zubilligen muß man ihm allerdings Formvollendung – man findet wenige Anzeichen für einen krassen Anfänger in einem neuen Medium.

Günther Müller und Friedrich Gundolf haben seine Lyrik sehr genau charakterisiert[12]. Beide betonen deren Kälte und Intellektualität. Alle Gedichte von Opitz sind, wie Gundolf hervorhebt, im Grunde didaktisch, was auch immer das offenkundige Thema sein mag. Der Tonfall und das Verfahren seiner Stoffdurchdringung bleiben im wesentlichen gleich, ob er nun eine Elegie, ein Sonett oder ein Lied schreibt. Typischerweise nimmt er eine Idee, erläutert sie durch Beispiele und verziert sie mit Bildern; dann zieht er den Schluß. Nichts könnte weniger leidenschaftlich sein als seine Liebesdichtung, obgleich er Petrarca und die Petrarkisten (z. B. Gambara) eifrig nachahmt, das heißt, übersetzt und bearbeitet. Er gesteht selbst im ersten Gedicht der *Teutschen Poemata,* daß seine Interessen anderswo liegen:

> Diß Buch ist mein Beginn in Lieb' vnd auch das Ende:
> Ein nochgelehrter Werck /zu dem ich jetzt mich wende /
> Daß sol mehr alß diß Buch so viel mahl besser seyn /
> Je besser Weißheit ist alß Venus süsse Pein.

Als Thema für sein ›Buch‹ steht die Philosophie höher als die Liebe. In der Tat ist der ›Dedicatio‹ zufolge die richtige Art der Liebesdichtung, also die platonische, selbst nur getarnte Ethik: ›daß also der Jugent die Lehre der Tugenden durch diese verblümbte weiß eingepflanzt wird, und sie fast unwissend darzu gelangen‹[13]. Es besteht für uns kein Grund, nicht zu glauben, daß

Opitz das ehrlich meinte. Es ist ein Dogma, das mindestens bis auf Dante oder sogar bis auf die Troubadours zurückgeht. Die rhetorische Tradition verlangte zweckbestimmte Dichtung; das *prodesse* darf nicht auf Kosten des *delectare* vergessen werden. Aus diesem Grund finden wir laufend Abhandlungen über den ›Gebrauch‹ der Dichtung in dieser Tradition. Was den ›Gebrauch‹ seines Buchs als Ganzem betrifft, so drückt sich Opitz völlig klar aus. Das Deutsche ist für die Dichtkunst ebensogut geeignet wie jede andere Sprache, keinesfalls kann man zugestehen,

es sey vnser Teutsches dermassen grob vnd harte / daß es in diese gebundene Art zuschreiben (d. h. in regelmäßigem Versmaß und gereimt) nit könne füglich gebracht werden: weil noch biß auff diese Stundt im Heldenbuche vnnd sonsten dergleichen Gedicht vnd Reimen zu finden sein / die auch viel andere Sprachen beschemen solten. *Ihm sey aber doch wie jhm wolle / bin ich die Bahn zu brechen / vnd durch diesen anfang vnserer Sprache Glückseeligkeit zu erweisen bedacht gewesen*[14].

Wenn Opitz wirklich die ›Weisheit‹ am Herzen liegt, so lägen erwartungsgemäß der Kern seines Schaffens und der Schlüssel zu seinem Empfinden in längeren moralistischen und reflektierenden Alexandrinergedichten wie etwa ›TrostGedichte in Widerwertigkeit Deß Krieges‹, ›Vielguet‹ (ein Ortsname) und ›*Zlatna,* Oder von der ruhe deß gemüthes‹. Hier geht es ihm darum, inmitten einer friedlosen Welt und den trügerischen Versuchungen des ›Erfolgs‹ seelischen Frieden zu finden. Das Ethos ist beinahe ein monastisches, was bei Gelehrten nicht ungewöhnlich ist. Und dennoch kann man sich bei alledem eines gewissen Zweifels nicht erwehren. Gewiß ist das sein Thema, aber ist es wirklich der Schlüssel zu seinem Empfinden? Es ist sehr schwer zu sagen, bis zu welchem Grad das monastische Ethos in solchen Gedichten einem Gefühl für ›Dekorum‹ entspringt, das heißt, einem Gefühl dafür, was sich schickt für die spezielle Gattung des längeren reflektierenden Gedichts über die Situation der Welt und der Stellung des Menschen darin, und bis zu welchem Grad dieses Ethos den eigenen Gefühlen des Dichters entspringt. Dies ist ein Problem, das bei der Interpretation aller Barockdichtung ständig auftaucht und das im Grunde nicht zu lösen ist. Trotz aller Bemühungen können wir uns nicht völlig in die Geisteshaltung der Zeit hineinversetzen und sie von innen her betrachten. Von diesem Gesichtspunkt aus gesehen muß das Barock, so scheint es, wie ein Buch bleiben, das verschlossen oder doch nur soweit geöffnet ist, daß wir das Ende der Zeilen zu lesen vermögen. Wir wissen z. B., daß Opitz bei all seinem Lob für die idyllische Schlichtheit Siebenbürgens in ›Zlatna‹ es kaum erwarten konnte, bis er in eine zivilisiertere Umgebung zurückkehrte. Und er verdiente seinen Lebensunterhalt als Hofmann und lebte als ein Mann der Welt, nicht als zurückgezogener Schulmeister oder bescheidener Gutsbesitzer, der sich in einem einsamen Winkel der Welt in seine Bücher vergrub, was doch dem Anschein nach sein Ideal gewesen sein müßte. Wenn man mit Nietzsche sagen möchte: ›Ich mache mir aus einem Philosophen gerade so viel, als er imstande ist ein Beispiel zu geben‹, dann wird man von Opitz als einem ›Philosophen‹ nicht viel halten. Dennoch können wir vielleicht mit Gundolf sagen, daß der Konflikt zwischen ›Sinnenglück und Seelenfrieden‹ sein ›Problem‹ war. Opitzens ›Persönlichkeit‹ wird, wie die so vieler Dichter des 17. Jahrhunderts, für uns zweifellos für immer ein Geheimnis bleiben.

Viele seiner Gedichte in *Teutsche Poemata* sind Übersetzungen bzw. Bearbeitungen griechischer, lateinischer, italienischer, französischer und niederländischer Vorlagen. Opitzens Bestreben ist, ein Beispiel zu geben, ›die bahn zu brechen‹, und nicht, Originalität in unserem Sinn des Wortes zu entfalten. Außerdem galt Originalität noch nicht als besondere Tugend eines Dichters. Das ist lediglich ein anderer Aspekt der rhetorischen Tradition und ihrer Betonung des Technischen. Der Dichter bemühte sich weniger darum, auszudrücken, was *er* fühlte, als vielmehr darum, welche Gefühle ›man‹ bei einem bestimmten Thema oder in einer bestimmten Situation haben sollte. Daher ist Opitzens erste Gedichtsammlung in einer Hinsicht eine Art Anthologie, in der modische Themen und ihre Behandlung in der Neuen Kunstdichtung erläutert werden. Gehe hin und tue desgleichen, sagte er implizite zu seinen Landsleuten, wie er das explizite in seiner *Poeterey* gesagt hatte. Und sie taten es.

Eines der am meisten nachgeahmten Gedichte in der *Poemata*-Ausgabe von 1625 war ›Ihr schwartzen Augen / ihr‹, das ich als Beispiel für die Lyrik von Opitz auf der Höhe seines Könnens zitiere. Es enthält zwar eine sehr ungeschickte Zeile (Vers 14), demonstriert aber doch recht gut die Geschmeidigkeit, die seine Verse zuweilen erreichen konnten, und zeigt gleichzeitig, wie gründlich er die Konventionen der Renaissancelyrik beherrschte. Obwohl es ein Lied ist, leidet seine Wirkung nicht unter dem Fehlen einer Melodie. Erst seit dem Barock finden wir deutsche Lyrik, die vom Wort allein leben soll, unabhängig von der Musik.

Jhr schwartzen Augen / jhr / vnnd du / auch schwartzes Haar /
Der frischen Flavien / die vor mein Hertze war /
Auff die ich pflag zu richten /
Mehr als ein weiser soll /
Mein Schreiben / Thun vnd Tichten /
Gehabt euch jetzund wol.
Nicht gerne sprech' ich so / ruff' auch zu Zeugen an
Dich / Venus / vnd dein Kind / daß ich gewiß hieran
Die minste Schuld nicht trage /
Ja alles Kummers voll
Mich stündlich kränck' vnd plage /
Daß ich sie lassen soll.
Jhr Parcen / die jhr vns das Thun des Lebens spinnt
Gebt mir vnd jhr das was ich jhr / vnd sie mir gonnt /
Weil ich's ja soll erfüllen /
soll zähmen meinen Fuß /
Vnd wieder Lust vnd Willen
Auch nachmals sagen muß:

Jhr schwartzen Augen / jhr / vnnd du / auch schwartzes Haar /
Der frischen Flavien / die vor mein Hertze war /
Auff die ich pflag zu richten /
Mehr als ein weiser soll /
Mein Schreiben / Thun vnd Tichten /
Gehabt euch jetzund wol.

(A. Schöne, *D. Zeitalter d. Barock,* S. 884.)

Paul Fleming (1609–40)[15] ist der begabteste unter den Dichtern, die unmittelbar in der Spur von Martin Opitz folgten. In ihrer Ansicht über das Wesen der Dichtkunst wie auch in ihrer stoisch-christlichen Lebensauffassung zeigen beide viel Ähnlichkeit, jedoch besitzt Fleming eine Inbrunst, die Opitz völlig fremd ist. Manche Gedichte von Fleming können uns noch immer bewegen, während die von Opitz heute nur noch historische Bedeutung haben. Aber dennoch muß Fleming nach europäischen Maßstäben als eher zweitrangiger Dichter gelten. Das wird nur allzu deutlich, wenn wir sein Gesamtwerk betrachten, anstatt uns auf die in den Anthologien abgedruckten Auswahlen zu beschränken. Dies sind seine Glückstreffer; die Gesamtleistung ist keineswegs so eindrucksvoll.

Folgendes Bild bietet sich einem: Fleming ist in Hinsicht auf Thema und Form ein eifriger Nachahmer von Opitz; weiterhin ist er ein glühender Petrarkist, das heißt, er entwickelt besonders *einen* Aspekt der von Opitz im Deutschen eingeführten Renaissancelyrik – und es war eines der Ziele von Opitz, seinen Landsleuten zu zeigen, wie man ›petrarkisiert‹. Darüber hinaus findet man Gedichte, in denen Fleming besonders das eigene Ich auszudrücken scheint: Gedichte von männlicher Direktheit, fröhliche Lieder, Lyrik von großer Zärtlichkeit über die Themen der Sehnsucht und Beständigkeit. Uns scheint es unbestreitbar, daß Fleming seinen eigenen Tonfall hat; fraglich erscheint dagegen, ob er sich dessen bewußt war. Der Ton erscheint wie zufällig, nicht wie absichtlich. Die Gedichte, in denen er uns auffällt, sind vermischt mit anderen, fast unglaublich minderwertigen und ganz unoriginellen.

In seinen gesammelten Werken finden wir eine übermäßig hohe Zahl von ausgesprochenen Gelegenheitsarbeiten, ohnehin ein Grundübel barocker Dichtkunst: Hochzeitsgedichte, Leichengedichte, Glückwünschungen – diese machen mindestens zwei Drittel seines Schaffens aus. Natürlich sind nicht alle schlecht, aber wenige sind mehr als mittelmäßig, und die meisten sind kaum mehr als auf Bestellung verfaßte Platitüden, ausstaffiert mit rhetorischen Figuren und produziert nach der universell gültigen Maxime: *bene dicere hoc est ornate dicere*. Nicht, daß man Fleming dafür tadeln sollte – er folgt nur dem Geschmack seiner Zeit. Man kann an ihm und seinen dichtenden Kollegen höchstens aussetzen, daß sie private Beileidsbezeugungen und Gratulationen als ernste Dichtung veröffentlichten. Uns scheint mangelnde Selbstkritik ein auffallendes Merkmal des Barock zu sein. Unsere Ungeduld ist die Folge unserer andersartigen Auffassung vom Wesen der Dichtung. Waren im 17. Jahrhundert die rhetorischen Ansprüche eines Themas erfüllt worden, war gezeigt worden, was ›man‹ bei einem gegebenen Thema laut den Regeln des ›Dekorum‹ fühlen sollte, dann hatte man ein durchaus beachtliches und zur Veröffentlichung geeignetes Gedicht verfaßt. Barocklyrik ist, um Begriffe Heideggers zu gebrauchen, fast ausschließlich eine Dichtung des ›Man‹ (was *man* fühlen, sagen, glauben, denken soll), nicht des Eigenwerts eines einzelnen, und keinesfalls der plötzlichen ›Lichtung des Verborgenen‹. Sie konnte, ja mußte zwangsläufig eine solche Dichtung sein, weil das Zeitalter seine bestimmenden Normen aus der Gesellschaftsordnung bezog, nicht vom einzelnen, und seine letzten Wahrheiten in der offenbarten Religion, nicht in privaten Theorien fand. Aus diesem Grund konnte sie sich auch so vorbehaltlos der Lehre vom ›Dekorum‹ und der von dieser Lehre abgeleiteten normativen Poetik verschreiben. Die Haltung zum einzelnen und die Haltung zur Dichtung sind lediglich zwei Aspekte der gleichen grundsätzlichen Weltanschauung. Der Begriff einer gegebenen Ordnung, die über den einzelnen hinausgeht, ihn aber auch umfängt und ihm Sinn verleiht durch *Standort* oder *Rolle*, ist für beide von fundamentaler Bedeutung. Der Dichter sah sich nicht als eine Ausnahme von dieser Ordnung, er sah vielmehr seinen Ruhm darin, sie so beispielhaft wie möglich zu erfüllen, indem er *seine* Rolle nach Maßgabe seiner Fähigkeiten spielte.

Eine ausgezeichnete Erläuterung dieser Haltung gibt etwa das Sonett, das Fleming der Überlieferung nach drei Tage vor seinem Tod als sein eigenes Epitaph verfaßte:

> Ich war an Kunst und Gut und Stande groß und reich,
> des Glückes lieber Sohn, von Eltern guter Ehren,
> frei, meine, kunte mich aus meinen Mitteln nähren,
> mein Schall floh über weit, kein Landsmann sang mir gleich,
> von Reisen hochgepreist, für keiner Mühe bleich,
> jung, wachsam, unbesorgt. Man wird mich nennen hören,
> bis daß die letzte Glut diß Alles wird verstören.
> Diß, deutsche Klarien, diß Ganze dank' ich euch.
> Verzeiht mir, bin ichs wert, Gott, Vater, Liebste, Freunde,
> ich sag' euch gute Nacht und trete willig ab.
> Sonst alles ist getan bis an das schwarze Grab.
> Was frei dem Tode steht, das tu er seinem Feinde.

Was bin ich viel besorgt, den Othem aufzugeben?
An mir ist minder Nichts, das lebet, als mein Leben[16].

Auf den ersten Blick mag es so aussehen, als widerlege dieses Gedicht, was wir eben über barocke Dichtung und deren Haltung zum einzelnen gesagt haben: ›*Ich* war ...‹, ›*mein* Schall ...‹, ›Was bin *ich* viel besorgt ...‹. Ist das nicht alles ichbezogen? Es wird aber rasch offenbar, daß das Ich hier in erster Linie einen Stand und nicht einen einzelnen Menschen vertritt. Der einzelne verdient Erwähnung nicht um seiner selbst willen, sondern wegen der beispielhaften Art und Weise, mit der er die ihm zuerteilte Rolle spielte. Die Rolle war die eines Dichters, und ganz besonders die eines deutschen Dichters: ›mein Schall floh über weit, *kein Landsmann* sang mir gleich ...‹. Das heißt, sein Ruhm war allein begrenzt durch die Grenze der deutschen Sprache selbst – er war der größte deutsche Dichter seiner Zeit. Und dieser Ruhm, so versichert uns das zweite Quartett, wird bis ans Ende der Zeit dauern: ›Man wird mich nennen hören, bis daß die letzte Glut diß Alles wird verstören.‹ Er verdankt jedoch diese Unsterblichkeit nicht sich selbst, sondern den deutschen Musen (›Klarien‹), deren treuer Diener er war: ›Diß, deutsche Klarien, diß Ganze dank' ich euch.‹

Besonders aufschlußreich vom Standpunkt unseres Arguments aus ist die Sestine. Hier tritt die persona des Sonetts gleich einem Schauspieler eines elisabethanischen Stücks hervor, wendet sich an das Publikum und bittet es um Verzeihung, falls ihre Schauspielkunst schlecht gewesen sei (sie ist natürlich vom Gegenteil überzeugt!). Die Metapher ist die des Lebens als einer Bühne: ›... und trete willig ab.‹ Gott war der ranghöchste Zuschauer bei diesem Drama, sodann die durch Familie, Geliebte und Freunde vertretene Gesellschaft. Der Tod birgt keine Schrekken, weil der Schauspieler seine Rolle gut und mit aller ihm zu Gebote stehenden Kraft gespielt hat: ›für keiner Mühe bleich‹ (Zeile 5). Jetzt möge der Tod *seine* Rolle spielen: ›Was frei dem Tode steht, das tu er seinem Feinde.‹ Hier umgibt uns die Atmosphäre eines mittelalterlichen Moralitätenspiels. Die letzte Zeile liefert den paradoxen Höhepunkt: ›An mir ist minder Nichts, das lebet, als mein Leben.‹ Mein Leben, sagt Fleming (oder sagt die persona seines Sonetts), ist in meiner Kunst, und sie ist unsterblich. Mein Körper mag ein Raub der Krankheit und des Todes werden, aber durch meine Kunst lebe ich fort. Die mittelalterliche Atmosphäre ist plötzlich verschwunden; das Ethos ist wiederum klassische Renaissance: Ruhm als Unsterblichkeit, Leben ›auf den Lippen anderer Menschen‹.

Das Ich dieses Gedichts sieht sich nur als Mitglied einer Gesellschaftsordnung, in der es eine bestimmte Rolle spielt. Dies ist der das ganze Gedicht tragende Gedanke – was wie Selbstverherrlichung aussieht, ist in Wirklichkeit eine Art von Bescheidenheit, die wenige von uns aufbringen könnten. Es ist eine Bescheidenheit, die stolz darauf ist, einen Grad, eine Stufe in einer Ordnung zu vertreten, die vom niedrigsten Geschöpf bis zum Göttlichen reicht. Das Oktett definiert den besonderen Grad, dem das ›Ich‹ zugeordnet ist, und spricht davon, wie das ›Ich‹ ihn vertreten hat. Die Sestine zieht den Schluß, indem sie das ›Ich‹ dem Tod gegenüberstellt. Sie zeigt, was passiert, wenn man seine Rolle mustergültig spielt. Der stolze Ausruf am Schluß ist weniger persönlich als gesellschaftlich – dieses ›Ich‹ wird fortleben, weil es die ihm zuerteilte Rolle erfüllt hat, nämlich die eines Dichters. Der Dichter hat eine Sonderstellung nur insofern, als er das ›Unsterbliche‹ schaffen kann. Das tut er jedoch nicht, in dem er *sich selbst* zum Ausdruck bringt, sondern indem er die Anschauungen und Ideale ausdrückt, denen die gesellschaftliche Ordnung verpflichtet ist.

Die klare Linie, die Opitz dem deutschen Sonett gab, wird durch dieses Beispiel von Fleming gut illustriert. Das Sonett war eine Lieblingsform des Zeitalters auch wegen seiner intellektuellen Struktur, da es sich fast als versifizierter Syllogismus verwenden ließ, wobei die Schlußfolgerung die Form einer Pointe in der letzten Zeile erhielt. Petrarca, der große Meister dieser Form und der Vater der Sonettenkunst, hatte das Sonett vor allem als Instrument der Selbstkonfrontation verwendet, um auf diese Weise den eigenen inneren Konflikt darzustellen. Die Barockdichter neigen dazu, es als Instrument der Überredung oder als besonders geeignetes Mittel zur Entfaltung der Erfindungskraft zu verwenden.

Flemings petrarkistische Gedichte, das heißt, die Gedichte, in denen er bewußt in der Manier von Opitz und der Dichter der Plejade petrarkisiert, sind im ganzen gesehen schwach und unterkühlt. Er scheint von dem Gedanken besessen, im Deutschen für die Verbreitung einer Manie zu sorgen, die in anderen europäischen Literaturen bereits den Höhepunkt überschritten hatte[17]. Den Gedichten fehlt jedes Gefühl innerer Notwendigkeit, und sie lassen einen daher kalt. Wir müssen natürlich bedenken, daß wir, wenn wir von Petrarkismus und Petrarkisieren sprechen, weniger von Petrarca als von seinen zweit- und drittrangigen Nachahmern sprechen, die seinen unvergleichlichen poetischen Reichtum auf schematische Formeln und Klischees und seine herrlichen Einblicke in das Wirken der Seele fast bis auf die Stufe behavioristischer Psychologie reduziert hatten. Ein hoher Prozentsatz der Gedichte in dieser Manier (natürlich nicht nur die von Fleming) befaßt sich mit auf die Geliebte bezogenen Gegenständen – ihrem Ring, Schirm, Spiegel, den Handschuhen usw., oder mit bestimmten Körperteilen: Haar, Mund, Augen, Händen, Brüsten, ja sogar Augenbrauen. Man wollte dabei sehen, wieviel solche Themen für die Dichtkunst hergaben, und vor allem wollte man sehen, wie erfinderisch man in seinen Lobpreisungen sein konnte. Solche Schöpfungen sind äußerst typisch für das Zeitalter. Wenn Fleming sich dieser Mode verschreibt, haben wir das Gefühl, daß er sich selber untreu wird – wenn auch sehr zu bezweifeln ist, ob das bei seinen Zeitgenossen so war. Für uns klingt seine Stimme am überzeugendsten in den Liedern, die um die Motive der Beständigkeit und Sehnsucht kreisen, die er größtenteils gegen Ende seines kurzen Lebens verfaßte, als er den Petrarkismus zwar vielleicht nicht abgelegt, aber doch wenigstens gelernt hatte, sich innerhalb seiner Konventionen leichter und natürlicher zu bewegen. Nicht umsonst ist ›Ein getreues Herze wissen‹ das einzige noch heute gesungene weltliche Lied von Fleming. Die beste seiner Schöpfungen in dieser späteren und harmonischeren, ›echteren‹ Stilart ist vielleicht ›An Anemonen, die Liebste‹.

Der zarte, unsentimentale Ton (Sentimentalität war ohnehin keine Schwäche des Zeitalters), der in diesen Liedern zu hören ist, und dazu ihr sicherer Rhythmus und die elegante Form, machen sie zu den Glanzstücken der Liebeslyrik Flemings. Sie stehen auf einer Stufe mit so unbestreitbaren Erfolgen wie seinem Frühlingslied ›Laß uns tanzen, laß uns springen‹ in munteren Trochäen oder dem werbenden ›O liebliche Wangen‹ in fröhlichen Daktylen.

Flemings religiöse Lyrik ist kraftvoll und überzeugend; die Frage ist nur, ob sie ihrem Geist nach nicht mehr stoisch-humanistisch als christlich ist. Ausgesprochen stoisch ist mit Sicherheit das Ethos eines Sonetts wie ›An sich‹ (›Sei dennoch unverzagt, gieb dennoch unverloren‹), das Flemings grundsätzliche Gefühlshaltung so genau zu treffen scheint. Dies ist natürlich ein weltliches und kein geistliches Gedicht, aber selbst das bekannte Kirchenlied ›In allen meinen Taten‹ ist kaum mehr als Stoizismus in christlichem Gewand. Das gewaltigste unter seinen religiösen Gedichten (man scheut sich zu sagen: geistlichen) ist zweifellos ›Laß dich nur Nichts nicht tauren‹ (*tauren* heißt soviel wie *dauern, entmutigen*), und es ist ebenfalls in der gleichen stoischen Art abgefaßt:

Laß dich nur Nichts nicht tauren
mit Trauren!
Sei stille!
Wie Gott es fügt,
so sei vergnügt,
mein Wille!

Vielleicht das Eindrucksvollste an Flemings Dichtungen als Verskunst ist seine meisterhafte Verwendung von Rhythmen, durch die nicht nur eine Stimmung, sondern auch eine ethische Haltung ausgedrückt wird. Glaubensstärke, Charakterfestigkeit, Unerschütterlichkeit – diese Eigenschaften versteht er durch seine Rhythmen besonders gut auszudrücken. Man könnte ihn gut einen Lyriker des Willens nennen. Eines der besten dieser Gedichte des Willens ist ›Lob eines Soldaten zu Fuße‹, ein sogenanntes ›Rollengedicht‹. Es beginnt so:

Ich bin ein Man ins Feld: mein kühner Mut ist groß,
ist größer als ich selbst. Ich fürchte keinen Stoß,
ich scheue keinen Schuß. Die Liebe so zu leben

hat mir in meinem Sinn von Jugend an gegeben,
daß ich mich was versuch'. Es wird nicht Iederman
zum Kriege auserkorn. Wer Pulver riechen kan,
auf Balg und Stoß besteht, nicht die Kartaunen scheuet,
der ist ein Man wie ich ...

Da Fleming fast sechs poetisch schöpferische Jahre in exotischen Ländern verbrachte, äußert sich diese Erfahrung natürlich in seinem Werk, wenn diese Äußerungen auch nicht so häufig sind, wie man erwarten könnte, und auch nicht eigentlich den Kern seines Schaffens bilden. Nur selten läßt er uns die fremden Lande *sehen*, die bereist zu haben er so stolz vermerkt (›von Reisen hochgepreist‹). In ›Liefländische Schneegräfin‹, einem längeren Epithalamium (Hochzeitsgedicht) im Erzählstil, finden sich fröhliche und ausgelassene Beschreibungen baltischer Bräuche (u. a. des Brauchs, Verlobte angekleidet im gleichen Bett liegen zu lassen). Und in einem Gedicht mit dem Titel ›In Groß-Neugart der Reußen, M. Dc. XXXIV‹, das einen stark autobiographischen Unterton hat, erhascht man vielleicht tatsächlich einen Blick auf das ländliche Rußland des 17. Jahrhunderts, das mit den Augen eines gebildeten westlichen Beobachters gesehen und als Vorbild des einfachen Lebens hingestellt wird – ziemlich genau so, wie Opitz in ›Zlatna‹ aus ähnlichen Gründen das ländliche Siebenbürgen preist. Aber im ganzen gesehen gibt es kaum einen Versuch, das Fremde als solches zu ergründen. Das Exotische als Thema der Dichtung wurde erst über hundert Jahre später entdeckt. Im 17. Jahrhundert galten noch immer die Normen der eigenen Gesellschaft als verbindlich für alle. Ein Sonett mit dem vielversprechenden Titel ›Er redet die Stadt Moskaw an, als er ihre vergüldeten Türme von Fernen sahe. 1636 März.‹ entpuppt sich als Schöpfung im üblichen petrarkisierenden Stil, in der die goldenen Kuppeln der heiligen Stadt Rußlands mit Basilenes goldenem Haar verglichen werden, das sie selbstverständlich an Schönheit übertrifft. Wo die rhetorische Tradition etwas nicht für sich verwenden konnte, beachtete sie es nicht.

Die Behandlung der Natur in der in dieser Tradition stehenden Dichtung geht in die gleiche Richtung. Natur wird nicht als Leben an sich gesehen, als unabhängiger *Bios*: Sie ist entweder bloßer

Hintergrund für das menschliche Handeln, oder sie wird anthropomorphisiert und damit in das allgemeine System des Makro-Mikrokosmus einbezogen, selber zum Akteur gemacht. Wenn der Mensch ›die kleine Welt‹ ist und in sich die Anlage zur ›großen Welt‹ hat, so folgt daraus, daß ›die große Welt‹ der Mensch ist und auch so behandelt werden kann. Beispiele finden wir überall. Der Leser wird auf Flemings ›Laß uns tanzen, laß uns springen‹ verwiesen, ein besonders reizvolles Beispiel.

Hans Pyritz hat darauf hingewiesen, daß man Flemings Werk kaum als barock bezeichnen kann, besonders nicht seine späteren und besseren Schöpfungen, sofern man bei ›barock‹ an einen stark antithetischen und hyperbolischen Stil denkt[18]. Ich wäre geneigt, sogar noch weiter zu gehen und zu behaupten, daß man ihn eigentlich überhaupt nicht barock nennen kann, nicht einmal dann, wenn er auf höchst kunstreiche und derivative Weise petrarkisiert. Auch dann bleibt er im wesentlichen im stilistischen Bereich der Renaissancelyrik. Sein Werk als Ganzes spiegelt wie das Opitzsche die Bestrebungen Deutschlands, seine Nachbarn einzuholen. Die deutschen Dichter sind säumige Schüler, die nachsitzen müssen, um ihre Lektion in europäischer Literatur nachzuholen.

Sogar noch viel weniger barock als Fleming ist der sanfte Königsberger Simon Dach (1605–59), der Verfasser von ›Der Mensch hat nichts so eigen‹[19]. Dach war der begabteste aus einer Gruppe dichtender Freunde, die um die Mitte des 17. Jahrhunderts in der ostpreußischen Hauptstadt lebten. Auch der bekannte Komponist Heinrich Albert, in dessen *Arien* ein Großteil der dichterischen Produktion der Königsberger erstmals veröffentlicht wurde, war ein Mitglied dieses Kreises. Dachs Gedichte sind zum überwiegenden Teil ausgesprochene Gelegenheitsarbeiten: Grablieder, Hochzeitsgedichte, Trostgedichte – viele, vielleicht die meisten, auf Bestellung geschrieben. Natürlich finden wir auch die üblichen ›weltlichen‹ und ›geistlichen‹ Lieder, letztere sind praktisch Predigten in Versform. Kurzum, es handelt sich hier fast ausschließlich um ›Gebrauchslyrik‹.

Vieles aus der gewaltigen Produktion Dachs ist, darüber war er sich selber im klaren, ephemer und zweitrangig, war es doch ganz mechanisch im Auftrag angefertigt worden. Und doch gibt es entzückende Ausnahmen. Wir schätzen ihn heute wegen seiner Schlichtheit und ergreifenden Aufrichtigkeit inmitten eines auf Künstlichkeit eingeschworenen prunkhaften Zeitalters. Dabei mag es aber durchaus sein, daß wir ihn falsch verstehen und mit Augen sehen, deren Sehkraft durch eine seiner eigenen Zeit fremde Empfindsamkeit getrübt ist. Er lehnte sich keineswegs gegen anerkannte Konventionen auf, er befolgte vielmehr lediglich eine andere und weniger deutlich rhetorische, die Konvention des Lieds, das sich an ein bürgerliches Publikum richtete und verfaßt war, um zu trösten, zu inspirieren, den Glauben zu stärken, Freundschaft und Ehe zu feiern. Das heißt, er pflegt das *genus humile*, den ›niederen Stil‹, den ein zeitgenössischer Rhetoriker wie folgt definiert:

Die gemeine / geringe und niederträchtige [d.h. niedrige] / milde Schreibart / so auch die bürgerliche / häusliche / lieblende / scheinende / stille / lindfließende und fallende genennet werden könte / bestehet in gemeinen / schlechten [schlichten] einfältigen [einfachen] / geringen / doch eigenen [d.h. nicht figürlichen] / deut- und verständlichen Worten[20].

Diese Adjektive: bürgerlich, häuslich, lieblend (lieblich), still, lindfließend, schlicht, sind genau die, zu denen Kritiker und Literarhistoriker zur Beschreibung von Dachs Stil schon immer gegriffen haben. Das ist ungefähr das Gegenteil von dem, was wir heute unter ›barock‹ verstehen. Aber wenn auch Dach ein Mensch von schlichtem Gemüt war, zu dem der niedere Stil psychologisch paßte, so war er doch humanistisch gesehen kein schlichter Mensch. In seinen späteren Lebensjahren war er Professor der Poesie an der Universität Königsberg (lateinische Poesie selbstverständlich), und er war seiner Bildung und Neigung nach ein versierter Klassiker, der seine Gedichte lieber auf lateinisch und über renaissancenähere Themen verfaßt hätte, wie die folgenden Zeilen beweisen:

Phöbus [Apoll] ist mir ungewogen,
Amor zürnet als sonst nie
Wie auch Venus, daß ich sie
Durch Betrug hab' aufgezogen
Und gesagt, ich wollt' hinfort

Mich der deutschen Reim' enthalten
Und, o Rom, mich nach den Alten
Brauchen deiner Red' und Wort.

Er war jedoch das Opfer seines eigenen Erfolgs – man forderte weiter Traueroden und Hochzeitscarmina, und Dach hatte nicht das Herz, nein zu sagen (außerdem brauchte er dringend das Honorar):

Auch ich sing in die Welt hinein.
Man will es bei den Leichen haben,
Daß für dem Deutschen mein Latein
Wird leider endlich mit begraben.

Dennoch war Dach keineswegs unempfänglich für seinen Ruhm als deutscher Dichter und war besonders stolz darauf, als erster ›die Kunst des deutschen Reims‹ in Preußen eingeführt zu haben. Hierin war er ein wahrer Sohn von Martin Opitz, den er mit der gleichen unkritischen Begeisterung verehrte wie seine weltlicheren Brüder in Apoll. Sein stilistisches Ideal ist wie das von Opitz die ›Zier‹:

Phöbus ist bey mir daheime,
Diese Kunst der Deutschen Reime
Lernet Preussen erst von mir,
Meine sind die ersten Saiten,
Zwar man sang vor meinen Zeiten,
Aber ohn Geschick und Zier.

Eines der reizvollsten und interessantesten Gedichte Dachs ist seine ›Klage über den endlichen Untergang und ruinirung der Musicalischen Kürbs-Hütte und Gärtchens. 13. Jan. 1641‹. Die ›Kürbs-Hütte‹ war, wie uns das Gedicht selbst sagt, ein kleiner Garten mit einem Häuschen neben dem Pregel außerhalb Königsbergs. Hier traf sich der Freundeskreis regelmäßig und unterhielt sich, musizierte, schrieb, züchtete Blumen – war in der Welt, ohne von dieser Welt zu sein. In diesen Gedichten legt Dach seine nicht eben tiefschürfenden Betrachtungen vor über Leben und Zeit, über Freundschaft, Ruhm und den Aufstieg und Niedergang von

Nationen; da er aber seine Verallgemeinerungen stets mit direkten persönlichen Erfahrungen verbindet, erreicht er eine Lebendigkeit, die in der deutschen Dichtung des 17. Jahrhunderts leider allzu selten ist. Das liegt hauptsächlich an seiner Pflege des *genus humile*, das den direkten, schlichten Ton nicht nur erlaubt, sondern geradezu verlangt. Viele seiner Gedichte sind so wirkungsvoll, weil dies zugleich Dachs natürlicher Ausdrucksweise entspricht. Am Schluß seiner ›Klage‹ überdenkt Dach den eigenen Ruhm und formuliert sein eigenes künstlerisches Glaubensbekenntnis (Hervorhebung von mir):

> Mein Lied sol mit der Zunfft der Götter mich vermengen,
> Darauß mich weder Fall noch Zeit noch Tod soll drengen.
> Es ist kein Reim, wofern ihn Geist *und* Leben schreibt,
> Der uns der Ewigkeit nicht eilends einverleibt.

Dachs Autorschaft des berühmten niederdeutschen Hochzeitslieds ›Anke van Tharaw‹ (Ännchen von Tharau) wurde jahrelang angezweifelt; man hat aber unlängst nachgewiesen, daß es doch von Dach ist, genau wie die Tradition schon immer behauptet hatte[21]. So kann also die Welt weiterhin diesen ergreifenden Lobpreis ehelicher Bande in der einschmeichelnd-wehmütigen Melodie Silchers singen und darauf vertrauen, daß sie gleichzeitig das Andenken des wackeren Königsberger Dichters ehrt.

Das uferlose Schaffen Johann Rists (1607–67)[22], der lange Jahre lutherischer Pfarrer in Wedel bei Hamburg war, geht in seiner ungezwungenen Glätte formal auf Opitz zurück, spiegelt jedoch in Tonfall und Thematik Rists eigene oberflächliche und praktische Natur. Es ist die Nicht-Dichtung eines Nicht-Dichters: zweckmäßig, schwerfällig-bürgerlich, einschläfernd-langatmig. Rist fiel das Erfinden eines Reims und das Anfertigen einer geschickten Stanze so leicht wie das Puddingessen, und seine Popularität in weiten Kreisen zeigt, daß er den richtigen Ton anschlug; aber heute ist sein Werk nur noch von historischem Interesse. Es war Rists erklärte Absicht, ›die ganze Theologie‹ in erbauliche Verse zu bringen, und er führte diesen ehrgeizigen Plan nahezu aus in seinen *Himmlischen Liedern* (1642) und den daran anschließenden *Sonderbaren Liedern* (1651). Am berühmtesten geworden ist das Kirchenlied ›O Ewigkeit, du Donnerwort‹ (›Ernstliche Betrachtungen der unendlichen Ewigkeit‹) in 16 achtzeiligen Strophen. Die dritte erinnert in ihrer ungewollten Komik in unwiderstehlicher Weise an eine Parodie von Wilhelm Busch:

O Ewigkeit du machst mir bang' /
O Ewig / Ewig ist zu lang' /
  Hie gilt fürwar kein Schertzen:
Drumb / wenn ich diese lange Nacht
Zusampt der grossen Pein betracht' /
  Erschreck' ich recht von Hertzen /
Nichts ist zu finden weit und breit
So schrecklich als die Ewigkeit.

Neben dem Kirchenlied und frommen Betrachtungen pflegte Rist auch die Schäferdichtung und das ›historische Lied‹, in dem Tagesereignisse auf ihre moralische Bedeutung untersucht werden. Man könnte diese Lieder homiletische Balladen oder balladeske Homilien nennen. Sein größter Held ist Gustaf Adolf. Gesammelt wurden die Lieder in seinem ersten Gedichtband *Musa teutonica* (1634). Die aus dem Französischen übernommenen Hirtenlieder stellen sein nicht unbeachtliches formales Talent vorteilhaft zur Schau.

Rists Verse zeigen in beispielhafter Weise die neutrale Geisteshaltung der Opitzschen Reform. Sie war eine Methode und nicht mehr als eine Methode – in dieser poetischen Mühle ließ sich alles mahlen.

Der schlesische Edelmann Friedrich von Logau (1604–55)[23] trifft ebensooft das Richtige, wie Rist danebentrifft, obwohl beide ausgesprochene Moralisten sind; und das nicht allein deshalb, weil Logau das prägnante Epigramm in der Art Martials und nicht die langatmige und nichtssagende Homilie pflegte, sondern auch, weil Logau etwas Zeitloses hat, das ihn zum Zeitgenossen jedes Zeitalters macht. Lessing war der erste, der ihn dem unverdienten Dunkel entriß, indem er 1759 eine Werkauswahl veröffentlichte, und er ehrte ihn nicht nur, weil er eine geistige Verwandtschaft spürte mit Logaus kompromißloser Aufrichtigkeit und Abneigung gegen Trug und Heuchelei, sondern auch deshalb, weil Logau ein hohes Maß an menschlicher Wärme und Güte besitzt und damit Lessings Nathan sehr nahekommt. Denn obwohl Logau scharf sein kann, ist er doch nie zynisch. Um Lessing selbst zu zitieren: ›So witzig Logau ist, so zärtlich, so fein, so naif, so galant kann er auch sein!‹ (34. Literaturbrief).

Das dichterische Hauptwerk Logaus erschien 1654 unter dem Titel *Salomons von Golaw* [Logaw] *Deutscher Sinn-Getichte Drey Tausend.* Er beherrscht die Gattung seiner Wahl bis zur Vollkommenheit, ob er nun seine Einsichten als volkstümliche Sprichwörter formuliert oder ob er sie in sorgfältig ausgewogenen und witzig pointierten Alexandrinern abfaßt. Aber auch als ein bewußter Formalist ist Logau stilistisch so unbarock wie Simon Dach, sofern man unter ›barock‹ manieristische Übertreibung versteht. Seine schmucklos-klaren, aber geschmeidigen Verse lenken nie die Aufmerksamkeit auf sich selbst, sondern nur auf ihr Thema:

Wenn nur der Sinn recht fällt, wo nur die Meinung recht,
So sei der Sinn der Herr, so sei der Reim der Knecht.

In Formfragen ist Opitz sein erklärter Meister, wenn auch Opitz keineswegs den Epigrammatiker Logau erreichte:

Im Latein sind viel Poeten, immer aber ein Virgil.
Deutsche haben einen Opitz, Tichter sonsten eben viel.

Logaus Botschaft ist in der zeitlosen Mahnung beschlossen: ›Erkenne dich selbst! Werde, was du bist!‹

LEBENSREGEL

Bis [sei], wer du bist; lass jeden auch für dir sein, wer
er ist.
Nicht, was du nicht kanst, was du kanst, sei dir zu sein
erkiest [erwählt].

Diese Mahnung richtet er besonders an das eigene Vaterland,

zuweilen mit bitterem Hohn über die servile Bewunderung, die man in Deutschland allem Fremden, insbesondere allem Französischen, entgegenbrachte, etwa in dem Zweizeiler ›Franzosenfolge‹:

> Narrenkappen samt den Schellen, wenn ich ein Franzose wär,
> Wollt' ich tragen; den die Deutschen gingen stracks wie ich so her.

Seit Logaus Wiederentdeckung im 18. Jahrhundert ist sein Ruhm nie mehr verblaßt; er hat vielmehr stets an Glanz gewonnen. Wer sein Werk berührt, berührt einen wahren Menschen.

II

KIRCHENLIEDDICHTER, MYSTIKER UND DIE MEDITATIVE LYRIK

Unter allen westlichen Literaturen ist die deutsche am reichsten an Kirchenliedern[1], was auf die Reformation zurückzuführen ist. Tatsächlich ist der klassische deutsche Kirchenlieddichter Luther selbst, obwohl er sich nicht als Dichter betrachtete (hier irrte er) und obwohl er nur 37 Kirchenlieder schrieb.

Die katholische Kirche lehnte das Kirchenlied nicht aus Prinzip ab – und es gibt großartige katholische Kirchenlieder –, erlaubt es aber nur außerhalb der Liturgie, nicht als integralen Teil der Messe, die eine vom Priester zelebrierte und nicht von der Teilnahme der Gemeinde abhängige heilige Handlung ist. Daher spielt das Kirchenlied im Katholizismus eine etwas periphere Rolle. Das Luthertum denkt hier völlig anders. Da jeder Gläubige ipso facto auch Priester ist (siehe Luthers ›offenen Brief‹ an Papst Leo X. ›Von der Freiheit eines Christenmenschen‹), hat die Gemeinde das Recht und die Pflicht zur Beteiligung am Gottesdienst. Der Pfarrer verkündet Gottes Wort in seiner Predigt und seiner Lesung aus der Heiligen Schrift. Die Gemeinde beteiligt sich im gemeinsamen Gebet und vor allem im gemeinsamen Gesang. ›Wes das Herz voll ist, des geht der Mund über‹. Wer wirklich glaubt, kann nicht anders als singen. Das war Luthers Einstellung.

Das protestantische Kirchenlied wurde immer mehr zu einer idealen Spiegelung des Lebens des ›freien Christen‹ (frei, weil erlöst von der Sündenlast durch den Glauben an Christi Opfer) in all seinen Aspekten, selbst in den normalen Aufgaben des Alltags. In seinen Liedern sah der Protestant als gläubiger Christ eine Verklärung des eigenen Lebens. Kein Wunder also, daß das Kirchenlied der bedeutendste dichterische Ausdruck des 16. Jahrhunderts ist, wo es keine das Religiöse ausschließende Lebensweise gab und wo die Literatur größtenteils von Protestanten geschaffen wurde.

Das Kirchenlied ist eine streng begrenzte Form. Als Zweckdichtung muß es der Botschaft den Vorrang einräumen vor der Rhetorik. Weil es von jedem verstanden werden muß, muß seine Sprache ziemlich klar und einfach sein. Aus diesen Gründen widersetzt es sich der ›Barockisierung‹. Da es eine traditionelle Botschaft verkündet, ist auch seine Ausdrucksweise von der Tradition vorgeschrieben, besonders von der Bibel und älteren Liedern. Weil es für die gesamte Gemeinschaft der Gläubigen spricht und nicht für den einzelnen (bzw. wenn für den einzelnen, dann in dessen Eigenschaft als Mitglied dieser Gemeinschaft), muß es eine grundsätzlich objektive Haltung einnehmen, orientiert an der Lehre und nicht am Gefühl des einzelnen. Und dennoch muß das Kirchenlied, um Erfolg zu haben, trotz seiner dogmatischen Ausrichtung die Lehre vom Gefühl her zum Ausdruck bringen. Tut es das nicht, so bleibt uns bloß die nüchterne Lehre und wir sind um eine der Hauptaufgaben des Kirchenlieds betrogen: zu trösten, aufzurichten und Zuversicht zu verleihen.

Bedenkt man diese strengen Beschränkungen, so überrascht es nicht festzustellen, daß große Kirchenlieddichter so selten sind wie große Dichter in jeder anderen Gattung. Für das protestantische Lied lag die Gefahr des Scheiterns in zwei einander entgegengesetzten Richtungen: In seiner Rolle als positive Dichtung konnte es leicht ins rein Polemische oder flach Utilitaristische abgleiten, z. B. in einen sangbaren Katechismus. Das war eine Gefahr, die zu vermeiden dem 16. Jahrhundert nicht immer gelang. Als dogmatische Dichtung, die ihre Begriffe aber doch in Gefühle übersetzen muß, lief es das doppelte Risiko, einerseits zu abstrakt oder andererseits zu subjektiv emotionell zu werden. Und der zweiten Gefahr sollte es später am häufigsten erliegen, wie viele pietistische Lieder des 18. Jahrhunderts und viele des 19. Jahrhunderts überall im Protestantismus zur Genüge beweisen. Die protestantischen Kirchenlieder haben eine schleichende Tendenz zur Subjektivität, die in ihren extremeren Manifestationen zur widerlichen Sentimentalität wird.

Trotz all dieser Einschränkungen und inhärenten Gefahren ist das lutherische Kirchenlied eine überragende Leistung des Zeitalters der Reformation und des Barock. In seinen besten Beispielen hat es Wärme, Innerlichkeit *und* Objektivität. Vom späten Mittelalter bis zum 18. Jahrhundert wurden die höchsten Gefühlswerte hauptsächlich durch dieses Medium übertragen. Im Lauf des 18. Jahrhunderts fand ein tiefgreifender Wechsel statt, der uns später wieder beschäftigen wird. Um es vorwegzunehmen und etwas über Gebühr zu vereinfachen: Die Inbrunst, die das Jenseitige, das Göttliche zum Ziel gehabt hatte, zielte mit nachlassendem Glauben, aber bleibendem Bedürfnis nach Anbetung, auf das Hier und Jetzt, auf die Schöpfung anstatt auf den Schöpfer. Die Anfänge dieses Säkularisierungsprozesses sind sogar schon im Barock zu beobachten.

Die bedeutendsten Kirchenlieddichter des 16. Jahrhunderts nach Luther sind vielleicht Nicolaus Selnecker (1530–93)[2] und Philipp Nicolai (1556–1608)[3]. Schon Selnecker spürt, wie schwer der Versuch ist, in die Fußstapfen des Meisters zu treten:

Lutherus singt uns allen vor,
Nach Gottes Wort führt den Tenor;
Wir singen nach und zwitschern mit,
Gott will solch Stimm' verachten nit.

Nicolai ist der Verfasser zweier klassischer Lieder, die deutliche Spuren mittelalterlicher Mystik aufweisen: ›Wie schön leuchtet der Morgenstern‹, das er selbst ›Ein Geistlich Braut-Lied der gläubigen Seelen, von Jesu Christo jrem him̄lischen Bräutigam‹ nannte, und des noch erfolgreicheren Lieds vom himmlischen Jerusalem ›Wachet auf, ruft uns die Stimme‹. Die Strophenform ist wie bei vielen älteren deutschen Kirchenliedern dem äußerst künstlichen Meistergesang nachgebildet, einer abgenutzten Spätform des mittelalterlichen Minnesangs. Hier die erste Strophe von ›Wachet auf‹:

Wachet auff, rufft uns die Stimme
der Wächter sehr hoch auff der Zinnen,
wach auff, du Statt Jerusalem!
Mitternacht heißt diese Stunde,
sie ruffen uns mit hellem Munde:
wo seydt ihr klugen Jungfrawen?
  Wolauff! der Bräutgam kömpt,

steht auff, die Lampen nempt.
Halleluia!
Macht euch bereit zu der Hochzeit,
ihr müsset ihm entgegen gehn.

Mit dem schlesischen Pfarrer Johannes Heermann[4] (1585 bis 1647) betreten wir wieder das Zeitalter des Barock. Der allgegenwärtige Einfluß von Opitz ist unmittelbar spürbar. Tatsächlich war Heermann ein persönlicher Freund von Opitz und der erste der lutherischen Kirchenlieddichter, der gemäß den Regeln der Opitzschen Reform schrieb. Mit Heermann geht die Epoche des im 16. Jahrhundert vorherrschenden liturgischen Lieds zu Ende. Seine *Devoti musica cordis, Hauß- und Hertz-Musica* (1630) enthält Lieder, die mehr für die private als für die öffentliche Andacht bestimmt sind. Die Epoche des ›Erbauungslieds‹ hat begonnen. Heermanns Lieder lassen sich rein als Lyrik lesen, ohne daß man an den Gesang denkt. Die Frage ist dann natürlich, ob sie noch echte Kirchenlieder sind.

Im Einklang mit seinem Streben nach Eleganz steht Heermanns Einführung des Alexandriners ins Kirchenlied, so etwa in seinem ergreifenden und dramatischen Lied ›In Krieges- und Verfolgungsgefahr‹, das in die Form eines Gebets gefaßt ist. Sein berühmtestes Lied, das diese Bezeichnung wahrlich verdient, ›Hertzliebster Jesu, was hast du verbrochen‹, ist sogar eine leichte Nachahmung der sapphischen Strophe, einer klassischen Odenform mit einer langen Geschichte im Deutschen, aber kaum eine Form, die wir uns bei Luther vorstellen können. Die sechste Strophe lautet (Christus in der Hand der Ihn Gefangennehmenden wird angesprochen):

O grosse Lieb, o Lieb ohn alle Masse,
Die dich gebracht auf diese Marterstrasse!
Ich lebte mit der Welt in Lust und Freuden,
Und du must leiden!

Typisch für Heermanns Dichtung ist ein starkes Gefühl für jene bittere ›Angst‹, die wir besonders mit Andreas Gryphius verbinden, und in der Tat war Heermann unter den deutschen Dichtern seiner Zeit derjenige, der am meisten von Gryphius geschätzt wurde. Es ist zwar zweifellos eine sehr persönliche Angst, aber zugleich auch eine typisch lutherische, die Angst davor nämlich, daß der Glaube vielleicht im entscheidenden Augenblick versagt und die Seele auf ewig den Schlingen des Satans überliefert ist – die klassische lutherische ›Anfechtung‹. Luther selbst drückte sie in unvergeßlicher Weise aus – wenn auch in der Vergangenheit und als zur Menschheitsgeschichte vor Christi Kommen gehörend –, und zwar in der zweiten und dritten Strophe von

Nu freut euch, lieben Christen, gmein:

Dem teuffel ich gefangen lag,
Im tod war ich verloren,
Meyn sund [Sünd'] mich quelet nacht und tag,
Darynn ich war geporen.
. . . .
Die angst mich zu verzweyffeln treyb [trieb],
Das nichts den sterben bey mir bleyb [blieb],
Zur hellen must ich sincken.

Die gleiche Angst und der gleiche lutherische Seelenkampf liegen Heermanns Gebet ›In grosser Noht‹ zugrunde. Hier ist jedoch der figürliche Tod Lutherischer Aussage (das Leben in der Sünde kommt dem Tode gleich) zum wörtlichen geworden, wodurch dem Liturgisch-Dogmatischen viel von seiner Schärfe genommen und der allgemeine Anwendungsbereich auf einen weit persönlicheren reduziert wird. Luther spricht von der Situation *des Menschen* (obwohl er sich der 1. Person Singular bedient), Heermann spricht in den folgenden Zeilen von *seiner* Situation. (Die barocke Manier zeigt sich nicht nur in der Verwendung des Alexandriners, sondern auch in den rasch wechselnden Metaphern, die nicht organisch entwickelt, sondern nur äußerlich in dekorativ-illustrativer Weise verwendet werden.)

Hier lieg ich armer Wurm / der fast kein Glied mehr regt:
Auff den sich alle Noht mit Hauffen hat gelegt.
Das Hertze wil für Angst im Leibe mir zerspringen:
Mein Leben kämpfft / und muß jetzt mit dem Tode ringen.

...Drumb komm Herr Christ und eyl:
Vertreib deß Teuffels List /zerbrich deß Todes Pfeil.
Er brüllet wie ein Löw': er kömbt in vollen Springen /
Und wil mich schwaches Schaff / als einen Raub verschlingen.
In mir ist keine Kraft. Du aber bist der Mann:
Der ihn auch durch ein Wort und Wincken schlagen kan.
Sey du mein Schirm und Schild: lass mich kein Angst und Leiden /
Auch kein' Anfechtungsqual von deiner Liebe scheiden.

Paul Gerhardt (1607-76)[5] ist der weitaus berühmteste deutsche Dichter geistlicher Lieder nach Luther und der klassische Kirchenlieddichter des Barock, dem er jedoch mehr wegen seiner formalen Eleganz als wegen seines angeborenen Temperaments angehört. Gerhardt ist zu ausgewogen und maßvoll, um einen echt barocken Eindruck zu machen. Unbedingtes Vertrauen in die göttliche Vorsehung ist der Grundakkord seines Werks, und dieses Vertrauen ist so fest, daß es sicheren inneren Frieden bringt. Das Problem der Versuchung des Zweifelns, das für Luther und Heermann einen echten Seelenkampf bedeutete, wird von Gerhardt in einem seiner ›Morgenlieder‹ fast zu mühelos gelöst:

Wach auf, mein Herz, und singe
Dem Schöpfer aller Dinge,
Dem Geber aller Güter,
Dem frommen Menschenhüter.

Heint [heute nacht], als die tunkle Schatten
Mich ganz ümgeben hatten,
Hat Satan mein begehret,
Gott aber hats gewehret.

Ja, Vater, als er suchte,
Daß er mich fressen möchte,
War ich in deinem Schoße,
Dein Flügel mich beschlosse.

Du sprachst: Mein Kind, nun liege,
Trotz dem, der dich betriege! [betrügen möchte]
Schlaf wohl, laß dir nicht grauen,
Du sollt die Sonne schauen.

Wenn Gerhardt auch im Dogmatischen, Geistigen und Moralischen durch und durch lutherisch ist, ist er doch nicht eigentlich ›ein zum zweitenmal dichtender Luther‹, wie *ein* Literarhistoriker ihn genannt hat[6]. Ihm fehlt völlig das trotzig Kämpferische und die tragische Tiefe des großen Reformators. In Gerhardts Werk dominiert, wie Paul Hankamer ausgeführt hat[7], eine andere Seite Luthers und des Luthertums, der ›Durchbruch des Volkshaften‹. (Nicht umsonst ist Luther der Mann der Volkslegende, der mit dem Tintenfaß nach dem Teufel warf, der geniale Übersetzer der Heiligen Schrift in eine allen verständliche Sprache, der Verfasser von Weihnachtsliedern für Kinder und der derbe Wortführer bei den ›Tischgesprächen‹.) Diese Seite des Luthertums verkörpert Gerhardt in einem sozusagen reduzierten Barockstil. Der rhetorische Zug des Zeitalters – dem sich alle Kirchenlieddichter nach Heermann unterwarfen – verwandelt sich in seinen Liedern in eine ans Volkslied heranreichende volkstümliche Schlichtheit.

Die fehlende Spannung zwischen dieser Welt und der des Geistes läßt Gerhardt als jemanden erscheinen, der das Verheißene Land bereits erreicht hat, und verleiht seiner Dichtung eine an das Jenseits erinnernde Süße und Unschuld, der man sich kaum entziehen kann, wenn man auch ihre Kunstlosigkeit belächeln mag. Die für Gerhardt so charakteristische Reinheit und Süße entstammt seiner Überzeugung, diese Welt sei trotz ihrer Unvollkommenheit *Gottes* Welt, eine Welt, in der, wie wir soeben in dem ›Morgenlied‹ sahen, der Teufel – für Luther noch immer ›der Herr *dieser* Welt‹ – so gut wie machtlos ist. Kein Bild ist typischer für Gerhardt als das der schützenden Fürsorge Gottes, ein Bild, das unser Kindschaftsverhältnis zur Gottheit ausdrückt. Beispiele dafür finden wir überall (siehe die zitierten Strophen!).

Gerhardts Dichtung ist erstaunlich in ihrem Naturgefühl, wenn auch natürlich weder er noch irgendein anderer zeitgenössischer Dichter als Naturdichter im modernen, das heißt romantischen Sinn bezeichnet werden kann. Seine Haltung ist ausgesprochen typisch für sein Jahrhundert: So groß seine Freude an der Natur auch sein mag, so sieht er diese doch immer noch im wesentlichen als Emblem, als Zeichen des Göttlichen für den Menschen und als etwas im Grunde nicht wirklich Reales. Er mag in seinem bekannten ›Sommerlied‹ in das allgemeine Frohlocken der Natur einstimmen, es gibt jedoch keine Spur eines *Aufgehens* in der Natur, die praktisch zu einem Zeichen der Verheißung weit größerer und echterer Freuden im Jenseits reduziert wird:

Geh aus, mein Herz, und suche Freud
In dieser lieben Sommerzeit
An deines Gottes Gaben,
Schau an der schönen Gärten Zier
Und siehe, wie sie mir und dir
Sich ausgeschmücket haben.

Die Bäume stehen voller Laub,
Das Erdreich decket seinen Staub
Mit einem grünen Kleide;
Narcissus und die Tulipan,
Die ziehen sich viel schöner an
Als Salomonis Seide.

Die Lerche schwingt sich in die Luft,
Das Täublein fleugt aus seiner Kluft
Und macht sich in die Wälder;
Die hochbegabte Nachtigall
Ergetzt und füllt mit ihrem Schall
Berg, Hügel, Thal und Felder.

Die Glucke führt ihr Völklein aus,
Der Storch baut und bewohnt sein Haus,
Das Schwälblein speist die Jungen;
Der schnelle Hirsch, das leichte Reh
Ist froh und kömmt aus seiner Höh
Ins tiefe Gras gesprungen.

. . . .

Ich selbsten kann und mag nicht ruhn;
Des großen Gottes großes Thun
Erweckt mir alle Sinnen;
Ich singe mit, wenn alles singt,
Und lasse, was dem Höchsten klingt,
Aus meinem Herzen rinnen.

Ach, denk ich, bist du hier so schön
Und läßt du uns so lieblich gehn
Auf dieser armen Erden,
Was will doch wohl nach dieser Welt

Dort in dem reichen Himmelszelt
Und güldnem Schlosse werden!

Trotz der kindlichen Freude, die dieses Gedicht durchströmt, ist es keine echte Naturdichtung. Es ist im Grunde nicht anders, wenn auch bestimmt schöner, als eine jener rätselhaften Zeichnungen mit einem auslegenden Motto – ein ›Emblem‹ im technischen Sinn –, die das Zeitalter so sehr liebte. Und Gerhardt erwartet auch, daß wir es so lesen. Seine Zeit war völlig auf eine dualistische, moralisierend-theologisierende Sichtweise eingestellt, und durch diese ›Brille‹ sah sie die Welt.

Zu Gerhardts bedeutendsten Liedern (nur 134 sind erhalten) zählen das Adventslied ›Wie soll ich dich empfangen‹, zweifellos eine seiner schönsten Schöpfungen und vielleicht das künstlerisch vollkommenste, ›Nun laßt uns gehn und treten‹, ein ergreifendes, die Erfahrung des Krieges spiegelndes Dankgebet, ›O Häupt voll Blut und Wunden‹, angeregt durch eine lateinische Hymne und mystisch im Ton (obgleich Gerhardt kein Mystiker war), ›Befiehl du deine Wege‹, wahrscheinlich das bekannteste seiner 29 ›Kreuz- und Trostlieder‹, ›Nun ruhen alle Wälder‹, eines der bekanntesten Lieder in deutscher Sprache und tatsächlich praktisch ein ›Volkslied‹, sowie ›Ein Lämmlein geht und trägt die Schuld‹, ein in seiner Gefühlstiefe erstaunliches Passionslied. Unsere Aufzählung ließe sich noch lange fortsetzen; sie würde nur bestätigen, wie lebendig Gerhardt noch heute ist. Von keinem anderen Dichter des Barock, nicht einmal von dem berühmtesten, Andreas Gryphius, kann man das behaupten.

Die Dichtung des deutschen Barock wurde, soweit sie volkssprachlich ist, fast ausschließlich von Protestanten verfaßt, während Kunst und Architektur des Zeitalters fast ohne Ausnahme von Katholiken geschaffen wurden. Das Luthertum ist eine Religion des Wortes und der Schrift, der inneren und nicht der äußeren Sinne. Johann Sebastian Bach, der Milton der Musik, war selbstverständlich auch Lutheraner. Der Jesuitenpriester Friedrich Spee (1591–1635)[8] ist eine die Ausnahme bestätigende Regel. Sein Werk ist zwar nicht polemisch, trägt aber unmißverständlich den Stempel der Gegenreformation, die sein eigener Orden so energisch verkündete. Sein Zyklus religiöser Gedichte *Trutz-*

nachtigall erschien erstmals 1649, vierzehn Jahre nach seinem Tod. Er ist in mehr als einer Hinsicht eine erstaunliche Sammlung.

Das gilt einmal im Hinblick auf die Metrik: Wenn auch Spees Verhältnis zu Opitz nicht völlig klar ist, scheint doch fast alles darauf hinzudeuten, daß Spee das Prinzip des Zusammenfallens von Versakzent und natürlichem Wortakzent unabhängig von Opitz und dessen *Poeterey* fand. Andernfalls wäre es schwer zu verstehen, warum er in der dem Zyklus vorangestellten ›Vorred deß Authoris‹, in der Opitz nicht erwähnt wird, diese Entdeckung so sehr betont. Und weiterhin: Wäre er dem berühmten Schlesier gefolgt, so ist es seltsam, daß er ihm nicht genauer folgte, sowohl in der Formulierung seiner metrischen Prinzipien als auch etwa im Hinblick auf die Verwendung von Dialekt und Zusammenziehungen, die Opitz verpönt, Spee aber zuläßt. Wie Opitz ist Spee sehr stolz auf seine poetischen Leistungen in der Muttersprache, wenn auch gerade sein Bestehen auf diesem Punkt und auf dessen Einmaligkeit wiederum anzudeuten scheinen, daß ihm sein Vorgänger unbekannt gewesen sein muß. In seiner Vorrede erklärt er: ›*Trutz Nachtigal* (d. h. besser als die Nachtigall oder so gut wie die Nachtigall) wird diß Büchlein genandt / weiln es trutz allen Nachtigalen süß / vnnd lieblich singet / vnnd zwar auffrichtig Poetisch: also daß es sich auch wol bey sehr guten Lateinischen vnnd anderen Poeten dörfft hören lassen. Daß aber nicht allein in Lateinischer sprach / sondern auch so gar in der Teutschen / man recht gut Poetisch reden vnnd dichten könne / wird man gleich auß diesem Büchlein abnehmen mögen‹. Schuld ist nicht die Sprache, sondern derjenige, der nicht den Mut hat, sie zu gebrauchen.

Spee schreibt aber in erster Linie nicht für den eigenen Ruhm, sondern *ad majorem Dei gloriam,* damit Gott auch im Deutschen Dichter habe. Zu diesem Zweck ist sein Buch weitgehend auf dem Prinzip der Parodie oder ›Kontrafaktur‹ weltlicher Themen, Motive und Begriffe aufgebaut, die in religiöse Begriffe übertragen werden. Sehr wahrscheinlich fand er auch weltliche Melodien für eine Anzahl seiner Gedichte, von denen jedes vertont wurde. Das ist eine alte Tradition. So ist eines der Grundthemen des ersten Zyklusteils, dasjenige der Braut oder Sponsa (Anima/ Psyche, die Kirche) auf der Suche nach dem Bräutigam (Christus-

Cupido), der sie mit dem Pfeil der (göttlichen) Liebe verwundet hat, zugleich eine Parodie auf die petrarkistische Mode in der Liebesdichtung und eine Fortsetzung der traditionellen kirchlichen Auslegung des Hohenlieds Salomonis, die zurückgeht auf Bernhard von Clairvaux (gest. 1153) und seine *Sermones de cantico canticorum*. Eine weitere ausgiebig benutzte Maske ist die der vergilischen oder theokritischen Ekloge, in der Hirten miteinander wetteifern im Lob Gottes in Seinen Werken, in der Anbetung des Christuskinds, in der Auslegung der Bedeutung des Todes des Heilands, usw. Mit anderen Worten, die heidnische Hirtendichtung wird im christlichen Sinn parodiert.

Spee wird gewöhnlich als sentimental abgetan; damit tut man seiner Kunst aber unrecht und tritt – und das ist entscheidend – mit einer modernen protestantischen Geisteshaltung an sie heran. Sie ist nicht sentimentaler als eine schmuckbeladene Jesuitenkirche. Joseph von Eichendorff, der große katholische Dichter der deutschen Romantik, verteidigt *Trutznachtigall* aufs treffendste gegen diesen modernen Vorwurf: ›Es sind religiöse Minnelieder; und gleichwie man dem weltlichen Minnegesang, als das demselben zugrunde liegende edle und schöne Zartgefühl nicht mehr empfunden und verstanden ward, den Vorwurf spielender Tändelei zu machen begann, so hört man wohl auch jetzt, nachdem der alte Glaube ausgegangen, denselben Tadel gegen die Speeschen Dichtungen erheben[9].‹ Die äußerliche Prachtentfaltung des Katholizismus erklärt sich ja gerade aus dem Bemühen, das Übernatürliche den Sinnen zugänglich zu machen, das heißt, sie ist emblematisch. Der ans Irdische gebundene Mensch soll dadurch eine Möglichkeit erhalten, sich mit den Mitteln ewiger Erlösung zu identifizieren. Die Gegenreformation ging in dieser Richtung weiter, als die Kirche je zuvor gegangen war oder seitdem gegangen ist. Spees Werk ist ein typischer Ausdruck dieses Bemühens. Dasjenige Element seines Werks, das das moderne Empfinden wohl am ehesten beleidigt, ist genau da zu finden, wo er am typischsten für seine Zeit ist und dem Grundprinzip der Versinnlichung des Übersinnlichen am konsequentesten folgt.

Wir erkennen die Methode vielleicht am deutlichsten in den Gedichten, die nach dem Muster einer jesuitischen ›Meditation‹ in der Art der berühmten Geistlichen ›Exerzitien‹ Loyolas verfaßt sind. Eine ›Meditation‹ in diesem Sinn bedeutet zunächst einmal, daß man sich ›alles vergegenwärtigt‹. Die Vorstellungskraft bemüht sich, die Idee in eine sichtbare Form einzukleiden. So kann von demjenigen, der sich den Exerzitien unterzieht, verlangt werden, sich Christus am Kreuz vorzustellen, dann mit Ihm zu reden, Ihn zu fragen ›nach Seiner Menschwerdung und Seinem Sterben für meine Sünden‹. Darauf soll sich der Büßende fragen, was er für Christus getan habe und was er für Ihn tun solle. Das ganze Gespräch wird in dem Ton geführt, in dem Freunde miteinander sprechen[10]. Das 46. Gedicht in *Trutznachtigall*, ›Eine Christliche Seel redet von dem Creutz, vnd vvunden Christi‹, ist ein ausgezeichnetes Beispiel für diese Methode innerlicher Verwirklichung durch äußerliche Projektion. Zugegeben, für den protestantischen (besonders den calvinistischen) Geschmack mögen Verse wie die folgenden mit ihrer rhythmischen Überfülle, ihrem Tonfall inbrünstiger Erregtheit und ihren Wortspielen wohl zuviel des Guten sein:

Manche stunden JESU wunden
  Ich mir setz ob augen mein.
Thu mich wenden zu den händen
  Zu der seit- vnd füssen sein.
O du bester / Creutz baläster! [Armbruster]
  Ich dan ruff in aller eyl.
O zur stunde mich verwunde /
  Schieß herab die nägel-keyl.

Viel näher an die Grenze zum fragwürdigen Geschmack gerät Spee in seinem Versuch der Versinnlichung – des ›zierlich reissen dar / Vnd mahlens nach dem leben‹ – der Einheit von Vater, Sohn und Heiligem Geist in einem Gedicht über ›Das geheimnuß der Hochheiligen Dreyfaltigkeit / sovvol Theologisch als Poëtisch ... entvvorffen‹ (*TN* Nr. 29). Er erkennt, daß er auf gefährlichem Boden wandelt. Wer, so fragt er, kann dergleichen ›ohn verstoß‹ beschreiben? Aber sein grundsätzlicher Zug zur Phänomenalisierung – und darunter versteht er im wesentlichen, etwas ›Poetisch‹ zu behandeln – scheint keine Grenzen zu kennen. Würde ein moderner Dichter ein solches Thema aufgreifen, so würde er es symbolisch behandeln; Spee behandelt es wörtlich, und darin liegt der Grund für sein Scheitern:

Der Vatter seufftzet ohne ruh
Zu seinem Sohn verliebet:
Der Sohn jhm wider seufftzet zu /
Sich gleichem fewr ergibet.

Zu gleich dan er / zu gleich dan der
Mit gleichem brand befangen /
Mit seufftzen hin / mit seufftzen her
Bezeugens jhr verlangen.

Ahà der Vatter seufftzen thut
Zu seinem Sohn geschwinde;
Ahà der Sohn auch seufftzet gut
Mit eben selbem winde.

Solche Mißerfolge beweisen zwar sicherlich, daß Spee kein Dante ist, sind aber schließlich eine Voraussetzung für seine Stärke. Sein starker Hang zum Visuellen, sein Drang zur Phänomenalisierung sind die Quelle seiner besten wie seiner schlechtesten Gedichte. Er hat das Talent des wahrhaft ›naiven‹ Dichters zur Mythenbildung, was etwas ganz anderes ist als das Ausstaffieren von Begriffen mit rasch wechselnden und von überallher geholten unorganischen Metaphern, das so charakteristisch ist für den Durchschnittsdichter des Barock. Wenn Spee sich nicht am falschen Objekt versucht, dann können seine – in dem eben zitierten Beispiel so peinlich wirkenden – wörtlichen Beschreibungen zu kleinen Naturmythen von unwiderstehlichem Reiz werden. Die einzige ihm hierin ebenbürtige Dichtergestalt seiner Zeit ist Catharina Regina von Greiffenberg (siehe S. 73–82), wenn ihm auch Weckherlin und Gerhardt vielleicht nahekommen. Die übrigen sind zu fest verwurzelt in der rhetorischen Tradition mit ihrer Betonung des rein Figürlichen, um der Mythenbildung fähig zu sein. Fehlt ihnen etwa auch Spees kindliche Liebe für Gottes Schöpfung? Auf jeden Fall suchen wir bei den anderen Dichtern des Jahrhunderts vergeblich nach etwas, das mit den folgenden Versen zu vergleichen wäre (*TN* Nr. 9):

Heint spät auff braunen Rappen
Der Mon in starckem lauff /
Gundt mitternacht erdappen /
Mit ernsten triebe drauff:
Nit manglets an Trabanten
An Sternen klar / vnd hell /
An gleichen Liechts-verwanten /
Welch jhn begleitet schnell.

Oder den folgenden über die Erschaffung der Sterne, hier gesehen als die Schafe des Mondes, des himmlischen Schäfers (Nr. 30):

Er [Gott] spritzet ab ein kräfftigs wort
Von lind gerührter zungen /
Gleich deine Schäfflein mancher sort
In blawen felden sprungen ...

Brentano, ein großer Bewunderer Spees, bringt kaum etwas, das zauberhafter und gleichzeitig ergötzlicher wäre. Und die folgenden, Schafe im nächtlichen Pferch beschreibenden Verse (Nr. 32) sind fast eines Mörike würdig:

Wan friedlich vnser Herd / vnd schaff
Nach späthem widerkawen /
Bereuschlet [leicht berauscht] mit gelindem schlaff /
Die süsse Weid verdawen.

In ihrer Aussagekraft sind die folgenden Zeilen (aus *TN* Nr. 22, ›Lob Gottes auß Beschreibung der frölichen Sommerzeit‹) allen Schöpfungen Weckherlins oder (später) Brockes ebenbürtig und übertreffen in ihrer einfühlenden Zartheit alles, was vor Matthias Claudius geschrieben wurde:

Bald auch die zahm / vnd fruchtbar bäum
Sich frewdig werden zieren /
Mit weichem obs / mit kinder träum /
Nuß / äpffel / kirsch- vnd biren [Birnen].
Die biren gelb / die äpffel roth /
Wie purpur die Granaten /

Die pfersich bleich wie falber todt /
Die kirschen schwartz gerathen.

Spees Naturverständnis ist trotz seiner eigenen Naturverbundenheit und seiner scharf beobachtenden und stets entzückenden Beschreibung von Bächen, Bergen, Feldern, Wäldern, Insekten und Tieren nicht grundsätzlich anders als das Gerhardtsche, wenn es auch nicht so ausgesprochen emblematisch ist: Die Natur ist ein Zeichen der Liebe Gottes an den Menschen. Spees Naturdichtung ist wie die des Psalmisten ein Lob Gottes in Seinen Werken; Natur als selbständiger *Bios* wäre für ihn undenkbar (Nr. 23):

Mit deiner lieb vmgeben /
O schöpffer aller ding /
Im trawren muß ich leben /
Wan ich von dir nicht sing.

Allerdings: Stellen wie die eben zitierten sind zwar nicht gerade selten, aber doch mehr wie die Rosinen im Kuchen und nicht wie der Kuchen selbst. Der Gesamteindruck ist ein anderer. Spees Armut an Strophenformen – typisch sind eine achtzeilige Strophe mit vier Hebungen pro Zeile (Jamben oder Trochäen), alternierender Reim, syntaktische Aufteilung jeder Strophe in zwei deutlich verschiedene Teile (vier plus vier) – dazu ein extrem regelmäßiges Metrum, Konzentration auf *ein* Thema (Gottes Liebe zum Menschen), die übermäßige Länge vieler Gedichte, der Tonfall ständiger Inbrunst, den ein Kritiker sehr treffend als ›agitato, ma non troppo‹ charakterisiert hat[11], all das gibt dem Zyklus insgesamt etwas Monotones und Litaneihaftes.

Jedoch entdeckt man erst beim Studium des Werkes als Ganzem eines seiner interessantesten Merkmale, nämlich seine sakramentale Struktur[12]. *Trutznachtigall* enthält 51 Gedichte[13]. Diese sind thematisch angeordnet, wenn auch auf eine unregelmäßige, ›barocke‹ Art, und zwar in Gruppen von sieben, zu denen das ausdeutende Anfangs- und Schlußgedicht kommt: das heißt also: eins plus sieben mal sieben plus eins. Die Sieben wird als Grundzahl nicht so sehr deshalb gewählt, weil es sieben Sakramente gibt, sondern weil die Zahl Sieben Vollkommenheit und

Fülle symbolisiert, da sie sich zusammensetzt aus der auf den Himmel, die geistliche Ordnung und die Trinität bezogenen Zahl Drei, sowie der für die Erde, den Erdenraum, die Situation des Menschen und das Kreuz symbolischen Zahl Vier. Die Vereinigung von Himmel und Erde, von Gottheit und Schöpfung, ist der Grundgedanke in Spees Werk, wie sie auch das zentrale Mysterium der christlichen Religion ist: der Inkarnation. Im kirchlichen Ritus ist diese Vereinigung natürlich vor allem im zentralen Sakrament symbolisiert, der Eucharistie, in der die Gläubigen am Leib Gottes in Gestalt der irdischen ›Zufälligkeit‹ des Brotes teilhaben. Das letzte, also 51. Gedicht in *Trutznachtigall* ist ein Gedicht über die Bedeutung der Eucharistie: ›Am heiligen Fronleichnās Fest, von dem Hochvvürdigen Sacrament deß Altars‹, und es ist praktisch der Schlüssel zur Auslegung des gesamten Zyklus. (Genausogut könnte man sagen, der ganze Zyklus sei eine Auslegung der Bedeutung der Eucharistie.)

Die Vereinigung des Göttlichen und des Irdischen wurde und wird durch die Liebe bewirkt, und von der Liebe und von ihr allein – oder von den Taten der Liebe – singt Spee. Er besingt allerdings zwei Arten von Liebe: die erste, die Sponsa-Lieder erfüllende, also ›die Liebe der Begehrlichkeit‹, und die zweite, die das Hauptthema der Eklogen und der übrigen Gedichte im letzten Zyklusteil bildet, also ›die Liebe der Gutwilligkeit‹, das heißt die Nächstenliebe, die für Spee die gesamte Schöpfung umschließt und die religiöse Basis seiner Liebe zur Natur ist[14]. Das große Beispiel der Liebe ist natürlich die Liebe des Himmlischen Vaters zu uns, der Seinen Sohn für unsere Sünden in den Tod schickte, und die Geburt Christi bildet tatsächlich auch das ›exzentrische Zentrum‹ von Spees Zyklus. Um dieses zentrale Ereignis reihen sich Passions- und Auferstehungsgedichte; unmittelbar vorangestellt sind ihm allerdings an Psalmen erinnernde Gedichte, die Gott in Seiner Schöpfung preisen, das heißt, den religiösen Zustand der Welt vor der Geburt des Heilands spiegeln. Die Sehnsucht der Hirten, Gott zu *schauen* (Nr. 32), geht dann in den Weihnachtsgedichten in Erfüllung. Dieses ›exzentrische Zentrum‹ wird durch ein zweites ›Zentrum‹ ausgeglichen, das Gedicht über den großen Jesuitenmissionar St. Franz Xaver (Nr. 19). Das heißt, es wird ausgeglichen mit einem Gedicht über einen Menschen, der in seinen eigenen Taten das Gebot der Liebe erfüllt und uns ein herrliches Beispiel der imitatio Christi gab. (Xaver ist die einzige Gestalt im Zyklus, die ›unserer‹ Welt angehört.) Damit hat *Trutznachtigall* eigentlich zwei ›Zentren‹, ein menschliches und ein göttliches, die beide eng miteinander verbunden sind. Das ist lediglich eine weitere Exemplifikation der Grundbotschaft des gesamten Zyklus. Mit außerordentlichem Feingefühl benutzt Spee die unregelmäßigen, ex-zentrischen Formen barocker Kunst zum Ausdruck seiner zentralen Idee.

Man sollte Spee nicht verlassen, ohne kurz auf seine angebliche ›Mystik‹ einzugehen. Ob wir ihn als Mystiker sehen oder nicht, hängt natürlich davon ab, was wir unter Mystik verstehen. Wenn wir ›Gelassenheit‹, Aufgabe alles Irdischen bis hin zur völligen Gleichgültigkeit gegenüber allem, was uns im irdischen Bereich berührt, als den entscheidenden Schritt auf dem Weg zur unio mystica betrachten, dann scheint Spee ein ungeeigneter Anwärter auf den Ehrentitel zu sein. Dem gilt nicht sein höchstes Streben. Wenn auch sein Streben tatsächlich dahin geht, sich Gottes im *Irdischen* bewußt zu werden und sich mit Ihm *hier* zu vereinen, so muß dies doch in der von der Kirche vorgeschriebenen Weise erfolgen, nämlich durch die Sakramente. Das letzte und entscheidende Gedicht zeigt, wie *alle* Gläubigen sich mit dem Göttlichen vereinen und sich mit dem Sohn Gottes als Opfer darbringen können:

Der lebend Leichnam vnzertrēnt /
Zugleich im himmel droben /
Zugleich ist aller ort vnd end /
Wo jenes brodt erhoben.

Wenn das Mystik sein soll, dann sind alle, die an die Lehre der Kirche glauben, Mystiker. Hinzu kommt noch dies: Spee ist ein Dichter, und seiner Auffassung nach besteht das Schaffen von Dichtung zum einen in der Phänomenalisierung, der Versinnlichung des Noumenalen, und zum anderen in der Noumenalisierung (praktisch in der Emblematisierung) des Phänomenalen. Und gerade im Hinblick auf das letztere gehört er seiner Zeit an. Dennoch legt er niemals die Betonung so sehr auf das Immanente, daß er darüber das Transzendente vergißt, oder so sehr auf das Transzendente, daß er darüber das Immanente vergißt. Kurzum, er glaubt wahrhaftig an die Inkarnation. Er sagt nie: Gott *ist* Seine Schöpfung, aber er sagt immer wieder, daß die Schöpfung göttlich sei. Weit mehr als die meisten Dichter seiner Zeit nimmt Spee die Welt der Sinne ernst und findet darin eine Schönheit, die er freudig vermittelt. Er nimmt sie ernst, weil er sie liebt, und er liebt sie, weil sie göttlich ist, doch nicht, weil sie Gott ist.

Im Werk Johannes Schefflers (1624–77)[15], der Welt bekannt unter seinem Pseudonym ›Angelus Silesius‹, begegnet uns ein echter Mystiker. Sein *Cherubinischer Wandersmann* (1657) ist eines der berühmtesten Dokumente westlicher Mystik, wenn auch fraglich ist, ob ›westlich‹ in diesem Zusammenhang viel bedeutet, da alle Arten von Mystik, wo und wann immer sie auftreten, stark verwandte Züge aufweisen. Der *Cherubinische Wandersmann* enthält 1676 auf sechs Bücher verteilte Gedichte, darunter zehn Sonette und einige vier- oder mehrzeilige Gedichte; die übrigen sind gereimte Zweizeiler in Alexandrinern. Der Titel – die Sammlung erhielt ihn erst mit der zweiten Ausgabe von 1675, als das sechste Buch dazukam – bezieht sich auf den ›cherubinischen‹ Weg zur Vereinigung mit der Gottheit, nämlich durch die Erkenntnis (dem Attribut der Cherubim). Dieser steht im Gegensatz zum ›seraphischen‹ Weg zu einer solchen Vereinigung, das heißt, durch die Liebe (dem Attribut der Seraphim). Der zweite Weg wird von Scheffler in der im selben Jahr erschienenen *Heiligen Seelenlust* eingeschlagen.

Man kann nicht erwarten, daß wir auf ein paar Seiten ein Werk im Detail erläutern, das selbst die tiefsinnigsten Denker der deutschen Romantik schwer zu ergründen fanden. ›Manche von diesen Sprüchen‹, schrieb Friedrich Schlegel, ›sind mir nach dem ganzen Inhalte ihres tiefen Sinnes erst nach mehreren Jahren völlig klar geworden, so leicht faßlich sie Anfangs lauten‹. Und Schopenhauer spricht von dem ›bewunderungswürdigen und unabsehbar tiefen Angelus Silesius‹. Vom literaturgeschichtlichen Standpunkt aus gesehen sind Schefflers formale Leistungen wichtiger als seine philosophische Position, wenn wir auch sogleich das Caveat hinzusetzen müssen, daß das eine nicht ohne das andere vollauf gewürdigt werden kann.

Als mystischer Sucher (›Wandersmann‹) ist Scheffler im Inhaltlichen nicht originell und kann es nicht sein. Ihn unschöpferisch zu nennen ist daher kein Tadel. Er stützt sich in der Tat – und muß es tun – auf die mystische Tradition von Plotin bis Jakob Böhme; besonders verpflichtet ist er dem Ersten unter den deutschen Mystikern, Meister Eckhart (ca. 1260–ca. 1327). Dieser Tradition verleiht Scheffler eine typisch barocke Form. Und selbst darin ist er nicht originell, sondern er erfüllt vielmehr eine bereits existierende Gattung: das Epigramm in Alexandrinern (bzw. den zweizeiligen Alexandriner). Diese Form entwickelt er bis zur Virtuosität. Sein bedeutendster Vorgänger – wenigstens insoweit diese Form zur Übertragung mystischen Gedankenguts diente – war Daniel Czepko (gest. 1660), dessen *Sexcenta monodisticha sapientium* seit etwa 1650 unter den Mitgliedern des Kreises um Frankenberg im Manuskript kursierten. (Sie wurden erst 1930 in vollständiger Form veröffentlicht.) Auf den ersten Blick scheinen sich zahlreiche Aphorismen Czepkos von denen Schefflers fast nicht zu unterscheiden; vergleichen wir sie jedoch, so wird bald ersichtlich, daß Scheffler der weit bessere Dichter ist.

> Der Weise, wo er steht, weiß nichts von Ort und Zeit:
> Er lebt zwar hier, und ist doch in der Ewigkeit.
>
> [Czepko]
>
> Mensch, wo du deinen Geist schwingst über Ort und Zeit,
> So kannst du jeden Blick [Augenblick] sein in der Ewigkeit.
>
> [Scheffler]

Schefflers Zweizeiler drückt den gleichen Grundgedanken aus wie Czepkos: Zeit und Raum sind nicht wirklich, sie lassen sich im mystischen Erlebnis überwinden. Aber was ist dichterisch geschehen? Scheffler hat Czepkos Verse dynamisch gemacht. Der letztere redet *über* den Weisen, ersterer spricht uns direkt an (›Mensch‹!); Czepkos Weiser ist passiv (›steht‹, ›weiß‹), Scheffler fordert Tätigkeit (›schwingst über‹), ein dynamischer Prozeß. Czepkos zweite Zeile ist nicht nur metrisch ungeschickt, sondern auch in ein prosaisches Argument mit *zwar* und *doch* zerlegt, während das von Scheffler in weit ausholendem Rhythmus den Augenblick der Erfüllung aufzeigt: Der Rhythmus spiegelt mit wundervoller Präzision die offenbare Aussage. Der eine *spricht von* der Überwindung von Raum und Zeit, der andere *vollzieht* sie – im Rhythmus.

Ein weiteres Beispiel:

Die Seel und Gott die stehn in unzertrennter Pflicht;
Ging Eines hin, ich weiß das Andre stünde nicht.
[Czepko]

Ich weiß, daß ohne mich Gott nicht ein Nu kann leben;
Wer ich zunicht, er muß von Not den Geist aufgeben.
[Scheffler]

Wiederum Dynamik und Personifizierung: Czepkos ›ich weiß‹ steht in unbetonter Stellung in der Mitte der zweiten Zeile; Scheffler stellt es an den Anfang seiner frappierenden Erklärung: *Ich weiß*, daß Gott ohne mich nicht einen Augenblick leben kann. Die blasse Abstraktion ›Ging *Eines* hin‹ wird zu ›Werd *ich* zunicht‹; das metaphorisch farblose ›stünde nicht‹ Czepkos wird bei Scheffler zum schockierenden und sinnvoll doppeldeutigen ›den Geist aufgeben‹.

Ein letztes Beispiel:

Wer nicht kann selig sein, läg er gleich in der Höllen,
Gehört nicht oben auf, wie fromm er sich mag stellen.
[Czepko]

Wer in der Hölle nicht kann ohne Hölle leben,
Der hat sich noch nicht ganz dem Höchsten übergeben.
[Scheffler]

Wiederum verblüfft die Gleichheit des Gedankens, und wiederum ist die Überlegenheit der Formulierung Schefflers verblüffend deutlich. Beide Distichen sagen aus: Innerer Friede ist nicht abhängig von äußeren Umständen; aber ›in der Hölle ohne Hölle leben‹ *zeigt* uns, was das bedeutet, während ›selig sein, obgleich in der Hölle‹ es uns lediglich *mitteilt*. Czepkos Ausdruck ›gehört nicht oben auf‹ klingt primitiv im Vergleich mit Schefflers Formulierung der entsprechenden Idee. Seine dichterische Dürftigkeit wird besonders deutlich in dem sinnlosen Reim *Höllen* –

stellen, was weit schwächer ist als *leben – geben.* Der erste Zweizeiler klingt wie ein holpriger Werbespruch, der zweite wie gnomische Weisheit.

Die Faszination dieser Art von Dichtung liegt zum großen Teil in der Spannung zwischen Form und Inhalt. Die Form ist rational, der Inhalt irrational. Jeder Verseschmied des 17. Jahrhunderts erlernte den Gebrauch des zweizeiligen Alexandriners; er erlernte ihn, weil er erlernbar war. Und doch scheinen seine Möglichkeiten in der Hand eines Meisters wie Scheffler beinahe unerschöpflich zu sein[16]. Das liegt großenteils daran, daß Scheffler es versteht, Form und Inhalt gegeneinander auszuspielen. Dahinter steht die Absicht, der Vernunft schockartig ein Gefühl für ihre eigene Unzulänglichkeit zu vermitteln, und zwar durch Ausnutzung einer höchst rationalen Form.

Einer der grundlegenden Texte christlicher Mystik steht in Johannes 17, 3: ›Das ist aber das ewige Leben, daß sie dich, der du allein wahrer Gott bist, und den du gesandt hast, Jesum Christum, erkennen.‹ ›Gott erkennen‹ wurde gedeutet als Ihn in Seinem Wesen schauen. Thomas von Aquin spricht von drei verschiedenen Wegen zur Erkenntnis des Göttlichen: 1. der Weg der Vernunft durch die Schöpfung, die zwar nicht Gott ist, Ihm aber ihr Dasein verdankt – das Bild der Leiter, allmählicher Aufstieg; 2. durch die Offenbarung, der Weg der Propheten und Apostel – Herabsteigen des Göttlichen; 3. durch Emporsteigen, der mystische Weg – der zur Gottheit erhöhte Mensch.

Über den dritten Weg sagt Thomas, er allein sei vollkommen – nur so könne Gott geschaut werden. (*Gott schauen* entspricht dem Lateinischen *Deum intueri.*) Erhöhung zur (Vereinigung mit der) Gottheit ist natürlich letztlich ein Geschenk der Gnade; dem Mystiker geht es vor allem darum, die geeignete Voraussetzung für den Empfang dieses Geschenks zu schaffen. Ihm geht es um den *Weg.* Seiner Erfahrung nach bedeutet direkte Erkenntnis Gottes vollkommenen Frieden, das heißt, absolute Freiheit von allen Anstrengungen des Willens. Daher beugt er seinen Willen, um ihn zu unterwerfen, um das zu erreichen, was die deutschen Mystiker ›Gelassenheit‹ nennen (*CW* I, 24):

DU MUSST NICHTS SEIN, NICHTS WOLLEN

Mensch, wo du noch was bist, was weißt, was liebst und hast,
So bist du, glaube mir, nicht ledig deiner Last.

Wenn wir unser Ich ausfließen lassen können, dann wird Gott einfließen; dies ist Sein tiefstes Verlangen. Christliche Mystiker drücken das aus im Bild des in uns geboren werdenden Gottes: Der Mensch muß zur ›geistlichen Maria‹ (*CW* I, 23) werden. Zunächst einmal zur eigenen Rettung (*CW* I, 61):

IN DIR MUSS GOTT GEBOREN WERDEN

Wird Christus tausendmal zu Bethlehem geboren
Und nicht in dir, du bleibst noch ewiglich verloren.

Aber auch, wie sich bald erweist, zur Rettung Gottes (*CW* I, 201):

WARUM WIRD GOTT GEBOREN?

O Unbegreiflichkeit! Gott hat sich selbst verlorn.
Drum will er wiederum in mir sein neugeborn.

Grundlegend für die mystische Anschauung ist das Dogma von der Irrealität von Zeit und Raum. Dies sind rein menschliche Kategorien. Bei Gott, der wahren Realität, gibt es keine Vergangenheit, Gegenwart oder Zukunft, sondern nur ein ›ewges Nun‹ (*CW* I, 133), und bei ihm sind – Scheffler wiederholt das unermüdlich mit einem seiner bedeutungsvollsten Reime – *Ort* und *Wort* (logos) ebenfalls eins. Dennoch braucht Gott Zeit und Raum: Er findet sie im Menschen. Schöpfer und Schöpfung, Gott und Ich, sind voneinander abhängig, und das vor allem darum: Das Ich ist der *Ort*, wo das *Wort* geboren wird. So ist also der Mensch ebensosehr der ›Retter‹ Gottes wie Gott der des Menschen. *CW* I, 205 ist in diesem Sinn zu verstehen:

DER ORT IST DAS WORT

Der Ort unds Wort ist eins und wäre nicht der Ort,
Bei ewger Ewigkeit! es wäre nicht das Wort.

Es ist recht leicht zu verstehen, weshalb der Mystiker stets Gefahr läuft, der Ketzerei beschuldigt zu werden. Meister Eckhart wurde von der Kirche verdammt aufgrund von Äußerungen, die nicht kühner waren als die von Scheffler (vgl. die Bulle Papst Johannes' XXII. vom 27. März 1329). Der Mystiker neigt zur Ketzerei wegen seiner Neigung, sein eigener Erlöser zu werden. Es bedarf *qua* Mystiker kaum der Kirche und ihrer Sakramente oder nicht einmal des historischen Jesus. Er selbst gebiert andauernd den Sohn und vereinigt sich mit Ihm als Seiner Braut, als Sohn und Maria zugleich. Natürlich haben katholische Theologen die orthodoxe Haltung Schefflers bezeugt, aber außerhalb der Kirche scheint es keinen Kenner des *Wandersmanns* zu geben, den ihre Argumente überzeugt haben. Hauptsächlich im ersten, zweiten und fünften Buch finden wir die kühnen mystischen Spekulationen, für die Scheffler berühmt ist. Im dritten Buch wendet er sich Christus und den Heiligen zu und versenkt sich in ihre Betrachtung, während das (erst 1675 dazugekommene) sechste Buch aus einer anderen Feder zu stammen scheint; es ist nicht mehr mystisch-exklusiv im Tonfall, sondern vielmehr volkstümlich-homiletisch: Es spricht ein auf Bekehrung bedachter Priester. Dieser Wechsel in Ton und Haltung ist wie eine Vorschau auf den Verlauf von Schefflers Leben und Werk als Ganzem, seinen Weg vom cherubinischen Mystiker zum seraphischen Prediger und vom Sänger zum fanatischen Befürworter der Gegenreformation.

In *Heilige Seelenlust, oder geistliche Hirtenlieder der in ihren Jesum verliebten Psyche* wendet sich Scheffler vom cherubinischen zum seraphischen Weg und von der mystischen zur orthodoxen Deutung der Vereinigung mit dem Göttlichen. Aus diesem Grund hat man einigermaßen zwingend argumentiert, *Heilige Seelenlust* müsse nach dem Übertritt des Dichters zum Katholizismus und später als die ausgesprochen mystischen Teile des *Wandersmanns* verfaßt worden sein[17]. *HS* enthält 205 auf fünf Bücher verteilte Gedichte. Die ersten drei, die einen geschlossenen Zyklus darstellen, erschienen im gleichen Jahr (aber nicht am gleichen Ort) wie *CW* (1657). Das vierte Buch wurde separat veröffentlicht, wahrscheinlich aber im gleichen Jahr (Ellinger); das fünfte Buch kam erst 1668 dazu.

Die zyklische Anlage der ersten drei Bücher, die eine Art liturgisches Jahr darstellen, ist leicht zu erkennen. Das erste Buch (40 Gedichte) singt von der Sehnsucht der Psyche (der Seele), die zuweilen die Maske der von Liebeskummer gequälten Schäferin trägt, nach ihrem Geliebten, nach Jesus, dem Guten Hirten, dem Bräutigam. (Die zugrunde liegende Bildersprache stammt natürlich aus dem Buch Salomonis.) Es schließt mit Liedern der Freude über Seine Geburt. Das zweite Buch (24 Gedichte) behandelt das Thema der Passion, das dritte Buch (59 Gedichte) die Wiederauferstehung und imitatio Christi; es schließt mit einem großartigen hymnischen Gedicht der Sehnsucht nach Vereinigung mit der Gottheit. Die ersten drei Bücher sind Jesus Christus gewidmet, das vierte der Maria. Die letzten zwei Teile sind keine Lieder*zyklen* mehr, sondern Lieder*bücher*.

Die Widmungen an Christus und Maria schlagen sogleich den Ton an, der *HS* durchzieht, den Tonfall sakraler Parodie, eine ungewöhnlich ergiebige Quelle künstlerischer Spannung während des ganzen Barock. Diese Widmungen sind genau in der Art gehalten, in der ein Untertan seinen Souverän in einer typisch unterwürfigen *dedicatio* des 17. Jahrhunderts anspricht. Die Lieder – Originalausgaben enthielten die Melodien dazu – sind ebenfalls großenteils Parodien (›Kontrafakturen‹) weltlicher Liebesdichtungen; andere sind Neufassungen von Kirchenliedern katholischer und protestantischer Herkunft. Scheffler weist in seinem Vorwort selbst auf diesen Aspekt seines Werks und fordert seine Dichtergefährten auf, seinem Beispiel zu folgen:

O jhr Poeten wie seyd jhr solche Thoren, daß jhr eure Hertzen und Sinne euren *Dorinden, Flavien, Purpurillen,* und wie sie weiter heißen, ergebet ... Wendet hier eure Erfindungen und Federn an; hier hier in dem unvergleichlichen Angesichte JEsu *Christi,* ist die allerfreundlichste Anmuttigkeit, die alleranmuttigste Liebligkeit, die allerlieblichste Huldseligkeit, und allerhuldseligste Schönheit.

Wie geschickt er ein weltliches Liebeslied parodiert, zeigt etwa die Neuschöpfung von Opitzens vielkopiertem ›Ihr schwartzen Augen ihr‹ (siehe S. 29), die den Titel ›Sie beklaget die verfallenen Augen Jesu Christi‹ (*HS* II, 49) trägt. Hier die erste Strophe:

Ihr keuschen Augen ihr, mein allerliebstes Licht,
Das meinem Bräutigam und Heiland jetzo bricht!
Ihr Augen voller Huld,
Voll himmlischer Lust,
Was habt denn ihr verschuldt,
Daß ihr verbleichen mußt?

Nicht selten übertrifft Scheffler die Sänger des Eros in ihrem eigenen Metier.

Als technische Leistung setzt einen *HS* in Erstaunen. Das Werk ist metrisch und rhythmisch völlig ausgewogen und enthält kaum eine schwache Stelle. Es verwendet eine schier endlose Zahl metrischer Variationen und Verskombinationen, die die Variationen in Stimmung und Haltung vom Spielerischen bis zum zutiefst Ernsten subtil widerspiegeln. Die vorherrschende Stimmung ist jedoch, besonders in den ersten drei Büchern, die der Sehnsucht. Die Perle unter den Gedichten dieser Art ist ohne Zweifel ›Sie begehrt verwundet zu sein von ihrem Geliebten‹ (I, 39):

1

Jesu, du mächtiger Liebesgott,
Nah dich zu mir,
Denn ich verschmachte fast bis in Tod
Vor Liebesbegier.
Ergreif die Waffen und in Eil
Durchstich mein Herz mit deinem Pfeil,
Verwunde mich.

2

Komm meine Sonne, mein Lebenslicht,
Mein Aufenthalt,
Komm und erwärme mich, daß ich nicht
Bleib ewig kalt.
Wirf deine Flammen in den Schrein
Meins halbgefrornen Herzens ein,
Entzünde mich.

3

O allersüßeste Seelenbrunst,
Durchglüh mich ganz

Und überform mich aus Gnad und Gunst
In deinen Glanz.
Blas an das Feuer ohn Verdruß,
Daß dir mein Herz mit schnellem Fluß
Vereinigt sei.

4

Dann will ich sagen, daß du mich hast
Erlöst vom Tod
Und als ein lieblicher Seelengast
Besucht in Not.
Dann will ich rühmen, daß du bist
Mein Bräutgam, der mich liebt und küßt
Und nicht verläßt.

Wir greifen sicher nicht weit daneben, wenn wir dieses Gedicht eine der Höchstleistungen der deutschen Barocklyrik nennen, ein Werk, das ohne Einschränkung den besten Gedichten der englischen Dichter George Herbert (1593–1633), Richard Crashaw (1613?–1649) und Henry Vaughan (1621?–1695) gleichkommt. Man hat es verglichen mit Berninis berühmter Statue der Hl. Therese, wie sie der Pfeil des Gottes der göttlichen Liebe trifft, ein treffender Vergleich, soweit sich zwei so unterschiedliche Arten künstlerischen Ausdrucks überhaupt vergleichen lassen. Beachten wir die Art und Weise, in der der Wechsel von langen und kurzen Zeilen die Systole und Diastole des Verlangens wiedergibt – wie große, aufschwellende Seufzer. Beachten wir den Einsatz der zwischen inständiger Bitte und Befehl schwebenden Aufforderungen und den wunderbar ausdrucksvollen Reim, besonders in der Verwendung der nicht reimenden, nach Erfüllung drängenden Schlußzeile (›Waise‹). Scheffler hat kein vollkommeneres Gedicht geschrieben.

Unser Freudisches Zeitalter wird diese Art Dichtung zwangsläufig für sublimierte Erotik halten – und warum eigentlich nicht? Der erotische Trieb ist der stärkste, den wir kennen; er läßt sich für jeden Zweck einsetzen, so wie ein Generator jedes Gerät betreiben kann, an das er sich anschließen läßt. Wichtiger ist ein anderer Gesichtspunkt, und zwar der, ob die Erotisierung dazu neigt, das Thema des Göttlichen zu trivialisieren. In dieser Hinsicht bestehen erhebliche Unterschiede zwischen dem Geschmack des 17.

und des 20. Jahrhunderts und auch zwischen katholischen und protestantischen Vorstellungen von Schicklichkeit. Was der eine als Kunst sieht, verachtet der andere vielleicht als Kitsch. Wir sind von so vielen kommerziellen Produkten (darunter auch ›Kunstgegenständen‹) von scheußlichem Geschmack umgeben, und als Intellektueller reagiert man daher auf diese Frage vielleicht überempfindlich. Dennoch muß man zugeben, daß Scheffler wenigstens für unser Empfinden gelegentlich dem ›Edelkitsch‹ gefährlich nahekommt, besonders wenn wir ein Gedicht aus dem Zusammenhang nehmen. Ein peinliches Beispiel ist *HS* III, 86. Ich zitiere die erste Strophe:

Jesu, wie süß ist deine Liebe!
Wie honigfließend ist dein Kuß!
Der hätte gnug und Überfluß,
Wer nur in deiner Liebe bliebe!
Wie süß ist es, bei dir zu sein
Und kosten deiner Brüste Wein!

Das ist der Tonfall des widerwärtig süßen pietistischen ›Seelenlieds‹ des ausgehenden Jahrhunderts und der ersten Hälfte des nächsten Jahrhunderts. Es ist nur allzu offensichtlich, weshalb fast alles Singbare von Scheffler in die Gesangbücher der Pietisten aufgenommen wurde.

Die Frage nach Mystik und Orthodoxie stellt sich bei *HS* nicht. Wir finden hier ein exoterisches, kein esoterisches Dogma, und dieses Dogma deckt sich völlig mit der Position der Kirche. *HS* kann im Höchstfall als pseudo-mystisch bezeichnet werden. Die Situation des Menschen und die Grenzen von Raum und Zeit werden anerkannt, die monopsychische Position wird aufgegeben zugunsten einer dualistischen, die natürlich das *sine qua non* des Sehnsuchtsthemas und die Grundlage aller erotischer Dialektik abgibt. Scheffler hält nunmehr wie Spee die unio mystica im Irdischen nur durch das Sakrament der Eucharistie für möglich. Einige der inbrünstigsten Gedichte gegen Ende des Zyklus (III, 91–98) sind diesem Mysterium gewidmet, aber nirgends wird angenommen, daß der Mensch sich anders mit der Gottheit vereinigen könne als symbolisch, durch das geweihte Brot.

Bedeutsam ist in der folgenden Stelle besonders das Bild des *Herabsteigens* des Göttlichen (und nicht die Erhöhung des einzelnen) (III, 97):

Allerhöchste Majestät,
Wie neigst du dich so tief!
Daß du kommst vons Himmels Stätt
In meines Munds Begriff!
Daß du dir, o Gottes Sohn,
In mir suchst einen Thron!
Daß du solche Gnad und Güte
Antust dieser irdnen Hütte!

III, 98 klingt deutlich wie Spee und ist vielleicht das beste der Gedichte über dieses wichtige Thema. Hier die erste Strophe:

Du Wunderbrot, du wahrer Gott,
Wer kann die Lieb ermessen,
Daß du dich hier selbst gibest mir,
Mit Leib und Seel zu essen.

Das Schlußgedicht des dritten Buches (123), eines der gelungensten im ganzen Zyklus, beschwört die wahre mystische Vision der Vereinigung mit der Gottheit, jedoch erst *nach* diesem Leben:

2

Du wahres Paradeis, du ewger Frühlingsgarten,
Du breites Blumenfeld von unerhörten Arten.
Wann werd ich von der wüsten Erden
In deine Lustbarkeit versetzt?
Wann werd ich deiner würdig werden
Und ewig sein von dir ergötzt?

3

Du freudenreicher Strahl, wann wirst du mich verzucken
Und ganz und gar in dich und deinen Blitz einschlucken?
Wann fällt das Fünklein, meine Seele,
Ins Feuer deiner Gottheit ein?
Wann solls samt ihrer Leibeshöhle
Mit dir ein einge Flamme sein?

Das Thema des *contemptus mundi* ist bei Scheffler weit deutlicher ausgeprägt als bei Spee, und zwar ist es so stark ausgeprägt, daß man mitunter zweifeln möchte, ob er wirklich lieben kann, trotz all seiner Beteuerungen. Ganz gewiß kann er nicht in dem Maß lieben wie Spee; das beweist sein eigenes Leben nur allzu deutlich. Eine Wendung wie ›diese wüste Erde‹ ist bei Spee unmöglich. Die Natur ist für Scheffler ganz und gar Emblem, ohne jeglichen Eigenwert. Wenn er die mystische Position aufgibt, so gibt er, wie es scheint, nicht ihr Wertsystem auf: Das Irdische ist nur etwas, was man von sich wirft. Vom Körper wird ständig als von einer dunklen Höhle gesprochen, in der die Seele eingekerkert sei: *Höhle – Seele* gehört zu den häufigsten Reimen in *HS*. Eine Klage im Anschluß an die Gedichte über die Kreuzigung (II, 56) gibt diese Grundhaltung auf eindringliche Weise wieder:

> Ich habe keine Lust an den geschaffnen Dingen,
> Mir kann, was zeitlich ist, nicht eine Freude bringen.
> Des Fleisches Schönheit und ihr Ruhm,
> Scheint mir wie eine blasse Blum,
> Weil meine Lieb gekreuzigt ist.

Und in I, 12 muß sich Psyche, nachdem sie die Wiesen und Matten, die Blumen, Bäche, Wälder, Vögel, Berge und Täler nach dem Verbleib ihres Geliebten befragt hat, selber zur Antwort geben:

> Er ist bei keiner Kreatur.
> *Wer führt mich über die Natur?*
> . . . .
> Ich muß mich über alles schwingen,
> Muß mich erheben über mich...

Wenn Scheffler sich wirklich Themen der Natur zuwendet, so ist es eine Natur, wie sie etwa im barocken Theaterrahmen zu finden wäre: rein dekorativ und rein emblematisch, wenn auch sicherlich nicht ohne Reiz (IV, 143):

Der Frühling kommt heran,
Der holde Blumenmann!
Es geht schon Feld und Anger
Mit seiner Schönheit schwanger.
Der Blütenfeind, der Nord,
Steht auf und macht sich fort.
Das Turteltäubelein
Laßt hörn die Seufzerlein.

Der Einfluß von *HS* auf spätere Generationen von Reimkünstlern war sehr stark, insbesondere, wie wir schon andeuteten, auf pietistisch ausgerichtete, die Scheffler ad infinitum et ad nauseam nachahmten. Seine Lieder dienten der Ausstattung ihrer Gesangbücher. Aber selbst die lutherischen Gesangbücher enthalten bis zum heutigen Tag Lieder von Scheffler, wenn auch nicht gerade seine charakteristischsten Schöpfungen (›Mir nach, spricht Christus, unser Held‹ und ›Auf, auf, O Seel, auf, auf zum Streit!‹ aus dem fünften Buch). Es scheint ein Paradoxon dieses Liebhabers von Paradoxa zu sein, daß er größeren Einfluß auf Protestanten als auf seine eigenen Religionsbrüder ausübte. Aber vielleicht hat er als Gegenreformator sich genau das gewünscht.

Erst neuerdings erkennt man allmählich Bedeutung und Qualität des Werks der größten Lyrikerin in der deutschen Literatur des 17. Jahrhunderts, Catharina Regina von Greiffenberg (1633–94). H.-J. Frank, dem wir fast alles verdanken, was wir über ihr Leben – wenn nicht sogar über ihre Kunst – wissen, konnte noch 1967 schreiben, sie gehöre ›zweifellos *nicht* zu den wenigen großen Dichtern ihrer Zeit‹[18]. Ich bin überzeugt davon, daß es sich hier um ein ausgesprochenes Fehlurteil handelt und daß im Gegenteil Catharina Regina zusammen mit einer knappen Handvoll männlicher Dichter den Höhepunkt deutscher Barocklyrik darstellt, wenn nicht sogar den Höhepunkt meditativer Lyrik im damaligen Europa. Zugegeben, ihr Ruhm kann zu ihren Lebzeiten nicht besonders groß oder wenigstens nicht besonders weitverbreitet gewesen sein. Ihre *Geistlichen Sonette, Lieder und Gedichte,* auf die sich ihr Ansehen als Dichterin großenteils stützen muß, wurden in einer einzigen Ausgabe (1662) veröffentlicht, und selbst diese konnte der Buchhändler kaum absetzen. Daß ihre Zeitgenossen sie nicht beachteten, ist jedoch kein Grund für die

Nachwelt, das gleiche zu tun. Und in der Tat war ihr Ansehen unter den Zeitgenossen vielleicht nicht so gering, wie der Absatz ihrer Gedichte vermuten ließe. Einige der Leuchten der Literatur ihrer eigenen Zeit, S. von Birken, Joh. Klaj, Philipp von Zesen und Herzog Anton-Ulrich von Braunschweig-Wolfenbüttel (der ihr einen Teil seines fünfbändigen Romans *Aramena* widmete), brachten ihr große Bewunderung entgegen.

Catharinas Stärke ist meditative Dichtung von intensiver Glut und großer Kühnheit. Unter den 250 Sonetten in ihrem Zyklus von 1662 ist kaum ein mißglücktes, wenn auch eine Anzahl nicht ganz das Niveau erreicht, das sie selber fordert. Man muß jedoch bedenken, daß der Dichterin ein *Zyklus* vor Augen steht und nicht einzelne Gedichte, und daß im Rahmen des Ganzen jeder Teil eine Funktion erfüllt. Die ersten 100 Sonette sind wie folgt angeordnet:

1–9: *prologus ante rem:* über den Zweck des gegenwärtigen Vorhabens.
10–18: Gottes wunderbare Wege (die Vorsehung).
19–27: Beispiele (biblische, hagiographische und persönliche) für Gottes wunderbare Wege.
28–37: Über die Kraft des Glaubens.
38–48: Gottes Güte und Gnade (besonders die Gnade des Unglücks).
49–57: De profundis (aber mit der inneren Gewißheit, daß sich schließlich alles zum besten wenden wird).
58–67: Über die Beständigkeit (für Catharina die Tugend schlechthin).
68–74: Über den Glauben (dessen unbegreifliche Art).
75–81: Über ihr verhindertes Vornehmen (d.h. ihre Dichtung) – Theologie und Kunst.
82–93: Wozu das Leiden nützt (›Des Creutzes Nutzbarkeit‹).
94–100: Der Triumph der Beständigkeit und des Glaubens – Frohlocken über den siegreichen Ausgang.

In diesem Abschnitt des Zyklus geht die gedankliche Entwicklung insgesamt vom Allgemeinen zum Besonderen und vom Historischen zum Persönlichen und Unmittelbaren, von Gottes fürsorglicher Gnade gegenüber biblischen Glaubenshelden zu Seiner Gnade gegenüber Catharina Regina, die in ihrem Glauben einem zweiten Abraham gleicht, dessen Isaak wie ihr Lebenswerk, ihr Buch[19], ist. Die hier vorgetragene Anschauung des Göttlichen ist entschieden biblisch und daher entschieden unnewtonisch. Ihr Gott ist nicht der gar nicht anwesende Leiter eines vollkommen automatisierten Betriebs, sondern ein Gott, der unsere Haare auf dem Haupt gezählt hat, ein Gott, ohne den kein Sperling auf die Erde fällt. Er ist ein vollkommen persönliches und daher vollkommen unbegreifliches, unergründliches Wesen. Unsere Haltung gegenüber einem solchen Gott kann nur der Glaube sein und völliges Vertrauen. Aus diesem Grund ist Catharinas ›Gedenkspruch‹ ›W. G. W.‹ (Wie Gott Will).

Wenn ein Mensch mit diesem Begriff vom höchsten Wesen um sich blickt, so sieht er überall Wunderbares – nichts als Wunder. Es gibt für ihn keinen Unterschied (wie Hamann sagt) zwischen dem Natürlichen und dem Übernatürlichen, denn es gibt *nur* das Übernatürliche. Catharinas grundsätzliche Reaktion auf die Welt – nicht auf irgendeine mystische ›Einsicht‹ in das ›Jenseits‹, sondern ihre Reaktion auf *diese* Welt – ist daher Verwunderung (*G. S.*, *L. u. G.*, S. 360):

> Nur von GOttes Gnad sing ich /
> weil ich mich
> ganz in sie *verwundert.*

Es ist ihr Bestreben, in uns, ihren Lesern, dieses gleiche Gefühl der Verwunderung zu bewirken, – die uralte Aufgabe des Dichters. Bis zu welchem Grad ihr das gelingt, daran ist ihre Dichtung zu messen, und es gelingt ihr oft glänzend. Für die wissentlich Blinden und geistig Trägen mag es keine Hoffnung geben; sie haben sich bereits selber in die Vorhölle der Teilnahmslosen in den Außenbezirken der Hölle verdammt. Aber

> Göttliche Wunder in allem man siehet /
> Wann man den Vorhang der Faulheit aufziehet.

Für Catharina gibt es wie später für Browning kaum eine Sünde, die gleichzusetzen wäre mit ›the unlit lamp, the ungirt loin‹ (aus R. Browning, *The Statue and the Bust* [1855]). Ihr Ethos ist anstrengend; Gott vertrauen heißt nicht, daß man ›sein Pulver nicht trocken halten‹ solle.

Catharina versteht ihr Werk als Lobpreis, als Dank an den Schöpfer für Seine unendliche Güte und Gnade. Sie betet um nichts, nur darum, daß ihr Preisen (das seiner Definition nach unmöglich ist!) irgendwie den empfangenen Gaben angemessen sein möge. Ihr Lied ist wie das von Rilkes Orpheus im Grunde reine Feier, ›ein Hauch um nichts‹.

> ACh lobe / lobe / lob' / *ohn unterlaß und ziel* /
> den / den zu loben du / O meine Seel / gebohren!
> . . . .
> Rühm / weil du Othem hast; dieweil du ihn entfangen /
> allein zu diesem Ziel . . . [Nr. 6]

Und auch wieder wie Rilke – die Parallelen mit dessen künstlerischem Ethos sind ebenso deutlich wie verblüffend – geht es Catharina darum, die ›ältesten Schmerzen‹ der Menschheit ›fruchtbarer‹ zu machen. Das ist die Aussage in ihren zahlreichen Gedichten über ›Des Creutzes Nutzbarkeit‹: ›Nie versagt ihr die Stimme am Staube‹.

Verwandt mit diesem Ethos – sozusagen die fröhliche Kehrseite der Medaille – ist die Vorstellung von der Welt als Leib Gottes und des Menschen als Seiner Sinnesorgane, deren Aufgabe es ist, das Göttliche für die Gottheit zu sehen, zu hören, zu riechen, zu schmecken und zu fühlen: ›Sein (Gottes) Süßheit sich zu Mund will aus den Früchten schwingen‹, sagt sie in einem ihrer Sonette über die Frühlingslust (Nr. 224). Für einen christlichen Dichter mit einer derartigen Anschauung von der physischen Natur des Göttlichen und der göttlichen Natur des Physischen ist natürlich die Offenbarung aller Offenbarungen die Inkarnation und das Wunder aller Wunder das Heilige Abendmahl: ›Ach aller Wunder Haupt! der Mensch / den Schöpffer isst‹ (Nr. 180). Catharina besitzt eine stark sinnliche, besonders stark sinnlich-orale Natur; in ihren Abendmahlsgedichten pulsiert eine Leidenschaft, die schockierend wäre ohne die vollkommene Reinheit ihres Herzens[20]. Das gleiche gilt von ihren Gedichten über die Wunden des Heilands, eine Variation dieses Motivs. Die Auswahl von Gersch enthält das folgende wundervoll barocke, für uns aber sicherlich bestürzende Beispiel (S. 70):

Ich will ein Bienlein sein, dem Jesus-Klee zufliegen.
Auror' und Titan[21] ich laß ruhig schlafen liegen;
Das selbste Feder-Volk noch schlummert auf dem Ast,
Da ich zu schiffen schon durch Lüfte bin gefaßt
Nach meinem Blumen-Port. Die Purpur-Perlen[22] scheinen
Den Sternen selber vor mit ihren Himmels-Feinen.
Sie machen seel-gesund, doch tödlich lieb-erkrankt.
Sie löschen Höllen-Glut, entzünden, daß es fankt [funkt],
Das Feur der Dankbarkeit. Ich setze ganz mit Zittern
Die Zunge gierig an, besorge, anzubittern
Den schon erz-großen Schmerz; saug also fein gemach
Das Mark des Himmels ein. O angenehme Sach!
Ich saug der Gottheit Saft. Ich trink den Bronn der Sonnen.
Der Geist der selbsten Stärk kommt her in mich geronnen.
Der Drei- und Einheit-Klee gibt hier sein Honig her.
Wenn man die Allheit hat, was will und wünscht man mehr?

Das Bestürzende ist hier nicht das Bild der an den Wunden Christi saugenden Biene, das wir in der zeitgenössischen religiösen Dichtung häufig genug finden. Es ist die inbrünstige Identifizierung des ›Ich‹ mit der Biene. Die Dichterin *wird* zur Biene, einer Biene allerdings, die ein äußerst feinentwickeltes religiöses Bewußtsein erlangt hat und die weiß, daß sie, wenn sie den Nektar des ›Jesus-Klee‹ einsaugt, ›den Bronn der Sonnen‹ saugt, weil ja Christus der Schöpfer jenes Himmelskörpers und zugleich unsere eigene Sonne ist, die Sonne des Lebens. Das Bild ist zugleich völlig physisch *und* völlig spirituell. Man beachte besonders, wie in Zeile 11–13 der Rhythmus die sanfte Ausdehnung und Zusammenziehung des Bienenunterleibs wiedergibt! Oralerotik und Theologie – das eine ist ins andere übergegangen. Eine solche Identifizierung des ›Ich‹ mit seinem Analogon ist im Barock sehr selten und erscheint fast wie ein Beispiel des ›Du in mir, ich in dir‹, das wir mit der Romantik verbinden. Dennoch ist das Gedicht durch und durch barock und lehnt sich keineswegs gegen die zeitgenössischen Konventionen auf – und nicht nur deshalb, weil es in Alexandrinern verfaßt ist. Zunächst einmal geht die Dichterin auf eine völlig unromantische Weise vor, indem sie offen erklärt: die Analogie *ist* eine Analogie (das ›Ich‹ ist gleich dem ›Bienlein‹). Sodann: Die Tageszeit wird nicht durch Beschwörung des Zaubers vor Anbruch der Morgendämmerung bestimmt, sondern mit dem trockenen Humor einer mythologischen Anspielung auf die Göttin der Morgenröte und ihren Geliebten, die in ihrem ruhigen Schlaf nicht gestört werden. Das Gedicht schwelgt in den typischen Umschreibungen des 17. Jahrhunderts: ›Feder-Volk‹, ›Blumen-Port‹, usw. Und vor allem bewahrt es – bei aller Intensität und Lebendigkeit des Gefühls – den Anschein rhetorischer Distanz, der die Betonung des Dogmatischen ermöglicht. Es ist völlig unsentimental, weil es sich völlig beherrscht, und es wird beherrscht von der rhetorischen Stilhaltung. Diese Haltung erfüllt es in mustergültiger Weise und beweist damit, falls es eines Beweises bedürfte, daß große lyrische Dichtung auch anders als in der Konvention der Romantik geschrieben werden kann.

Entscheidend für Catharinas Begriff vom Verhältnis zwischen Gott und dem Menschen ist der ›Spiel‹-Gedanke. Ihr Gott ist, wie wir schon betonten, ein geheimnisvoller Gott, dessen Wege zum Menschen unerforschlich sind. Wir können nur darauf vertrauen, daß Er in Seiner ›seltsame[n] Geist-Regirung‹ den besten Rat weiß. Ohne Glauben sind wir verloren, der Sinnlosigkeit preisgegeben. Daher ist die höchste Tugend des Christen die Beständigkeit. Das ist die einzige Regel, die er in dem seltsamen Spiel, das Gott mit uns spielt, zu beachten hat (Nr. 66):

Es wird der Göttlich Raht /durch keine sach verletzt:
das ganze Welt-Rad Er auf seine Strassen drehet.
Mein GOtt! ich lass ihn dir / spiel du mit meinem sinn
nach deiner dunklen Art. Verbirg' / und zeig dich wider.
Wirff / wie den Ballen / ihn bald Wolken an / bald nider.
Dein Hand-anlegen / ist gewissester gewinn.
Dein schwingen ist mir sanfft / dein fangen mein verlangen.
das was aus deiner Hand / ist allzeit zielwärts gangen.

Catharinas Kunst ist, wie Birken es ausdrückte, ›Himmel-abstammend und Himmel-aufflammend‹. Was von oben kommt, das gibt der Mensch, wenn er seine Aufgabe erfüllt, gleich einem

Spiegel zurück an die Quelle in Form von Dank und Lob. (Die von der Dichterin am häufigsten benutzte Metapher für das Göttliche ist das Licht.) Bei diesem Vorgang spielt der Dichter zwangsläufig eine Schlüsselrolle. Seine Funktion ist eine doppelte: seinen Mitmenschen die Augen zu öffnen für die Herrlichkeit der Schöpfung und in der Teilnahme am göttlichen Spiel durch seine Dichtung den Ball zurückzuwerfen (den Strahl zu reflektieren), den Gott uns zuwirft (Nr. 250):

> DU ungeendter GOtt / doch einigs End und Ziel /
> des Wunder-bunten Runds! das ganze Wesen gehet
> aus dir! und auch in dich: in dir sein Ziel bestehet /
> der du / unzielbar selbst / hast doch damit dein Spiel.
> Weil auch in mich ein Strahl zu schiessen dir gefiel
> von deinem Unursprung / den Geist mir eingewehet:
> so gib / daß er sich stäts zu seinem Ziel erhöhet.

In diesem Zusammenhang müssen wir ein Wort über Catharinas ›Mystik‹ sagen. R. Newald, der Verfasser einer weitverbreiteten und sehr geschätzten Geschichte der Literatur von 1570 bis 1750, stellt fest: ›Es ist echte Mystik, die in ihren Versen spricht.‹[23] Ich glaube jedoch, daß man dieses Urteil anzweifeln kann. Newald verwechselt tiefes religiöses Gefühl mit Mystik – ein weitverbreiteter Irrtum. Daly bespricht das Problem ausführlicher in seiner Züricher Dissertation (S. 158 ff.) und kommt zu einem Schluß, dem meiner Ansicht nach die meisten sorgfältig urteilenden Greiffenberg-Forscher zustimmen werden, daß nämlich ihr Werk zwar von mystischen Ideen durchzogen, aber nicht das Werk eines echten Mystikers sei. Soviel ich aus der genauen Lektüre von *Geistliche Sonette, Lieder und Gedichte* entnehmen kann, gibt es nur ein einziges Gedicht (Sonett Nr. 191, sicherlich eines der erstaunlichsten Gedichte des Barock), das vielleicht ›mystisch‹ zu nennen wäre, und man wird feststellen, daß sogar dort das mystische Erlebnis nicht als ein Emporsteigen, sondern als ein Herabsteigen des Geistes gesehen wird.

ÜBER DAS UNAUSSPRECHLICHE HEILIGE GEISTES-EINGEBEN!

Dv ungeseh'ner Blitz / du dunkel-helles Liecht /
du Herzerfüllte Krafft / doch unbegreifflichs Wesen
Es ist was Göttliches in meinem Geist gewesen /
daß mich bewegt und regt: Ich spür ein seltnes Liecht.

Die Seel ist von sich selbst nicht also löblich liecht.
Es ist ein Wunder-Wind / ein Geist / ein webend Wesen /
die ewig' Athem-Krafft / das Erz-seyn selbst gewesen /
das ihm [sich] in mir entzünd diß Himmel-flammend Liecht.

Du Farben-Spiegel-Blick / du wunderbundtes Glänzen!
du schimmerst hin und her / bist unbegreiflich klar
die Geistes Taubenflüg' in Warheits-Sonne glänzen.

Der GOtt-bewegte Teich / ist auch getrübet klar!
es will erst gegen ihr [sich] die Geistes-Sonn beglänzen
den Mond / dann dreht er sich / wird Erden-ab* auch klar.

[*d.h. vom Standpunkt der Erde aus]

Die identischen Reime des Oktetts besagen natürlich, daß das ›Wesen‹ des Heiligen Geistes ›Liecht‹ ist, in sich vollkommen und daher mit nichts anderem reimend. Dieses wesenhafte Licht hat dennoch die Seele des Sprechers berührt und beschienen und hat der Seele etwas von ihrer eigenen göttlichen Leuchtkraft mitgeteilt. Eine ›unaussprechliche‹ Gnade ist verliehen worden. Die identischen Reime der Sestine (›glänzen‹, ›klar‹) zeigen noch einmal die unvergleichliche Natur des göttlichen Lichts, jedoch bemüht sich der metaphorische Stoff um Beschreibung des Unbeschreiblichen. Nur einem großen Dichter konnte eine Zeile gelingen wie ›die Geistes Taubenflüg' in Warheits-Sonne glänzen‹ mit ihrer großartigen Verschmelzung des Abstrakten zu einem plastisch-lebendigen, völlig sichtbaren Bild. Die beiden letzten Zeilen enthalten eine Lieblingsmetapher Catharinas, die vom Mond, der sein Licht von der Sonne erhält, wobei die empfangende Seele der Mond ist. Diese Metapher hat eine Parallele im Bild des Teichs von Bethesda (Johannes 5,7), dessen Wasser der ›Engel‹ bewegte, wobei der Teich ein Bild der Seele ist (Zeile 11).

Stilistisch gesehen reicht Catharinas Dichtung von kindlicher Schlichtheit des Ausdrucks bis zu manieristischer Verdichtung mehrfacher Bedeutungen und einer komplizierten Syntax, die fast gongoristisch ist. Das Wahrzeichen der Dichterin ist das metaphorische zusammengesetzte Substantiv (das den modernen Leser wiederum unweigerlich an Rilke erinnert!). Fast auf jeder Seite ihres Werks finden sich Zusammensetzungen wie diese: ›Stern-Geweb‹, ›Erz-Herz-Herzog‹, Erlaubnis-Oel-Laub‹, ›Freuden-Hungers-Not‹, ›Unurgrund‹, ›Leidens-Blei‹, ›Herz-Bereiter‹ (der Heilige Geist), usw., usw. Sie kann bis zu einem gewissen Grad manieristisch schreiben, und kein deutscher Dichter ist typischer für das sogenannte ›Hochbarock‹, doch schreibt sie nie bombastisch. In ihrer Dichtung gibt es keine *sinnlosen* rhetorischen Tricks und Floskeln. Man ist geneigt, dies als Zeichen ihres tiefen Ernstes zu interpretieren (Nr. 116):

Es ist mein ganzes Thun / zu deiner Ehr gericht /
und ist mir äusserst Ernst / nicht ein erdichts Gedicht.

Catharinas Dichtung ist so reichhaltig, daß wir nur einige wesentliche Züge berühren können; sie ist zum großen Teil ein noch ungehobener Schatz. Hier ist ein letztes Beispiel (Nr. 241), ein Sonett in ihrem ›schlichten‹ Stil:

AUF DIE LIEBLICHE SOMMER- UND ERNDE-ZEIT

DU tägliches Wunder und Gnaden-Beginnen /
du Erde voll heimlich und Himmlischer Krafft /
voll unseres Lebens und Hortes Wort-Safft!
die Göttlichen Strahlen Lieb-wallen darinnen /

biß daß sie gekörnet den Ausgang gewinnen /
mit sättigem Segen und Leben behafft /
den unsere sichere Sichel weg rafft.
Sein Gnaden-Lob lässet sich niemal aussinnen.

Man fühlet / mit Essen /sein Lieblichkeits-Lust
in jeglichem Bröslein ist Allmacht vorhanden.
Es wär uns kein Segen noch Leben bewust /

wann jene nicht neben den Speißen gestanden.

Das Sichtbare / weiset unsichtbare Ding /
daß jenes aus diesem unmerkbar entspring.

Die Aufnahme Quirinus Kuhlmanns (1651–89)[24] in ein Kapitel über Kirchenlieddichter, Mystiker und die meditative Lyrik ist zugegebenermaßen eine Anomalie. Trotz des Titels seines Hauptwerks, des *Kühlpsalters,* ist er kein Dichter geistlicher Lieder, denn die Psalmen seines Psalters sind nicht zum Singen bestimmt; er ist kein Mystiker, denn er strebt nicht danach, der Zeit zu entrinnen, sondern sie zu erfüllen, und sein Werk ist genau das Gegenteil des Meditativen. Sicherlich könnte er vom Stilistischen her auch im vierten Kapitel zusammen mit den Manieristen behandelt werden, aber der Manierismus charakterisiert sein Werk nur am Rande. Tatsache ist, daß er eine Anomalie bleibt, wo auch immer man ihn einordnet. Wenn er auch offensichtlich mit verschiedenen literarischen und intellektuellen Strömungen seiner Zeit in Verbindung stand, so ist er doch als Dichter im wahrsten Sinn des Wortes *sui generis.* Er wird hier nur deshalb besprochen, weil er ein religiöser Dichter ist und weil die Einschaltung eines eigenen Kapitels für ihn eine Einschätzung der Bedeutung seines Werks anzeigen würde, die nicht gerechtfertigt erscheint.

Der 1684–86 in Amsterdam erschienene *Kühlpsalter* ist eines der rätselhaftesten Werke der deutschen Literatur. Seine Schwierigkeit – zumindest für den uneingeweihten Leser – kann kaum größer sein. Das Werk in dem Geist lesen zu lernen, in dem es verfaßt ist, ist für uns fast unmöglich, und seine außerordentliche Seltenheit (nur eine Ausgabe erschien) deutet darauf hin, daß es für Kuhlmanns Zeitgenossen nicht viel leichter gewesen sein mag. Dennoch ist der *Kühlpsalter* nicht deshalb schwierig, weil er ›keinen Sinn‹ gibt – er ist schwierig, weil er zuviel Sinn gibt. Der Sinn ist jedoch unseren Denkgewohnheiten durchaus fremd, und seine Bezugspunkte sind gewöhnlich außerhalb des Bereichs des allgemein Bekannten. Mit Ausnahme der Gedichte in Buch I gibt es im gesamten Werk kaum ein Gedicht, das man lesen und sofort verstehen kann, so wie man bei einiger Vertrautheit mit den Konventionen fast jedes andere barocke Gedicht lesen lernen kann.

Mit welch monomaner Logik der *Kühlpsalter* konstruiert ist, macht seine äußere Form unmittelbar deutlich. Der Verfasser plante zehn Bücher mit je fünfzehn Psalmen (nur acht Bücher wurden veröffentlicht), das heißt, insgesamt 150, die Zahl der Psalmen in der Bibel. In jedem Buch sollen die ersten sieben Psalmen die ›eusere gestalt‹ behandeln, die letzten sieben die ›innere gestalt‹, während der mittlere oder achte Psalm ›das Centrum zwischen beiden‹ darstellt. Mit anderen Worten, jedes Buch ist ein Triptychon. Das ganze Werk beruht auf einem numerischen Kompositionsprinzip, und zwar in einem Umfang, der hier nicht erklärt werden kann. Die strukturell wichtigen Zahlen sind drei, fünf, sieben, zehn. Die Zehn, die $3+7$ und 2×5 enthält, ist die ›Kronzahl‹. Die Verse des *Kühlpsalters* sind genau durchnumeriert; es sind 20018 Verse. Auch Zahl und Anordnung der Strophen sind bedeutsam und spiegeln bestimmte Stadien in der allmählichen Offenbarung des göttlichen Heilsplans, in dem Kuhlmann selbst (unter und durch Jesus Christus) die zentrale Gestalt ist. Kurzum, die Form ist im *Kühlpsalter* ein theologisches Phänomen. Ästhetisch ist sie aus der Sicht des Verfassers nur durch Zufall. Sein Werk ist alles andere als ›trunken‹ und ›ziellos‹ – angesichts der zugrunde liegenden Hypothesen ist es die Ordnung selbst. Für Kuhlmann sollte diese Ordnung die Ordnung des Kosmos widerspiegeln oder sogar damit zusammenfallen. Sie ist das von neuem gesagte Wort Gottes.

Der *Kühlpsalter* ist als heiliges Buch gedacht, als eine Fortsetzung der Bibel, als deren dritter Teil unter dem Dritten Bund oder ›Kühlbund‹, also der Kirche Gottes in der dritten Periode des Heils. Der Privatmythologie Kuhlmanns zufolge ist alles Zeitliche bezogen auf ›Zeichen‹, ›Figur‹ und ›Wesen‹. Das Alte Testament entspricht dem Zeichen, das Neue Testament der Figur, der Kühlbund dem Wesen. Daher ist die Zeit selbst von entscheidender Wichtigkeit, erfüllt von allmählich im Geschehen offenbar werdender Bedeutung, sofern man nur die Zeichen deuten kann. Um dies zu können, muß man in der Deutung der Prophetie bewandert sein, und man muß vom Göttlichen inspiriert sein. Wichtig sind nicht nur die Prophezeiungen der Bibel, sondern auch die Prophezeiungen der heute Lebenden: 1. Thessalonicher 5, 19 ff. ist eine entscheidende Stelle: ›Den Geist dämpfet nicht, die Weissagung verachtet nicht; prüfet aber alles, und das Gute behaltet ...‹ Die richtige Ausdeutung der Prophezeiung ist im *Kühlpsalter* ein wichtiges Anliegen; Maßstab für das ›Richtige‹ ist dabei der Bezug auf die Zentralfigur der Menschheitsgeschichte, Quirinus Kuhlmann. Alles, was ihm, dem Erwählten, geschieht, muß von Bedeutung sein. In seinem Leben gibt und kann es nichts Zufälliges geben. Daher ist der *Kühlpsalter* zunächst einmal ein ausführlicher Bericht über sein eigenes Leben bzw. ein Kommentar zu seinem Leben. Dennoch ist er nur in einem sehr sekundären Sinn *Erlebnisdichtung*. Jeder Kühlpsalm wird von einem Prosa-›Vorspann‹ eingeleitet, der über die zu seiner Komposition führenden Umstände berichtet; der genaue Zeitpunkt wird angegeben. Der Akzent liegt bei den Gedichten jedoch nicht auf den Erlebnissen selbst, sondern auf deren Heilsbedeutung. Die in den Gedichten behandelten ›Ereignisse‹ werden derart umgestaltet, daß sie kaum oder sogar überhaupt nicht zu erkennen sind. Der *Kühlpsalter* hat keine plastische Realität, keine Lebendigkeit. Wenn wir zuweilen das Gegenteil vermuten, dann lesen wir ihn wahrscheinlich falsch.

Wenn auch Kuhlmann weiß, daß sein Leben völlig in der Hand Gottes steht, so geschieht es doch nicht selten, daß er – wenigstens zeitweise – die Wege des Göttlichen nicht versteht. Er gibt nicht vor, die Gedanken Gottes unmittelbar lesen zu können; er hofft lediglich, die Zeichen deuten zu können. Und am Ende deutet er sie nie anders als in seinem Sinn. Dieser Prozeß führt zur Grundfigur im *Kühlpsalter*, die sich immer wiederholt: tiefe Niedergeschlagenheit und Dunkelheit oder nur ein schwacher Schimmer, allmähliches Verstehen des Sinns mit gleichzeitigem Frohlocken und Licht, und am Ende ekstatischer Jubel visionärer Erfüllung. Mit anderen Worten, der thematische Umriß vieler Psalmen wiederholt die Grundfigur des gesamten Kuhlmannschen Systems: Zeichen, Figur, Wesen.

Die grundsätzliche Schwierigkeit bei der Lektüre des *Kühlpsalters* liegt in Kuhlmanns Verwendung von Namen. Wir erwarten, daß Dichtung metaphorisch und barocke Dichtung hyperbolisch sei. Kuhlmanns Dichtung ist keines von beiden. Sie ist rein wörtlicher Art, wenigstens ihrer Intention nach [25]. Ihre Ausdrükke sind ›ontisch‹ (Erk, S. 93) richtig, das heißt, sie haben (in der

Sicht Kuhlmanns) eine wesentliche Beziehung zu dem bezeichneten Gegenstand; sie sind nicht nur Laute, die sich zufällig mit bestimmten Gegenständen verbinden, sondern sie gehören ihrem Wesen nach dazu. Sie bezeichnen nicht nur Dinge, sie ›sagen‹ sie wirklich. Ein treffendes Beispiel ist Kuhlmanns Deutung seines eigenen Namens, der in seinem Werk eine große Rolle spielt. Nur allmählich, im Lauf der Zeit und im Einklang mit der sich vertiefenden Einsicht in den göttlichen Plan, wurde Kuhlmann sich selbst all der Folgerungen bewußt, von denen wir hier nur einige anführen können.

In der Vulgata lesen wir in Apostelgeschichte 3, 19 f.: ›Poenitimini igitur, et convertimini, ut deleantur peccata vestra; ut venerint *tempora refrigerii* a conspectu Domini, et miserit eum qui praedicatus est vobis, Jesum Christum . . .‹ (So tut nun Buße und bekehret euch, daß eure Sünden vertilgt werden; auf daß da komme die *Zeit der Erquickung* von dem Angesichte des Herrn, wenn er senden wird den, der euch jetzt zuvor gepredigt, Jesus Christus . . .). Kuhlmann, der ohnehin überzeugt war, er sei der von Böhme erwähnte ›Jüngling‹, der die Welt erlösen solle, deutete sich auch schon bald als den Bringer der *tempora refrigerii*, den Kühler. Er ruft Gott an (30. Kühlpsalm):

> Dreieinger Vater, hilf! dein Kühler Osttau kühle!
> Sei Kühlmann Sudscher hitz, das Ost Nordkühlung fühle!
> Sei Kühlmann mir in mir, ein Kühlmann meinem Haus . . .

Sein Name ist ein ›Zeichen‹ (im Sinn Böhmes) – er bedeutet zugleich die Sendung des Trägers, der die Feuer des Zorns zu kühlen bestimmt ist, die Satan in der Welt entfacht hat. Wenn zwei Dinge den gleichen Namen haben, dann besteht zwischen ihnen irgendeine bedeutsame Parallele; sie sind ontisch verbunden. Später sollte er entdecken, daß sein Name im Gegensatz zu ›Kohlmann‹ stand, der einen Bezug ergibt zum Papst und zum Papismus aufgrund des Zufalls (für Kuhlmann natürlich kein Zufall!), daß Edward Coleman in dem von Titus Oates 1678 aufgedeckten ›Popish Plot‹ (eine angebliche Jesuitenverschwörung gegen Karl II., für die Inthronisierung Jakobs II. und die gewaltsame Rekatholisierung Englands) verwickelt war: ›Wi herrlich bildet der nahme Kohlmann das Paebstische Werk ab, der aus seinen heiligen Steinfelsen (Stuhl Petri, ›Stein‹, auf den sich die Antikirche gründet) Feuerflammen auswürfet; Und der nahme Kühlmann das goettliche Werk, der mit seiner Kühlzeit die Roemische Kohlzeit gaenzlich kuehlet in aller Welt.‹ Anscheinend war der Dichter einst mit diesem 1678 hingerichteten Edward Coleman verwechselt worden. Kuhlmann erkannte sogleich die göttliche Ironie: ›Kohlmann gehet unter, weil Kühlmann aufgehet: doch mus der Satan Kühlmann mit Kohlmann vermengen in manchem Lande, weil er es gerne so haette haben wollen, dass ich stat des Kohlmanns gevirtheilet his [hieß], als das Werk Gottes durch alle vir theile der Welt sich virtheilte.‹ (Zitiert nach Dietze, S. 241.) Und weiter (IV, 7):

Satan gibt dem Kohlmann kohlen,
Di Gott durch den Kühlmann kühlt:
Rom wird selber weggespült,
Wann es London wird weghohlen.
. . . .
Rom kohlt durch Kohlmann Wiclef an:
Den Gott durch Kühlmann kühlen kan.
So ists! so gehts! Gott hats gethan!

Und nachdem das einmal begonnen war, gab es kein Halten mehr. Kabbalistisch-etymologische Beziehungen erscheinen überall. Kuhlmann behauptete, ›kuhl‹ bedeute im schlesischen Dialekt ›blau‹ (was in modernen Wörterbüchern nicht belegt ist), und da Blau sowohl die Farbe der Unschuld und des Himmels als auch (zusammen mit Weiß oder Silber) eine der Farben der Stadt Breslau ist (›Blaueres‹ heißt soviel wie ›Breslauers‹), kleidete er sich offiziell blau-weiß und machte Blau zu seiner heiligsten Farbe. ›Kuhl‹, so behauptete er, sei aber auch ein Dialektwort für ›Kohl‹ und damit für ›Senf‹, und das führt natürlich direkt zum Gleichnis vom Senfkorn, das dem ›Himmelreich‹ gleich ist und aus dem ein so großer Baum erwächst, daß ›die Vögel unter dem Himmel kommen und wohnen unter seinen Zweigen‹ (Matth. 13, 31 f.). Für Kuhlmann war das ein Gleichnis bzw. eine Prophezeiung von der Kirche des Dritten Bundes, und er war der Same, aus dem sie erwachsen sollte.

Auch sein Taufname war natürlich von höchster Bedeutung und ›ontisch‹ richtig. Ich führe zwei Aspekte an: Quirinus, eine örtliche Sabiner Gottheit, wurde gleichgesetzt mit Romulus, dem sagenhaften Gründer Roms. Der zweite Quirinus, das heißt Kuhlmann, ist dazu bestimmt, die vom ersten Quirinus gegründete Stadt zu ›begraben‹, weil sie nunmehr der Sitz des Antichrist und der Humanisten oder ›Quiriten‹ (*quirites*) ist, deren Lehre vom Satan ist. Rom ist Babylon (III, 4):

> Quiriten, höhrt! Euch hat Quirin gebohren:
> Quirin, den ihr in Romulus erwürgt.
> Quiriten, thränt! Euch hat Quirin verlohren:
> Quirin, vor den selbst Jesus Christus bürgt [...]
> Quirinus hat Quirinusstadt begraben,
> Weil vom Quirin si solt ihr ende haben.

Darüber hinaus ist Quirinus mit Quinarius gleichzusetzen (d.h. Quirinus Adolescens), was natürlich einen deutlichen Bezug hat zur ganzen Lehre von der Quintomonarchie oder dem Fünften Königreich, das am Ende der Zeit kommen und ewig währen wird, wie in Daniel 7 vorhergesagt ist. Kuhlmann ist dazu bestimmt, dieses Königreich einzuleiten [26].

Das genügt vielleicht als Beleg für Kuhlmanns Denkweise und seine Methode, mit Namen umzugehen, die ›razón de su sinrazón‹. Der Schlüssel zu dieser Haltung ist die Überzeugung, daß nichts zufällig geschehen kann – alles ist bedeutsam, besonders alle sprachlichen Erscheinungen, die für Kuhlmann hauptsächlich in *Namen* bestehen. Die durchaus logische Erklärung für diese Überzeugung ist die zugrunde liegende Theorie von der Adamitischen Sprache, der sich im 17. Jahrhundert viele eng verbunden wußten.

Adam war vor dem Sündenfall im Besitz der göttlichen Sprache, in der Laut und Bedeutung eins waren. Diese Sprache war die Wiederholung der Schöpfung im Wort, ihr vollkommenes Abbild. Aber mit dem Fall ging diese Sprache verloren, wenn auch nicht völlig; der Mensch besitzt noch immer ihren ›Schatten‹. Mit dem Kommen des Milleniums wird die Adamitische Sprache dem Menschen zurückgegeben, und zwar zusammen mit seiner ›paradiesischen Gestalt‹, denn gegenwärtig hat er ›thirische glider‹. Mit dem Millenium wird die ganze Schöpfung wieder zum Paradies werden. Diese Rückkehr zum Urzustand sieht Kuhlmann nicht als jähen Wechsel, sondern als allmählichen Prozeß, ein Fortschreiten vom Zeichen über die Figur zum Wesen.

Spuren der heiligen Sprache sind noch immer vorhanden und in der Heiligen Schrift und anderen erleuchteten Prophezeiungen zu finden. Geäußert werden solche Worte natürlich in einer dem Zustand nach dem Fall entsprechenden Weise (damit sie dem Menschen im Zustand des Gefallenseins verständlich sein können), sie haben aber noch immer göttliche Legitimität. Erk (S. 281) charakterisiert diese heilige Sprache dahingehend, daß sie eine Mittelstellung einnehme zwischen der gefallenen Gemeinsprache des Menschen und der Adamitischen Sprache. Im Vergleich zur ersteren sei sie nicht unverbindlich, im Vergleich zur letzteren nicht sensualisch, das heißt, sie decke sich nicht völlig mit dem Bezeichneten (und werde damit übersetzbar). Kuhlmann versucht nun im *Kühlpsalter*, die göttliche Sprache so vollständig wie möglich zu schaffen – oder genauer: wiederherzustellen. Erk (S. 284) faßt sein Bestreben wie folgt zusammen: ›Im Kühlpsalter wird der Versuch unternommen, aus dem Wortschatz der offenbarten Schriften (nicht beschränkt auf die Bibel!) eine heilige Sprache zu schaffen, die der Adamitischen Sprache verwandt ist und als ihre Vorstufe gelten soll. Darin liegt der Schlüssel zum Sprachgebrauch des Kühlpsalters.‹

Eine solche Sprache strebt nicht nach Metaphorik – das würde die ganze Idee zunichte machen. Innerhalb der vom Zustand des Menschen nach dem Sündenfall bedingten Grenzen strebt sie danach, *das* Wort zu sein, völlig unfigürlich zu sein. Was uns dennoch an Figürlichem begegnet, leitet sich hauptsächlich von den (heiligen) Quellen ab und nicht vom Dichter. Die Frage lautet also, ob der *Kühlpsalter* (a) Dichtung ist und ob (b) diese verständlich ist. (Wir wollen zugestehen, daß er Dichtung sein könnte, ohne verständlich zu sein.) Eine eindeutige Antwort ist vielleicht kaum möglich, aber eins scheint ziemlich klar zu sein: Als Dichtung ist er nicht wirklich verständlich. Für Kuhlmann war er Prophetie und die Deutung von Prophetie, keine Dichtung[27]. Typisch ist, daß sich die Prophetie gerade in der Aussage erfüllt, zumindest ›im Geiste‹. Und was seine Verständlichkeit an sich betrifft, so können wir sagen, er ist verständlich in dem Maße, in dem er sein wahres Ziel verfehlt, also die Adamitische Sprache anzudeuten – oder anders ausgedrückt, in dem Maße, in dem er schließlich doch metaphorisch ist. Denn letztlich können wir *nur* das Metaphorische verstehen. ›Am farbigen Abglanz haben wir das Leben‹. Lebendige Metaphorik und Offenbarung stehen im Gegensatz zueinander. So überrascht es kaum, daß die späteren Psalmen im *Kühlpsalter* die farblosesten und am wenigsten ›poetischen‹ sind, kaum mehr als dogmatisches Knochengerüst. Der anfänglich im Metaphorischen (oder Poetischen) verborgene Inhalt erscheint allmählich in seiner Nacktheit. Das Gedicht enthüllt seine wahre Identität als Abhandlung über offenbarte Religion, so ekstatisch es sich auch gebärden mag. Folgerichtig ist auch, daß Kuhlmann gegen Ende des Werks den Reim allmählich aufgibt, dem er ohnehin nur selten ontische Bedeutung zu geben versteht.

Erk (S. 345) hat vermutlich recht mit seiner Feststellung, Kuhlmann versuche, die Grenze zwischen Sprache und Wirklichkeit zu beseitigen. Seine ganze Theorie beruht auf dem Prinzip, daß eins das andere sein solle. Aber wenn Kommunikation stattfinden soll, dann muß das Subjekt ein Objekt haben.

Im 63. Kühlpsalm weist Kuhlmann selbst auf das letztliche Scheitern aller Versuche hin, die Welt für Gott zu ›sagen‹, dem Geist das vom Geist Geschaffene zurückzugeben, was der höchste Lobpreis wäre. Bis die Erde wieder zum Paradies wird, muß unsere Sprache ›ein Kindlich lallen‹ bleiben:

Brodme durch der Winde flügel
Gottes Gnaden als im Spigel!
Adme [atme] hoch mit Adams licht!
Adme aus dem Gottesbrodem,
Aus dem Kraffterfülltem odem,
Voll Jehovens angesicht,
Voll Jehovens Krafftgericht!
Brodme wunderlich im Wunder!
Sei des heilgen Brodems zunder!
Brodme lobvoll Gott den Herrn,
Oben, unten, nah und fern!

. . . .
Zwar Gott loben, wi Gott würdig,
Ist Geschöpffen ewig bürdig,
Weil dis bleibet Gottes Merk:
Doch läst Gott ein Kindlich lallen
Väterlich ihm wohlgefallen:
Unsre Schwachheit heist er stärk,
Weil wir seiner hände werk.

Angesichts der Sprachtheorie Kuhlmanns ist nur zu erwarten, daß das auffallendste Stilmerkmal des *Kühlpsalters* die Tautologie ist und seine typischste Figur das Polyptoton bzw. die Wiederholung desselben Wortes in anderer Flexionsform (›Beerd di Erd als Paradies!‹, ›Recht dunkelt mich das Dunkel‹, ›Wi hellet ihr so hell?‹, ›Kühlt Kühl mit zwölf‹). Wir finden diese Figur überall. Ich zitiere ein übertriebenes Beispiel (IV, 8):

Klahrwerde von dem klahrem klahren,
Des klährstenklährstenklahrauffahren,
Das klährer seine klahrheit klährt,
I klährer klahr sein klahr gebährt.
Schöpff ewigst klahr vom klahrtriangel,
Da klahr im klahr wächst ohne mangel,
Im klahrstenklahrstenklahrsten meer
Der klährstenklährstenklährsten klähr,
Di ewigewigewigst klährer
Wird ihrer klahrheit selbstgebährer.

Kuhlmanns Gebrauch des Polyptoton läßt sich erklären als Mittel für die Betonung der Bedeutung von Namen. ›Beerd di Erd als Paradies‹ sagt, daß es die wahre Natur der Erde ist, das Paradies zu sein; die Erde erdenhaft machen heißt, sie in ihr Urstadium zurückführen. Tatsächlich sind die Worte ›als Paradies‹ nicht nötig für jemanden, der die Lehre versteht. ›Beerd di Erd‹ drückt das Gemeinte vollständig aus. Das Verbum ist in einer solchen Figur lediglich das Substantiv in anderer Flexionsform. Sein Zweck ist es, die wahre Bedeutung des Substantivs herauszustellen. Sehr ähnlich ist ein Gebrauch wie: ›JehovaJesusJah *istwarkommt* AllesAllesAlles‹ (VIII, 10). Hier soll das Verbum den absoluten zeitlichen Vorrang des Göttlichen hervorheben. Als

Verbum ist es jedoch eigentlich ohne Funktion; im Grunde ist es ein Name. Die Zeile besteht in Wirklichkeit aus drei Namen, die das gleiche ausdrücken. Kuhlmann versucht, Sätze zu konstruieren, die selbst ontisch bedeutsam sind, die das Ding als solches ›sagen‹, die nicht Symbole sind, sondern Realität. Das Ergebnis ist jedoch, daß sie oft keine Sätze sind.

Das Epitheton, das Glanzstück der ausschmückenden Stilhaltung, kommt im *Kühlpsalter* kaum vor. Ornatus und Periphrase werden unterdrückt. Es besteht sogar die Neigung, Nebensätze zu vermeiden oder sie sehr kurz zu halten. Kuhlmann konstruiert gern eine Reihe von Parallelsätzen, gleichwertigen Strukturen. (Das läßt natürlich die Antithese zu, die häufig vorkommt, besonders in Stellen, die vom Kampf zwischen Gut und Böse handeln, und denen, die den Unterschied zwischen Schein und Wirklichkeit erläutern.) Besonders typisch sind Stellen, die nur aus Parallelreihen von Ausrufen bestehen (62. K.)

> O Reich von allen Reichen!
> Des Davids Reis! Des Constantinus Bluhm!
> Der Engelwelt zugleichen!
> Des ersten Adams erster ruhm!
> Du Jesuels gesegnet Herrschafftsthum!

Wenn auch Kuhlmanns Werk vielleicht versucht, das Bezogene und das Bezugsmittel in eins zusammenzufassen, läßt sich doch der fehlende Erfolg daran ermessen, daß man sich dem Werk nicht nähern kann, ohne sich mit der zugrunde liegenden Lehre vertraut zu machen. Mag es sich auch als Prophetie und visionäre Erfüllung der Prophetie präsentieren, so ist es doch alles andere als in sich abgeschlossen. Das mag daran liegen, daß es im Grund Antidichtung ist, weil es letzten Endes antisprachlich ist: Es verlangt, daß Sprache etwas sei, was sie nicht sein kann: nicht symbolisch sein. Die Sprache hat das letzte Wort. Sie rächt sich am Dichter, indem sie sie selbst bleibt – ein Mittel des Bezugs, nicht das Bezogene selbst.

III

ANDREAS GRYPHIUS

Denkt man an das deutsche Barock, so fällt einem zuerst der Name von Andreas Gryphius (1616–64) ein[1]. Und dies hat seine Berechtigung: Haben wir einmal Gryphius' Botschaft verstanden, die Welt seiner Formen und Bildersprache betreten, seine Geisteshaltung zu begreifen gelernt, dann haben wir in der Tat einen grundlegenden Aspekt dieser rätselhaften Epoche erfaßt, die unter der Oberfläche einheitlicher Rhetorik eine verwirrende Vielfalt verbirgt. Aber wenn auch Gryphius eine Zentralgestalt des Zeitalters ist, so ist er doch nicht dessen Summe. Seine Reichweite ist zu begrenzt, seine Botschaft allzu einfach, seine Absage an so vieles, was das menschliche Herz erfreut, ist zu unbedingt, als daß wir sein Werk als den klassischen Ausdruck des Barock hinstellen könnten. Zwei große lyrische Themen, die Liebe und die Natur, interessieren ihn fast überhaupt nicht. Tatsächlich richtet sich sein Dichten im Grunde nur auf *ein* Thema, und dieses Thema ist die menschliche Sündhaftigkeit. Das ist sicher ein großes Thema, und Gryphius trägt es mit beispielloser, wenn auch vielleicht eintöniger Leidenschaft vor. Der Diapason seines barocken Instruments, der Trommelwirbel und die schrillen Trompetenstöße seiner Rhetorik können uns noch immer ergreifen.

Trotz ihrer lutherischen Festigkeit hat Gryphius' tiefe Religiosität etwas Undogmatisches an sich. Seine Haltung ist ontologisch und nicht theologisch. Was ist die Situation des Menschen? Das ist die große Frage seiner Dichtung. Die Antwort ist nicht ermutigend. Der Mensch steht in unmittelbarer Gefahr. Die Welt ist ein Schauplatz des Krieges zwischen den Mächten des Bösen – vertreten durch alles, was Menschen gewöhnlich schätzen: Ruhm, Reichtum, Macht, Frauen – und den Mächten des Guten, die allein im beständigen Glauben an Gottes Verheißung beruhen. Das Problem besteht darin, den Glauben zu bewahren inmitten dieser Welt trügerischen Scheins. Das ist nicht einfach. Ein moderner Dichter – und gewiß auch mancher barocke Dichter – stellt dieses Problem vielleicht dar vom Standpunkt der Versuchung durch das Böse und der schließlichen Einsicht in dessen wahre Natur. Gryphius geht nicht so vor, zumindest nicht in seiner Lyrik (in seinen Dramen liegt der Fall etwas anders). In seiner Lyrik ist die Einsicht in die Nichtigkeit irdischer Prachtentfaltung der Ausgangspunkt, und das gewaltige Pathos seines Werkes zielt auf die Bekehrung des Lesers: Wir sollen auf unsere wahre Situation aufmerksam gemacht werden. *Persuasio* ist das Leitprinzip. Kurzum, Gryphius ist in erster Linie ein Prediger.

Schon früh erkannte Gryphius den Gegenstand seiner Predigt. In einem erstmals 1638 veröffentlichten Gedicht (er war gerade 22) an seinen bewunderten und geliebten Halbbruder Paul Gryphius, einen lutherischen Pfarrer, spricht er das bleibende Thema seines Werks mit aller Klarheit aus (*Werke* III, 167 ff.):

> HErr Bruder! O umsonst. Gedenck ich gleich zu zwingen
> Die Sinnen Himmel' an / und von der Lust zu singen
> Die dem / was irrdisch ist / und doch nicht irrdisch lebt[2]
> Von Ewigkeit bestimmt / wenn gleich der Geist sich hebt /
> Und segelt durch die Luft ...
> Singt doch mein schweres Fleisch / so schweigt die
>   Nachtigall /
> Wenn nun die heisse Zeit den wunder-süssen Schall
> Dem kühlen Wald' abschlägt...
>   Wenn David Lob wil singen /
> Wenn er die Harffen will mit süssen Händen zwingen /
> Zuckt Saul den schnellen Spieß...
> Diß mein' ich ist die Nacht / in der das Heulen wehret /
> Hört an wie Zion klagt: ...
> *Calliope* bind hier statt meiner Lorbeer-Cron
> Cypressen um diß Haupt; Ich wil den Klage-Thon
> Mit Seufftzern stimmen an: Ich wil die Seiten rühren /
> Und Augen-klar die Angst der herben Welt ausführen.
> Mehr schlägt mir *Phoebus* ab. ...

Bei der Besprechung dieses Textes müssen wir nur noch erwähnen, daß ›Geist‹ und ›Fleisch‹ im Gesamtwerk von Gryphius besser ausgewogen sind, als diese Zeilen vermuten lassen. Der Gesamteindruck seines Werks ist trotz der düsteren Töne und der Vision des Lebens als eines *Danse macabre* (das ist natürlich der Aspekt des ›Fleisches‹) weniger pessimistisch als *heroisch.* Daß das Leben glücklich sein kann oder wenigstens sein sollte, kommt Gryphius nicht einmal in den Sinn. Er verwirft von vornherein alle eudämonistischen Lehren. Wir können jedoch Helden des Glaubens werden, das heißt, des Geistes. Mit Schopenhauer hätte er gut sagen können: ›Ein *glückliches* Leben ist unmöglich: das höchste, was der Mensch erlangen kann, ist ein *heroischer Lebenslauf.*‹ Hier ist zweierlei vorausgesetzt: zum einen unsere Sündhaftigkeit, zum anderen Gottes Verheißung. Das zweite macht das erste sinnvoll, aber nur unter der Voraussetzung unserer Erkenntnis, daß wir im Zustand der Sündhaftigkeit *sind* und daß dessen wahre Bedeutung nur die einer Prüfung ist, einer Probe des Glaubens. Sinnvoll ist dieser Zustand nur dann, wenn wir seine eigenen teuflischen Prämissen verwerfen. In der Dichtung von Gryphius geht es darum, uns das eine, unseren Zustand der Sündhaftigkeit, vorzuhalten, und uns gleichzeitig an das andere, an Gottes Verheißung, zu erinnern.

Eine umfangreiche Gruppe von Gedichten, und zwar die 36 von 1640 bis 1650 verfaßten Oden, gibt eine ungewöhnlich klare Vorstellung vom Grundschema des Gryphiusschen Denkens und Empfindens.

Die Bezeichnung ›Ode‹ wurde, das muß betont werden, im 17. Jahrhundert in freier Weise verwendet. Manchmal bedeutet es nicht mehr als ›Lied‹, manchmal ist damit anscheinend eine längere lyrische Form pathetischer und nicht meditativer Art gemeint. Gryphius zählt sogar seine teils balladeske, teils hymnische Gruppe von 19 Gedichten mit dem Titel ›Thränen über das Leiden JESU CHRISTI‹ zu seinen Oden (als viertes Buch). Die sogenannte ›pindarische‹ Ode (die die Deutschen von Ronsard und nicht von Pindar übernahmen!) ist gekennzeichnet durch Strophe und Antistrophe von gleicher Länge und gleichem Metrum, mit folgender Epode von abweichender Länge und abweichendem Metrum. Gryphius hat zwölf solche ›pindarischen‹ Oden in seinen ersten drei Büchern. Der metrische Aufbau ist zuweilen recht kompliziert, der übersteigerte Ton – alle gehören dem *genus grande* an – öffnet sich dem kunstvollen *ornatus.*

Die ersten 36 Oden sind auf drei Bücher mit je zwölf Gedichten verteilt, wobei jedes Buch einen Zyklus bildet. Jeder Zyklus weist die gleiche allgemeine Dynamik auf, eine lockere dreiteilige Entwicklung, die von Kummer und Leid über nagende Zweifel bis zur schließlichen Tröstung und Freude reicht. (Eine Reihe von Gedichten zeigt selbst wieder die gleiche Entwicklung.) Ein thematischer Überblick über das erste Buch zeigt, was gemeint ist.

1–3: Die schlimme Lage des Menschen, dabei aber die Versicherung, daß Gott Seinen Bund nicht vergessen wird: Wir sind in Seine Hand ›gezeichnet‹ – biblische Beispiele (Altes Testament).

4–5: Vanitas mundi; pessimistischer Ton, schwache Hoffnung auf Errettung – moderne (weltliche) Beispiele.

6–8: Gebete um Erlösung – Situation des ›Ich‹ der Oden.

9: Eine Hymne über die Eitelkeit der Welt, nun aber mit der Betonung sicherer Errettung – Identifikation des ›Ich‹ mit der Gemeinschaft der Gläubigen.

10–12: Erlösung; auch ich bin in Seine Hand ›geschriben‹.

Viele dieser Oden sind Umschreibungen von Bibelstellen und sind dann oft besonders enthusiastisch oder sogar übermäßig schrill im Ton und geziert im Ausdruck. Hier ein Beispiel aus der ersten Ode des zweiten Buches (*Werke* II, 33), nach Psalm 71, 20f.:

REiß Erde! reiß entzwey! Ihr Berge brecht vnd decket
Den gantz verzagten Geist [3].
Den Blitz vnd ach vnd noth / vnd angst / vnd weh' erschrecket!
Vnd herbe wehmutt beist!
Ihr jmmerlichten stätter Himmel-Lichter!
Ach bescheinet meine glieder! ach bescheint die glieder nicht!
Die der Donnerkeil der schmertzen / die die krafft der Angst zubricht ...

Man hat Gryphius' Oden[4] gelegentlich bewundert, aber sie wurden kaum untersucht. Der Dichter selbst scheint sie sehr geschätzt zu haben; er feilte sie mit jeder neuen Ausgabe weiter aus und ließ ihnen anscheinend die gleiche Sorgfalt angedeihen wie seinen (heute) weit berühmteren Sonetten.

Wenn wir uns im 17. Jahrhundert nach jemandem umblicken, der Gryphius geistig nahe ist, so finden wir einen seiner engsten Verwandten in Blaise Pascal (1623–62), der fast genau sein Zeitgenosse ist. Für beide ist *die* Deutung der menschlichen Situation der christliche Standpunkt, und für Pascal wie für Gryphius betrifft die christliche Botschaft in ihrem Kern die Verderbtheit unseres Wesens, der die Verheißung der Erlösung die Waage hält: ›Car la fois chrestienne ne va presque qu'à établir ces deux choses: la corruption de la nature, et la rédemption de J.C.‹ (*Pensées,* hrsg. v. H.S. Stewart, New York 1950, S. 106). Wie Gryphius wird Pascal gequält von dem Paradoxon, daß der Mensch Geist und Körper zugleich ist und das eine mit dem andern derart in ständigem Konflikt steht, daß jede letzte Erkenntnis ausgeschlossen ist. Wie Gryphius sieht Pascal das Leben in den düstersten Farben. Eines seiner überwältigenden Bilder beschreibt eine zum Tod verurteilte Gruppe von zusammengeketteten Gefangenen. Täglich wird einer davon vor den Augen der übrigen erwürgt, und die Überlebenden blicken einander an ›avec douleur et sans espérance‹ und ›attendent à leur tour. C'est l'image de la condition des hommes.‹ (*Pensées,* S. 80). Aber wenn es etwas gibt, dessen sich alle Menschen sicher sind – den Tod –, so gibt es zweierlei, dessen sich Pascal und Gryphius sicher sind: den Tod und die Unsterblichkeit. Es ist nicht so sehr das erste als das zweite, was ihrem Werk Resonanz verleiht. Beide möchten uns aus ›cette insensibilité‹ aufrütteln, dem Zustand der Unkenntnis unserer wahren Situation, die Pascal als ›la plus grande des maladies‹ bezeichnet, damit wir des Ewigen gedenken[5]. Gryphius ist unerschöpflich in der Darstellung des Zustands menschlicher Sündhaftigkeit, dessen typisches Bild für ihn die Unbeständigkeit oder Vergänglichkeit ist, das unheimliche Wesen der Zeit (*Werke* II, 35):

DEr schnellen Tage Traum /
Der leichten Jahre Schaum
Zerschlägt sich an der schwartzen Baar /
Eh wir die Zeit erkenn't
Verfleugt sie vnd verrenn't
Wir dringen durch die Welt
(Die weil [indem] sie wächst / zerfällt /)
Nach längst erblaster Völcker Schaar.
Wir / die wir stets vol Noth
Schwach / sich / vnd lebend-tod.

Pascals Sicht ist nicht anders. Was Gryphius unter dem Aspekt der Zeit sieht, sieht er unter dem des Raums. Man vergleiche seine Einschätzung unserer Situation (*Pensées*, S. 24):

> Voilà nostre estat véritable ... Nous vogons sur un milieu vaste, toujours incertains et flottans, poussés d'un bout vers l'autre. Quelque terme où nous pensions nous attacher et nous affermir, il bransle et nous quitte; et si nous le suivons, il échape à nos prises, nous glisse et fuit d'une fuite éternelle. Rien ne s'arreste pour nous. C'est l'estat qui nous est naturelle, et toutefois le plus contraire à nostre inclination; nous brûlons du désir de trouver une assiette ferme, et une dernière base constante pour y édifier une tour qui s'élève à l'infiny, mais tout nostre fondement craque, et la terre s'ouvre jusqu'aux abismes.

> Das ist unser wahrer Zustand ... Wir treiben über einen weiten Mitten-Raum dahin, stets unsicher und schwankend, von einem Ende zum andern getrieben. Wo immer wir an eine Grenze zu geraten und festen Fuß zu fassen vermeinen, gerät sie in Bewegung und entgleitet uns; wenn wir ihr folgen, entzieht sie sich unserm Griff, entschwindet uns, in ewiger Flucht vor uns. Nichts bleibt vor uns stehen. Das ist der Zustand, der uns natürlich ist und trotzdem zu unsern Neigungen im größten Widerspruch steht; wir verbrennen vor Sehnsucht, einen festen Ort und ein endgültiges bleibendes Fundament zu finden, um einen Turm darauf zu erbauen, der sich bis ins

Unendliche erhebt; aber alle unsere Fundamente bersten und die Erde tut ihre Abgründe auf. (Zit. nach Blaise Pascal, *Gedanken*, übertragen v. W. Rüttenauer, Samml. Dieterich Bd. 7)

Für Pascal wie für Gryphius liegt die einzige Möglichkeit des Menschen, ›einen Turm ... zu erbauen, der sich bis ins Unendliche erhebt‹, im Glauben, im Vertrauen auf Gottes Verheißung. Es mag uns überraschen, daß sowohl Pascal als auch Gryphius uns mit dieser mittelalterlichen Auffassung von der Situation des Menschen heute noch ergreifen können. Daß ihr Pathos noch immer echt klingt, spricht nicht allein für ihre Aufrichtigkeit, sondern vor allem für ihr künstlerisches Können. Natürlich ist ohne Zweifel Pascal der ›modernere‹. Als erster großer Stilist moderner französischer Prosa, sensibel, problembewußt, mit tiefer Einsicht in die Schwierigkeiten, die den Nichtgläubigen bedrängen, wird Pascal selbst heute noch überall gelesen, während Gryphius eigentlich nur noch in wenigen, in den Anthologien abgedruckten Sonetten lebt. Und wenn es auch vielleicht wie ein unfairer Vergleich aussieht, so liegt doch das Moderne bei Pascal und das Veraltete bei Gryphius genau darin, daß Pascal moderne Prosa schreiben konnte und Gryphius nicht. Seine deutsche Prosa ist noch immer am schwerfälligen Kanzleistil ausgerichtet, der einen im Vergleich mit Pascals Stil an eine Parodie Rabelais' auf den Schriftsatz eines mittelalterlichen Advokaten erinnert. Die deutsche Prosa schickte sich trotz Luther eben erst an, ein geschmeidiges Werkzeug des Ausdrucks zu werden. Und die Prosa, nicht die Versdichtung, sollte der Schlüssel zum modernen Zeitalter werden.

Dennoch sind sich beide Männer im wesentlichen gleich. Beide waren – wir sollten das nicht vergessen – völlig vertraut mit dem modernsten Denken ihrer Zeit: Pascal war ein berühmter Mathematiker; dem überaus gelehrten Gryphius wurde der Lehrstuhl für Mathematik in Frankfurt an der Oder angetragen. Ihr eigentlicher Berührungspunkt ist jedoch der, daß beide die Idee *verwarfen*, die Wissenschaft habe Wesentliches über die menschliche Situation auszusagen, wenn auch Pascal den Menschen für ›visiblement fait pour penser‹ hielt und Gryphius tief beeindruckt war von den großen wissenschaftlichen Entdeckungen seiner Zeit (siehe sein Gedicht über Kopernikus). Am Ende war auch das ›Eitelkeit‹, ›corruption de la nature‹. Für Gryphius scheint das eine bittere Pille gewesen zu sein. Seine Gedichte über die Nichtigkeit menschlicher Erkenntnis haben einen besonders bitteren Klang, wie etwa in den folgenden Zeilen aus ›Letzte Rede eines Gelehrten aus seinem Grabe‹ (*Werke* II, 8 ff.):

> Ach! was ist alles was vns zihret /
> Vndt für der welt zum wunder macht!
> Wen nun der todt sein recht ausführet;
> Vnd vnser Geist in angst verschmacht.
> Was nützt doch / bitt ich / vnser wissen:
> Wen wir die lassen [müden] augen schlissen?
> . . . .
> Gott dem wir rechnung vbergeben /
> Schawt kein gelehrtes wissen an.
> Er forschet nur nach vnserm leben /
> Vndt ob wir was er hies gethan:
> Er will zwar weisheit mit viel kronē:
> Doch nur wen sie ihm dient belohnē.

Ein Zeitalter, das alles *sub specie aeternitatis* sieht, wird zwangsläufig alle Wissenschaft als eitel betrachten. Und dennoch war das 17. Jahrhundert ein großes Zeitalter der Wissenschaft. Das ist eine seiner fundamentalen Spannungen, eine Spannung, die sich bei Gryphius deutlich spiegelt. In dieser Hinsicht ist der Unterschied zwischen dem Zeitalter des Barock und dem Mittelalter, das die Welt ebenfalls vom Standpunkt des Ewigen aus sah, keineswegs so groß, wie wir vielleicht annehmen. Auch das Mittelalter befaßte sich viel mit Dingen *(res)* und war bestrebt, deren Eigenschaften zu entdecken. Ja, man hatte sogar eine ausgesprochene Verehrung für Dinge (Spees Dichtung steht in dieser Tradition), aber nicht um der Dinge selber willen. Die mittelalterlichen Bestiarien, Lapidarien und die verschiedensten Handbücher über Dinge hatten eine religiöse und nicht eine wissenschaftliche Basis. Dinge waren zum Lesen bestimmt, sie waren die Buchstaben im Buch Gottes: *non solum voces, sed et res significativae sunt* ›nicht nur die Wortklänge, sondern auch die (mit dem Wort gemeinten) Dinge sind bedeutungshaltig‹ (R. v.

St. Victor). Bedeutung hieß natürlich *geistige* Bedeutung – eine andere gab es nicht. Darüber hinaus hatte jedes selbständige Ding so viele Bedeutungen, wie es Eigenschaften besaß[6]. Es war daher wichtig, die letzteren zu entdecken. Das Mittelalter mag hier auf eine Weise vorgegangen sein, die uns lächerlich kindisch vorkommt, nicht aber das 17. Jahrhundert, das Zeitalter beginnender moderner Wissenschaft. Und doch begibt sich die Wissenschaft des Barock auf die gleiche Suche wie die ›Wissenschaft‹ des Mittelalters. Die Religion ist ihre Mutter (und folglich die Mutter der modernen Wissenschaft, wenn sie jetzt vielleicht auch verleugnet wird). Das 17. Jahrhundert versuchte noch immer, das Buch Gottes zu lesen. Die *Spannung*, die wir im Barock zwischen dem Ewigen und dem Zeitlichen spüren – zwischen der Welt der Dinge und der Welt, die sie bedeuten –, ist das neue, nichtmittelalterliche Element, und sie ist typisch barock. Ihre Ursachen erschöpfend zu erklären, würde weit mehr Gelehrsamkeit erfordern, als sie dem Verfasser dieses Werks zu Gebote steht; bestimmt aber spielte es eine Rolle, daß zwischen dem Mittelalter und dem 17. Jahrhundert der Humanismus wirkte. Es trat eine Wendung ein, weg vom Himmlischen und Christlichen, hin zum Irdischen und Heidnischen (Rabelais und Montaigne sind zwei hervorragende Beispiele). Es ist vielleicht auch bedeutsam, daß Luther bei seiner Auslegung der Bibel zögert, über das Wort hinaus zum Ding vorzustoßen – das gehört zu seinen unmittelalterlichsten Zügen. Das Barock ist jedoch in dieser Hinsicht antihumanistisch und unlutherisch zugleich; es kehrt zurück zur Auslegung der Dinge und schafft eine auf der Emblematik aufgebaute Dichtung, das heißt, eine Dichtung, die alle Dinge metaphorisch – oder besser gesagt tropisch – auslegt, im Sinn des Moralischen. Es bleibt jedoch die Spannung zwischen dem Fleisch und dem Geist. Eine völlige Rückkehr zur mittelalterlichen Harmonie war nicht möglich. Das Barock ist ein Zeitalter prekären Gleichgewichts und extremer Spannungen, wie die Kunst der Plastik besonders deutlich zeigt. Die Rechte des Fleisches hatten sich im Humanismus der Renaissance auf Kosten des Geistes behauptet, und die machten noch immer ihre Stimme geltend. Das führte zu jener für viele Barockdichter so typischen Dichotomie: *Carpe diem, Carpe florem* einerseits und *Carpe coelum* andererseits. (Diese Dichotomie existiert so gut wie nicht in der Dichtung von Ronsard, dem ›großen Pan‹ der Renaissance.) Bei Gryphius trägt der Geist auf jeden Fall noch den Sieg davon, aber nur auf Kosten der schärfsten Maßnahmen gegen das Fleisch, ja sogar gegen das Leben selbst. Gryphius entrichtet seinen Tribut dafür, daß er nicht von erotischer Liebe singt und die Natur selbst zu einem Schatten reduziert.

Ein treffendes Beispiel für diese Spannung zwischen Wissenschaft und Religion finden wir in einem zeitgenössischen Stich des 1616 gebauten Anatomiesaals in Leiden, wahrscheinlich dem gleichen Raum, in dem Gryphius selbst seinen anatomischen Studien nachging und seine Demonstrationen abhielt. Der Stich zeigt den üblichen, tiefer stehenden Seziertisch mit einer darauf ausgebreiteten Leiche und ansteigenden Bankreihen für das Publikum. Am Geländer jeder Bankreihe, mitten unter den elegant gekleideten lebendigen Zuschauern, stehen und lehnen menschliche und tierische Skelette. Die ersteren tragen Spruchbänder mit Inschriften wie ›Nosce te ipsum‹ (Erkenne dich selbst), ›Pulvis et umbra sumus‹ (Wir sind Staub und Schatten), ›Nascentes morimur‹ (Indem wir geboren werden, sterben wir) usw. Die Gestalt des Todes auf einem Pferdeskelett und mit einem riesigen Hammer in der Hand, überblickt die ganze Szene[7]. Die übermäßige Beschäftigung des Barock mit der menschlichen Existenz als lebendigem Tod und die daraus resultierende Nutzlosigkeit der Wissenschaft ließen sich kaum deutlicher darstellen. Die Überzeugung von der Nichtigkeit allen Wissens schloß jedoch nicht das Suchen danach aus; sie war, wie wir zu zeigen versuchten, auf eine paradoxe Weise der Grund für das Suchen.

Der extremste Ausdruck der Auffassung von Gryphius, daß das Leben ein lebendiger Tod ist, findet sich in seinen berüchtigten – man scheut sich zu sagen, berühmten – ›Kirchhofsgedanken‹ (1657), einem Gedicht von 50 achtzeiligen Stanzen in vierfüßigen Jamben und dem Reimschema ababcddc, einer Abart der Ottaverime, der wichtigsten epischen Strophe der Renaissance. Die fiktive Situation ist ein Gang (vermutlich ein nächtlicher, was allerdings dem Text nicht zu entnehmen ist) auf einen Friedhof als eine ›Schul / in der die höche Kunst Vns sterblichen wird vorgetragen‹. Der Erzähler kommt zur Schule des Todes, um das

Geheimnis des Lebens zu erfahren. Der Friedhof ist die *res*; was ist seine *significatio*? Das läßt sich nur feststellen, indem man seine Eigenschaften entdeckt. Das Gedicht hat die folgende Disposition:

Strophe 1–8: Einleitung – Beschreibung der Situation, der Friedhof als ein ›Garten‹, in dem die von Gott ausgesäte Saat noch nicht aufgegangen ist, und als eine grausige ›Schule‹, in der der Erzähler nicht die Weisheit der Alten (Sokrates und Aristoteles) ergründen soll, sondern ›wahre Weißheit‹; die Frage ist, wie?

9–33: Die Erde erbebt, die Gräber öffnen sich und offenbaren ihren grausig-widerlichen Inhalt – die ›Eigenschaften‹ des Grabes werden aufgedeckt.

34–37: Übergangsstelle – Betrachtungen über des Erzählers eigenen Tod und Grabstätte; es ist unwichtig, wo man liegt, denn der Tag des Jüngsten Gerichts ist nicht weit.

38–47: Vision des Jüngsten Gerichts.

48–50: Die Lehre: *Gedenke zu sterben, weil du noch kannst, damit du ewig lebst.*

Wenn irgend etwas für Gryphius ›der Weißheit letzter Schluß‹ war, so war es wohl das. Das Thema war natürlich schon früher behandelt worden, insbesondere von dem Zeitgenossen Gryphius', dem Neulateiner und Jesuitendichter Jakob Balde (1604–68), von dem Gryphius zwei übersetzte ›Verzückungen auf dem Kirchhof‹ an die ›Kirchhofsgedanken‹ anhängt und damit seine Dankesschuld betont, eine für das 17. Jahrhundert typische Geste. Wahrheit, nicht Originalität, ist der Zweck. Und die Wahrheit ist bekannt – sie ist uns offenbart worden –; das Bestreben geht dahin, sie in möglichst eindrucksvoller Form darzustellen. Gryphius verwendet seine Lieblingsstilmittel in verschwenderischer Weise: Anaphora, rhetorische Fragen, Ausrufe und Antithesen finden sich in Fülle. Als Homilie in epischer Form leidet das Gedicht unter dem Antiklimaktischen der letzten Erkenntnis. Von vornherein war uns klar, worauf der Dichter zielte. Der Berg hat sich bewegt und hat eine Maus geboren. Das Grausige der Vision der geöffneten Gräber im Mittelteil des Gedichts wäre allerdings kaum zu überbieten. Nicht einmal die Vision des Expressionisten Georg Heym und Gottfried Benns in seinen ›Morgue‹-Gedichten oder die widerlichen Gerichte, die uns William S. Burroughs in *Naked Lunch* vorsetzt, haben an faszinierender Scheußlichkeit denen von Gryphius viel voraus, und sie alle können nicht das gleiche Gefühl metaphysischen Terrors hervorrufen, das eine Funktion des Glaubens ist. Hier ein Beispiel (*Werke* III, 13):

Der Därmer Wust reist durch die Haut /
So von den Maden gantz durch bissen;
Ich schau die Därmer (ach mir graut!)
In Eiter / Blutt vnd Wasser fliessen!
Das Fleisch / das nicht die Zeit verletzt
Wird vnter Schlangen-blauen Schimmel
Von vnersätlichem gewimmel
Vielfalter Würmer abgefretzt.

Die Vision des Jüngsten Gerichts im Schlußteil des Gedichts hat fast etwas Dantisches (*Werke* III, 17):

Ich werd euch [die Erlösten] sehn / mehr denn das Licht /
Von zehnmal tausend Sonnen schimmern;
Ich werd euch [die Verdammten] sehn / vnd mein Gesicht
Verbergen vor dem Jammer-wimmern.
Ich werd euch sehn / mehr schön als schön /
Euch mehr / denn häßlich vnd elende!
Euch zu dem Trost; euch in die Brände
Gespenster-schwerer Nächte gehn.

Die dem ganzen Gedicht zugrunde liegende Metapher ist, das sei noch einmal betont, das Leben als Tod; wir sind die Sterbenden, wenn nicht die Toten: ›nascentes morimur‹. Die Verwesung ist eine Metapher für unseren Zustand der Sündhaftigkeit; die Gräber öffnen sich und offenbaren, was wir als zeitliches Wesen sind (Strophe 34):

Ach Todten! ach was lern ich hier!
Was bin ich / vnd was werd ich werden!
Was fühl vnd trag ich doch an mir
Als leichten Staub vnd wenig Erden.

Diese Abwertung des Lebens als Leben ist die tote Hand, die auf der ganzen Dichtung von Gryphius lastet.

Das Gedicht ›Verleugnung der Welt‹ im zweiten Buch der Oden ist eine der künstlerisch gelungensten Formulierungen des konstanten Themas von Gryphius. Die Form ist die einer Sestine ohne Envoi (Schlußstrophe). Die Sestine ist eine komplizierte Strophenform provenzalischen Ursprungs und besteht aus sechs sechszeiligen Strophen plus dreizeiligem Envoi. Ins Deutsche kam sie über die Plejade. Die Sestine ist ungereimt, die Reimfunktion wird übernommen von einer wiederkehrenden Ordnung von Schlußwörtern in ständig wechselnder, aber festgelegter Reihenfolge. Wenn wir die Buchstaben A bis F für die Schlußwörter setzen, so ergibt sich (abgesehen vom Envoi) folgendes Schema: Strophe 1: ABCDEF; 2: FAEBDC; 3: CFDABE; 4: ECBFAD; 5: DEACFB; 6: BDFECA. Man wird feststellen, daß das Schlußwort der letzten Zeile jeder Strophe dasselbe ist wie das Schlußwort der ersten Zeile der nächsten, und daß *ein* Schlußwort (A) kein einziges Mal mit sich selbst zusammentrifft (auch nicht im Envoi). Dieses Merkmal der Sestine nun benutzt Gryphius (wie Petrarca vor ihm – siehe z. B. *Canzoniere* Nr. 30) auf geniale Weise in ›Verleugnung der Welt‹ (*Werke* II, 40f.):

1) WAs frag ich nach der welt! sie wird in flam̄en stehn:
Was acht ich reiche pracht: der Todt reißt alles hin!
Was hilfft die wissenschafft / der mehr denn falsche dunst?
Der Liebe Zauberwerck ist tolle Phantasie:
Die wollust ist fürwar nichts alß ein schneller traum;
Die Schönheit ist wie Schnee' /diß Leben ist der Todt.

2) Diß alles stinckt mich an /drumb wündsch ich mir den Todt!
Weil nichts wie schön vnd starck / wie reich es sey /kan stehn
Offt / eh man leben wil / ist schon diß Leben hin.
Wer Schätz' vnd Reichthumb sucht: was sucht er mehr alß dunst.
Wenn dem / der Ehrenrauch entsteckt die Phantasie.
So traumt jhm wenn er wacht / er wacht vn̄ sorgt im traum.

3) Auff meine Seel / auf! auf! entwach auß diesem traum /
Verwirff was jrrdisch ist / vnd trotze Noth vnd Todt!
Was wird dir / wenn du wirst für jenem throne stehn /
Die welt behülfflich seyn? wo dencken wir doch hin?
Was blendet den verstandt? soll dieser leichte dunst
Bezaubern mein gemüth mit solcher Phantasie?

4) Biß her! vnd weiter nicht! verfluchte Phantasie!
Nichts werthes Gauckelwerk. Verblendung-voller traum /
Du schmertzen-reiche Lust! du folter-hartter Todt!
Ade! ich wil nunmehr auf freyen Füssen stehn
Vnd tretten was mich tratt! Ich eyle schon dahin;
Wo nichts als warheit ist. Kein bald verschwindent dunst.

5) Treib ewig helles Licht der dicken Nebel dunst
Die blinde Lust der welt: die tolle Phantasie
Die flüchtige begierd' vnd dieser gütter traum
Hinweg vnd lehre mich recht sterben vor dem Todt.
Laß mich die eitelkeit der Erden recht verstehn
Entbinde mein gemüth /vnd nimb die Ketten hin.

6) Nimb was mich vnd die welt verkuppelt! nimb doch hin
Der Sünden schwere Last: laß ferner keinen dunst
Verhüllen mein Gemütt / vnd alle Phantasie
Der Eitel-leren welt sey für mir alß ein traum /
Von dem ich nun erwacht! vnd laß nach diesem Tod
Wenn hin / Dunst / Phantasie / Traum / Tod / mich ewig stehn.[8]

Wir erkennen schnell, daß die Schlußwörter *hin, Dunst, Phantasie, Traum, Tod* das Phänomenale, die gefallene zeitliche Welt, charakterisieren, während *stehn,* ein Ausdruck der Sehnsucht nach Beständigkeit, nach dem Aufhören von Zeit und Wandel, das Noumenale charakterisiert. Nur Schlußwörter mit negativer Wertigkeit kommen zusammen vor und unterstreichen damit die völlige Nichtigkeit des Irdischen. Das Leben als Traum, ein beliebtes Bild des ganzen Barockzeitalters *(la vida es sueño)* und ein besonders bedeutsamer Ausdruck der ontischen Substanzlosigkeit dieses Lebens, taucht bei Gryphius häufig auf (*Werke* II, 83):

Diß Lebenlose Leben
Fällt / als ein Traum entweicht /
Wenn sich die Nacht begeben
Vnd nun der Mond erbleicht!

Name, Preis, Ehre und Ruhm verschwinden ›Gleich wie ein eitell traum leicht aus der acht hinfält‹ (*Werke* I, 35), usw. usw.

Dunst, Phantasie, Tod (*hin* ist mehr oder weniger neutral) haben hier die gleiche Bedeutung wie *Traum.*

Das Gedicht entwickelt sich wie folgt: 1. wachsende Einsicht in die traumhafte Wesenlosigkeit irdischer Werte (Strophe 1–2), darauf 2. eine Mahnung an das Selbst, diese Werte zu verwerfen, und der entsprechende Entschluß (Strophe 3–4), der dann 3. bestärkt wird durch ein Gebet um göttliche Hilfe bei der Ausführung dieses Beschlusses (Strophe 5–6). Der Mensch kann sich nicht selbst retten. Die Strophe für Strophe sich entwickelnde Dialektik bürdet dem Begriff *stehn* eine schwere Last auf und symbolisiert die Unsicherheit der menschlichen Position in dieser veränderlichen und unbeständigen Welt. *Stehn* enthält durchgängig einen zunehmend positiven (d. h. zunehmend metaphysischen) Wert, während den anderen Schlußwörtern eine zunehmend negative Mitbedeutung beigelegt wird.

Strophe 1) ›[Die Welt] wird in flam̄en stehn‹ – Erklärung der Einsicht in den negativen Wert des Irdischen.

2) ›nichts . . . kan stehn.‹

3) ›Was wird dir [die Welt helfen] wenn du wirst für jenem [Gottes] throne stehn‹ – *stehn* nimmt in einer Frage allmählich transzendente Wertigkeit an.

4) ›auf freyen Füssen stehn‹ – moralische Entscheidung: notwendiger erster Schritt, damit die Seele vor Gott ›*be*stehn‹ kann.

5) ›die eitelkeit der Erden recht *ver*stehn‹ – im Gebet um Verinnerlichung der gewonnenen Einsicht.

6) ›ewig stehn‹ – im Gebet: die Wandlung ist vollkommen, die Vision des Bleibenden ist erreicht, wenn auch nur in der Hoffnung.

Gryphius ist ein viel zu überzeugter Lutheraner, als daß er je weiter ginge als bis zur *Hoffnung* auf Erlösung. Der Zustand des Menschen ist seiner Definition nach sündhaft, seine Sünde wird nicht hinweggenommen außer in der Hoffnung, so daß er höchstens *simul peccator ac iustus* sein kann, Sünder und Gerechter zugleich. Wir werden bei Gryphius keine himmlischen Verzückungen finden, er bleibt der Prophezeiung seiner Jugend treu (*Werk* III, 170):

Ich wil die Seiten rühren /
Und Augen-klar die Angst der herben Welt ausführen.
Mehr schlägt mir *Phoebus* ab. ...

Das Gedicht ›Verleugnung der Welt‹ verwendet in der letzten Strophe das Summationsschema statt des dreizeiligen Envoi der normalen Sestine und weist damit auf seine hexadische Form hin. Diese Betonung des ›Sechsfachen‹ wird durch die Verwendung des Hexameters mit seinen sechs Hebungen pro Zeile noch unterstrichen. Alles wird hier sechsfach ausgedrückt, und es liegt sehr nahe, daß dies symbolisch gemeint ist. Marian Szyrocki hat gezeigt, daß Gryphius' erster Sonettenzyklus (die sogenannten ›Lissaer Sonette‹) auf dem hexadischen Prinzip aufgebaut ist[9]. Er argumentiert durchaus überzeugend, daß die Sechs den ›Vergänglichkeitsgedanken‹ symbolisiere. Diese Sestine unterstützt seine Ausführungen, denn es läßt sich kaum bestreiten, daß die Sechs hier eine negative Wertigkeit besitzt: 666 ist natürlich ›die Zahl des Tiers‹, nach Offenbarung 13, 18; aber in unserem Zusammenhang ist zweifellos wichtiger, daß die Welt in sechs Tagen (und der Mensch am sechsten!) geschaffen wurde – die Sechs ist die Zahl der Schöpfung, der zeitlichen Welt, des *Dunstes,* der *Phantasie,* des *Traums* und des *Todes,* wo es keine Beständigkeit gibt, wo es für den Menschen so schwer ist zu *stehn.* Das einzige wahre Stehen ist vor Gott: ›ewig stehn‹. Indem Gryphius sich der Struktur der Sestine bedient und *stehn* zum einzigen Schlußwort macht, das nicht mit sich selbst zusammentrifft und also nicht ›sich selber aufhebt‹, deutet er auf dessen metaphysischen Wert.

Der heutige Ruhm von Gryphius beruht fast ausschließlich auf seinen Sonetten. Die meisten schrieb er in seinen früheren Jahren oder, wie man vielleicht genauer sagen kann, die meisten *begann* er damals zu schreiben, denn er betrachtete sie nie als abgeschlossen, sondern feilte und arbeitete mit jeder neuen Ausgabe weiter daran. Seine erste Sammlung von 31 Sonetten erschien 1637 (im polnischen Lissa, wie schon erwähnt) vor der Reise nach Holland. Im einleitenden Widmungsgedicht verspricht er: ›Ich wil in kurtzem mich noch gar viel höher schwingen‹, wahrscheinlich ein Hinweis auf die 100 ›Sonn- und Feiertagssonette‹, an denen er damals arbeitete und die zwei Jahre später in Leiden erschienen. Ebenfalls in Leiden veröffentlichte er 1643 die 50 Gedichte in ›Sonette: Das erste Buch‹, in dem 29 der Lissaer Sonette in revidierter Fassung aufgenommen sind. Im Jahr 1650 erschien, diesmal in Frankfurt a. M., eine aus diesen 50 Sonetten (neubearbeitet) und einem zweiten Buch mit 50 neuen Sonetten bestehende Sammlung. Schließlich wurde 1657 in Breslau eine vollständige und sorgfältig gedruckte Ausgabe seiner gesammelten Sonette veröffentlicht. Dieser Band enthält 100 weltliche Gedichte, das heißt, das erste und zweite Buch der Sonette, sowie 100 geistliche Gedichte, das heißt, die Sonn- und Feiertagssonette, die ebenfalls auf zwei Bücher verteilt sind, das eine mit 64 und das andere mit 36 Gedichten. Kurz vor dem Tod des Dichters erschien 1663 noch eine weitere Ausgabe mit nochmaligen Änderungen[10]. An diese Gedichte denken wir vor allem, wenn wir an Gryphius denken. Einige davon zählen zu den glänzendsten dichterischen Leistungen des Barock.

Es ist interessant und lehrreich zu beobachten, mit welcher Sorgfalt und mit welchem Ergebnis Gryphius seine Dichtung revidierte. Der Herausgeber der kritischen Ausgabe von Gryphius' Lyrik ist der Ansicht, die früheren oder frühsten Versionen der Sonette seien besser, weil sie lebendiger, weniger künstlich und stilistisch einheitlicher seien und mehr dichterische Originalität zeigten[11]. Diese Ansicht ist von Günther Weydt energisch und erfolgreich bestritten worden[12]. Es lohnt sich vielleicht, wenn wir uns eine Seite aus Weydt vornehmen und eine vergleichende Analyse einer früheren und einer späteren Fassung eines der Sonette versuchen. Das berühmte, heute als ›Thränen des Vaterlandes / Anno 1636‹ bekannte Gedicht hieß in den Lissaer Sonetten von 1637 (*Werke* I, 19) so:

TRAWRKLAGE DES VERWÜSTETEN DEUTSCHLANDES

WIr sind doch numehr gantz / ja mehr alß gantz vertorben.
   Der frechen Völcker schar / die rasende Posaun /
   Daß vom Blutt feiste Schwerd / die donnernde Carthaun /
Hat alles diß hinweg / was mancher sawr erworben /
Die alte Redligkeit vnnd Tugend ist gestorben;

Die Kirchen sind vorheert / die Starcken vmbgehawn /
Die Jungfrawn sind geschänd; vnd wo wir hin nur schawn /
Ist Fewr / Pest / Mord vnd Todt / hier zwischen Schantz vn̄ Korbē
Dort zwischen Mawr vn̄ Stad / rint allzeit frisches Blutt
Dreymal sind schon sechs Jahr als vnser Ströme Flutt
Von so viel Leichen schwer / sich langsam fortgedrungen.
Ich schweige noch von dehm / was stärcker als der Todt /
(Du Straßburg weist es wol) der grimmen Hungersnoth /
Vnd daß der Seelen-Schatz gar vielen abgezwungen.

Die Fassung von 1663 (*Werke* I, 48) lautet:

THRENEN DES VATTERLANDES / ANNO 1636

WIr sindt doch nuhmer gantz / ja mehr den gantz verheret!
Der frechen völcker schaar / die rasende posaun
Das vom blutt fette schwerdt / die donnernde Carthaun
Hatt aller schweis / vnd fleis / vnd vorraht auff gezehret.
Die türme stehn in glutt / die Kirch ist vmbgekehret.
Das Rahthaus ligt im graus / die starcken sind zerhawn.
Die Jungfrawn sindt geschändt / vnd wo wir hin nur schawn.
Ist fewer / pest / vnd todt der hertz vnd geist durchfehret.
Hier durch die schantz vnd Stadt / rint alzeit frisches blutt.
Dreymall sindt schon sechs jahr als vnser ströme flutt
Von so viel leichen schwer / sich langsam fortgedrungen.
Doch schweig ich noch von dem was ärger als der todt.
Was grimmer den die pest / vndt glutt vndt hungers noth
Das nun der Selen schatz / so vielen abgezwungen.

(Erklärung ungewöhnlicher Ausdrücke: ›Trawrklage‹: *Völkker,* Soldaten; *Carthaun,* eine Art Haubitze; *vorheert,* durch Heere zerstört; *zwischen Schantz vn̄ Korbē,* zwischen den Erdwällen und den zur Verstärkung dienenden Flechtwerkrollen; das protestantische *Straßburg* war während des Dreißigjährigen Krieges neutral – hier ein Beispiel für diejenigen, die ihren *Seelen-Schatz* verloren. ›Threnen‹: *graus,* Schutt.)

Offensichtlich wurden im Verlauf der aufeinanderfolgenden Bearbeitungen viele Änderungen vorgenommen. ›Sagt‹ die letzte

Fassung noch das gleiche wie die erste? Ist es das gleiche Gedicht? Weydt vertritt die These, daß jede Neubearbeitung das zugrunde liegende Thema überzeugender zum Ausdruck bringe, und zwar, indem sie immer kunstvoller, also in gewisser Hinsicht immer künstlicher werde. ›Stileinheitlichkeit und dichterische Originalität‹ gehen nicht, wie Szyrocki behauptet, durch wiederholte Bearbeitung verloren, sie sind vielmehr ihr Ergebnis.

Das Thema ist für den barocken Dichter, was das ›Erlebnis‹ für den Romantiker ist. Der erstere strebt danach, eine allgemeine Wahrheit emblematisch zu vereinzeln, der letztere, eine allgemeine Wahrheit im einzelnen symbolisch aufzuzeigen. Was ist das Grundthema, das Gryphius hier durch diese Verkettung apokalyptischer Bilder zu vereinzeln sucht? Es ist zweifellos der Krieg als Bild des Zustands menschlicher Sündhaftigkeit, diese Welt, die – in Pascals Worten – Gott nur als eine Prüfung des Glaubens bestehen läßt. Daß Gryphius sein Gedicht so gedeutet sehen will, zeigt das letzte Terzett. Diejenigen, die der Krieg zum Aufgeben ihres ›Seelen-Schatzes‹ gezwungen hat, sind diejenigen, die die Prüfung nicht bestanden haben. Der Tonfall des Gedichts verrät vielleicht Mitleid mit denen, die unter solch extremen Verhältnissen versagten, aber er entschuldigt sie nicht. Wenn dies wirklich das Grundthema ist, so muß unsere Frage lauten, ob es in der ersten oder in der letzten Fassung kraftvoller und künstlerischer formuliert ist.

Wir können nur auf einige bedeutsame Einzelheiten der Neubearbeitung hinweisen. Betrachten wir den Reim in der ersten Fassung: *vertorben, erworben, gestorben, Korben*; dagegen in der letzten: *verheret, auff gezehret, vmbgekehret, durchfehret*. Es wird sogleich deutlich, daß die Reimwörter in der späteren Fassung von einer Idee zusammengefaßt werden, nämlich von der Idee der Zerstörung, während in der früheren Fassung zwischen *vertorben* und *gestorben erworben* steht, das die Idee des Verderbens schwächt, und *Korben* nur dem Reim dient, für sich allein aber nichts bedeutet. Darüber hinaus nimmt – was noch wichtiger ist – das *vertorben-gestorben*, besonders die Zeile ›Die alte Redligkeit vnnd Tugend ist *gestorben*‹, auf bedenkliche Weise die Idee vorweg, die erst im Schlußterzett als ›Sinngebung des Ganzen‹ (Erich Trunz) herausgestellt werden soll. Die Pointe des

Sonette-Schreibens wird vorzeitig verraten – für die barocke Kunst des Sonetts ein klägliches Versagen. Wie so viele Barocksonette ist auch dieses auf dem emblematischen Prinzip der *imago* plus *significatio* aufgebaut. In der letzten Fassung ist alles *imago* bis zum Schlußterzett, das dann die *significatio* ausdrückt, während in der ersten Fassung beide bereits im Oktett verschmolzen (bzw. vermengt) werden. Man darf wohl annehmen, daß es die Einsicht in die noch nicht erfüllte emblematische Struktur war, welche die Änderungen herbeiführte.

Das Schlußterzett, im emblematischen Sinn also die *significatio*, der moralische Sinn, ist in der späteren Fassung viel geschickter, klarer und kraftvoller abgefaßt als in der früheren:

Ich schweige noch von dehm / was *stärcker* als der Todt /
(Du Straßburg weist es wol) der grimmen Hungersnoth /
Vnd daß der Seelen-Schatz gar vielen abgezwungen.

(Ich habe noch nichts gesagt von dem, was *stärker* ist als der Tod / (Du Straßburg weißt es wohl!) nichts von der grimmen Hungersnot / Und daß so viele, indem sie der Gewalt nachgaben, ihren innersten Schatz verloren.)

Doch schweig ich noch von dem was *ärger* als der todt.
Was *grimmer* den die pest / vndt glutt vndt hungers noth
Das nun der Selen schatz / so vielen abgezwungen.

(*Und doch* habe ich noch nichts gesagt von dem, was *schlimmer* ist als der Tod / *grimmer* als Pest, Feuer und Hungersnot / (nämlich) daß so viele, indem sie der Gewalt nachgaben, ihren innersten Schatz verloren.) In der ersten Fassung ist der Sinn zwar ersichtlich, aber unlogisch ausgedrückt; später dringt er mit aller Klarheit durch. Indem der Dichter den Hinweis auf Straßburg tilgt, kann er darüber hinaus eine verkürzte ›Summation‹ der Bilder der ersten elf Zeilen einführen: *Pest, Glut, Hungersnot* sind eine Art Kurzschrift, die an das Vorhergegangene erinnert. Alles, was den Glauben auf die Probe stellt, tritt zugleich auf.

Wir haben Gryphius mit sich selbst verglichen. Noch aufschlußreicher ist vielleicht ein Vergleich Gryphiusscher Dichtung mit einer anderen und seiner Ästhetik mit einer anderen. In Anlehnung an Manfred Windfuhrs lehrreiches Werk *Die barocke Bildlichkeit und ihre Kritiker* (Stuttgart 1966, S. 84 ff.) wollen wir einen Vergleich anstellen zwischen einem der zahlreichen Gedichte von Gryphius mit der Metapher des Lebens als Fahrt auf dem Meer und der ›Seefahrt‹ von Goethe. Hier das Sonett von Gryphius (*Werke* I, 61 f.):

AN DIE WELT

MEin offt besturmbtes Schiff der grimmen winde spiell /
Der frechen wellen baall / das schier die flutt getrennet /
Das vber klip auff klip' /vndt schaum / vndt sandt gerennet;
  Kombt vor der zeit an port / den meine Seele will.
  Offt wen vns schwartze nacht im mittag vberfiell:
Hatt der geschwinde plitz die Seegel schier verbrennet!
Wie offt hab ich den Windt / vndt Nord' vndt Sudt verkennet!
  Wie schadthafft ist der Mast / Stewr-ruder / Schwerdt[13]
  vnd Kiell.
Steig aus du müder Geist! steig aus! wir sindt am Lande!
Was grawt dir für dem portt / itzt wirstu aller bande
  Vndt angst / vndt herber pein / vndt schwerer schmertzen
  los.
Ade / verfluchte welt: du see voll rawer stürme:
Glück zu mein vaterlandt / das stätte ruh' im schirme
  Vnd schutz vndt friden hält / du ewiglichtes schlos.

Auch Goethe verwendet die Metapher der Meerfahrt häufig. Hier sein Gedicht:

SEEFAHRT

Lange Tag' und Nächte stand mein Schiff befrachtet;
Günst'ger Winde harrend, saß mit treuen Freunden,
Mir Geduld und guten Mut erzechend,
Ich im Hafen.

Und sie waren doppelt ungeduldig:
Gerne gönnen wir die schnellste Reise,
Gern die hohe Fahrt dir; Güterfülle
Wartet drüben in den Welten deiner,
Wird Rückkehrendem in unsern Armen
Lieb' und Preis dir.

Und am frühen Morgen ward's Getümmel,
Und dem Schlaf entjauchzt uns der Matrose,
Alles wimmelt, alles lebet, webet,
Mit dem ersten Segenshauch zu schiffen.

Und die Segel blühen in dem Hauche,
Und die Sonne lockt mit Feuerliebe;
Ziehn die Segel, ziehn die hohen Wolken,
Jauchzen an dem Ufer alle Freunde
Hoffnungslieder nach, im Freudentaumel
Reisefreuden wähnend, wie der Einschiffsmorgens,
Wie der ersten hohen Sternennächte.

Aber gottgesandte Wechselwinde treiben
Seitwärts ihn der vorgesteckten Fahrt ab,
Und er scheint sich ihnen hinzugeben,
Strebet leise sie zu überlisten,
Treu dem Zweck auch auf dem schiefen Wege.

Aber aus der dumpfen grauen Ferne
Kündet leisewandelnd sich der Sturm an,
Drückt die Vögel nieder auf's Gewässer,
Drückt der Menschen schwellend Herz darnieder,
Und er kommt. Vor seinem starren Wüten
Streckt der Schiffer weis' die Segel nieder,
Mit dem angsterfüllten Balle spielen
Wind und Wellen.

Und an jenem Ufer drüben stehen
Freund' und Lieben, beben auf dem Festen:
Ach, warum ist er nicht hier geblieben!
Ach, der Sturm! Verschlagen weg vom Glücke!
Soll der Gute so zu Grunde gehen?
Ach, er sollte, ach, er könnte! Götter!

Doch er stehet männlich an dem Steuer;
Mit dem Schiffe spielen Wind und Wellen;
Wind und Wellen nicht mit seinem Herzen:
Herrschend blickt er auf die grimme Tiefe,
Und vertrauet, scheiternd oder landend,
Seinen Göttern.

Beide Gedichte sind *allegorisch* im barocken Sinn der Allegorie als erweiterte Metapher. Das von Gryphius ist es natürlich ausgesprochen; das von Goethe reizt uns mit einer allegorischen Form, ohne den Schlüssel zum Verständnis zu liefern, und läßt damit viele verschieden gelagerte Deutungsmöglichkeiten offen. Wir neigen vielleicht dazu, das Gedicht Goethes eher symbolisch als allegorisch zu nennen, aber wie Windfuhr richtig ausführt (S. 83 f.), ist die Grenze zwischen Allegorie und Symbol weit unschärfer, als wir – besonders deutsche Literaturwissenschaftler – gewöhnlich zugeben wollen. Windfuhr faßt seine Ausführungen über den grundlegenden Unterschied zwischen den beiden dahingehend zusammen (S. 89), daß die Allegorie das Verhältnis zwischen Metapher und Thema *ausdeute*, während das Symbol es nur *andeute*.

Schon im Titel seines Sonetts führt uns Gryphius hin zum Sinn der Bilder, während wir bei Goethe auf Vermutungen angewiesen sind: ›An die Welt‹ sagt uns sogleich, worauf wir achten sollen; ›Seefahrt‹ ist neutral, es könnte für vieles stehen oder einfach rein deskriptiv sein. Wir erkennen sofort, daß bei Gryphius das stürmische Meer die Welt bedeutet, das Schiff den Körper, der Hafen den Tod, das Land das Jenseits oder den Himmel. Gewiß, verschiedene Einzelheiten bleiben ohne spezifische Entsprechungen. Wir können nicht genau sagen, worauf sich Mast, Ruder, Kiel und Schwert beziehen – falls sie sich überhaupt auf etwas Bestimmtes beziehen. Sehr wahrscheinlich sind sie nur Zugaben zur Unterstützung der Wahrscheinlichkeit. In leicht entzifferbarer metaphorischer Kurzschrift bietet Gryphius eine Zusammenfassung der Bedeutung der Zeitlichkeit – wie immer eine Prüfung von Kraft und Glauben. Wir können den Sinn kaum mißverstehen oder über die hauptsächlichen Entsprechungen im unklaren sein.

Ganz anders verhält es sich mit dem Gedicht Goethes. Was *ist* zunächst einmal das Grundthema, für das die Seefahrt ein Bild abgibt? Daß sie metaphorisch gemeint sein muß, daran kann kein echter Zweifel bestehen; wollten wir darin lediglich eine empirische Beschreibung des Antritts einer Schiffsreise sehen, so würden wir eine Reihe von Anspielungen übersehen, die uns anderswohin blicken lassen. Die wichtigste ist dabei die auffallende Art, in der die Freunde am Ufer einen Rahmen abgeben zur Fahrt selbst, nämlich so wie Zuschauer auf der Tribüne bei einem

Wettkampf. Auch die letzte Zeile von Strophe 5 scheint auf einen metaphorischen Sinn hinzuweisen: ›Treu dem Zweck auch auf dem schiefen Wege.‹ Und auffallend ist die Art, in der das ›Ich‹ die Rolle des Kaufmanns, Schiffers und Steuermanns in sich zu vereinen scheint. Dennoch sind diese Hinweise so allgemein gehalten, daß man zögert, sie an eine spezifische Auslegung zu binden. Aus Goethes Biographie wissen wir, daß ›Seefahrt‹ kurz nach seinem Eintritt in ein neues Leben am Weimarer Hof (1776) verfaßt wurde, als für ihn nach der großen Zäsur seiner frühen Jahre ein neuer Lebensabschnitt begann. Die Menschen am Ufer könnten seine alten Freunde sein, die seinen neuen Lebensweg besorgt verfolgen, der Sturm die unerwarteten Schwierigkeiten, denen der Dichter in einer ganz anderen Umgebung gegenüberstand, usw. Interpretationen dieser Art sind problematisch, auch wenn sie vorsichtig und sachverständig durchgeführt werden, und zwar erstens deshalb, weil die Bezugspunkte *außerhalb* des Gedichts stehen, und zweitens, weil sie das Gedicht als solches trivialisieren. Indem wir uns mit solchen Dingen befassen, sprechen wir über Goethes Leben, nicht über seine Kunst.

Dennoch kann wohl niemand bezweifeln, daß der Dichter hier eine bestimmte Erfahrung dem eigenen Leben entnommen und sie metaphorisch objektiviert hat. Seine Methode ist jedoch der des Barockdichters fast entgegengesetzt. Anstatt das Allgemeine zu vereinzeln, verallgemeinert er das Einzelne und hebt damit das Biographische auf die Ebene des Paradigmatischen, ohne ihm aber seine vitale Besonderheit zu rauben. Die ›Seefahrt‹ läßt sich nicht nur biographisch lesen, sondern auch als Gedicht über das Wesen der Entscheidung, als Parabel des Eintritts ins Mannesalter, als Exempel, das den Beginn jedes neuen Wagnisses von entscheidender Bedeutung veranschaulicht. Das Sonett von Gryphius dagegen läßt, obgleich der Gegenstand sein eigenes Leben ist, keine streng biographische Auslegung zu. Alle Details sind mittelbar, das heißt, auf Allgemeines bezogen, und obwohl auch sein Leben zum Leben schlechthin wird, hört es doch gleichzeitig auf, *sein* Leben zu sein.

Das Gedicht läßt sich nur allegorisch lesen.

Windfuhr weist darauf hin, daß Goethes Gedicht eine Geschichte erzählt; es stellt einen *Moment* im Leben dar, und wir erfreuen uns an seinen Details. Gryphius erzählt keine Geschichte: Sein Gedicht ist ein konzentrierter Überblick über den Sinn des Lebens. Das Leben selbst wird bei ihm auf Zeichen und Embleme reduziert, die unter den Elektroden seiner pathosschweren Rhetorik wie amputierte Froschschenkel zucken – in Wirklichkeit aber tot sind, ein bloßer Schein. Vergebens suchen wir bei Gryphius nach Bildern wie dem der Segel, die im Hauch der morgendlichen Brise ›blühen‹, oder dem der mit Feuerliebe lockenden Sonne (›Seefahrt‹, 4. Strophe) – diese Dinge sind nur in einer Dichtung möglich, die das Leben als Selbstzweck betrachtet. So wurde im Barock das Leben nicht gesehen.

Dietrich Walter Jöns schließt in seinem Buch *Das ›Sinnen-Bild‹: Studien zur allegorischen Bildlichkeit bei Andreas Gryphius* (Stuttgart 1966) jeden vernünftigen Zweifel daran aus, daß die Grundlage des Gryphiusschen Symbolismus, also seine allegorische Betrachtung der Natur, auf eine theologische und nicht auf eine poetische Tradition zurückgeht. Im Barock übernimmt die Dichtung das mittelalterliche theologisch-allegorische Naturverständnis als *mundus symbolicus* und errichtet auf der Basis dieser Welt einen interpretativen Oberbau parabolischer Dichtung. Jöns gebraucht die treffende Formulierung MUNDUS SYMBOLICUS – POESIS PARABOLICA (S. 83). Wir hatten schon mehrmals Gelegenheit, auf diese Methode hinzuweisen. Gryphius ist ebenso wie Spee ein Musterbeispiel, und Greiffenberg ist im Grund nicht anders. Der auffallende Unterschied zwischen Gryphius einerseits und Spee und Greiffenberg andererseits in der *Haltung* zur Natur ist vielleicht vor allem darauf zurückzuführen, daß letztere die Welt lieben, weil sie Gottes Welt ist, während Gryphius sie um des Göttlichen willen verachtet. Für ihn ist sie eine Falle des Satans, für jene eine Offenbarung des Göttlichen, und zwar unter anderem deswegen, weil Gryphius die Welt primär unter dem Aspekt von Macht, Politik und Ruhm sieht, sie dagegen als Natur. Wenn Gryphius Natursymbole verwendet – wie er das gelegentlich tut –, dann reduziert er sie im allgemeinen zu einem System von schematischen Zeichen, die eine eigentümliche Unwirklichkeit und mangelnde Dichte aufweisen, das genaue Gegenstück seiner Auffassung vom Leben als unheimlich-vergänglichem Versuchsgelände des Geistes. Wir können uns nicht vorstellen, daß es von Gryphius eine Zeile gibt, die eine solche Liebe zur Schöpfung verrät wie die von Greiffenberg über die Süße Gottes in den Früchten dieser Erde: ›Sein' Süssheit sich zu Mund will aus den Früchten schwingen ...‹. Das für Spee und Greiffenberg so zentrale Geheimnis der Inkarnation offenbart ihnen Gott in der Welt und führt zur Liebe zu ihr um Seinetwillen; Gryphius jedoch deutet trotz all seiner Gedichte über die Geburt des Heilands diese Welt primär nicht als Inkarnation des Göttlichen, sondern als flüchtigen Schatten, als Nacht der Zeit und der Sünde. Der tiefere Sinn der Geburt des Heilands scheint ihm verschlossen gewesen zu sein.

Man hat zwar längst erkannt oder wenigstens vermutet, daß Gryphius seine Sonettbücher irgendwie in zyklischer Folge angeordnet hat, doch ist das Kompositionsprinzip der beiden Bücher weltlicher Sonette (d.h. des ersten und zweiten Buchs) bisher nicht nachgewiesen worden[14]. Es kann hier nicht unsere Aufgabe sein, auf diese faszinierende Frage näher einzugehen; eine genaue Betrachtung zeigt aber anscheinend doch, daß irgendein zyklisches Prinzip tatsächlich existiert, wenn sich auch vielleicht kein klares, zugrunde liegendes Schema finden läßt. Allein die Tatsache, daß das erste und das zweite Buch je 50 Sonette enthalten und damit die ›vollkommene‹ Gesamtzahl von 100 erreicht wird, ist bedeutsam und scheint uns aufzufordern, nach einem zugrunde liegenden Prinzip zu suchen. Auf jeden Fall ist es nicht schwer zu zeigen, daß innerhalb des größeren Rahmens bestimmte Teilzyklen existieren und daß diese Teilzyklen einander ergänzen und sich aufeinander beziehen. Werfen wir aus dieser Sicht einen Blick auf das zweite Buch[15]:

1–4: Die Tageszeiten als Stadien der Seele: (1) Morgen – Hoffnung (Morgenröte des Lichts göttlicher Gnade); (2) Mittag – Furcht (vor dem Licht der göttlichen Gerechtigkeit); (3) Abend – Hoffnung (auf ewige Seligkeit, Symbol der Sterne); (4) Mitternacht – Furcht (Nacht der Eitelkeit und Sünde, Angst vor dem Morgen des Jüngsten Gerichts). (Insgesamt spiegelt dieser Zyklus die gefährdete Lage des Menschen in der zeitlichen Welt.)

7–13: Dienstbarkeit gegenüber Freiheit: (7) Annahme der Dienstbarkeit – Beispiel des Heilands; (8) Annahme der ehelichen Bande als Freiheit von der Dienstbarkeit der Liebe; (9) Beständigkeit im Glauben bringt Freiheit von der Tyrannei der Welt – ironisches Beispiel der Märtyrer; (10) Inschrift auf dem Tempel der Sterblichkeit – der Mensch ist sein ganzes Leben lang im Irrtum befangen; (11) an den gefangenen Dicaeus – das Leben als Kerker, nur die Identifikation mit dem Transzendenten kann uns befreien; (12) moralische Beständigkeit kann die Unbeständigkeit der Welt überwinden und uns befreien; (13) die Freiheit wird am sichersten gewonnen durch die Absage an die Dienstbarkeit gegenüber der Eitelkeit der Welt, damit wir Gott mit freiem Sinn ehren können (das Wort ›frei‹ kommt in diesem Sonett achtmal vor).

17–20: Zeit und Wandel besiegt durch Freundschaft und Liebe.

26–28, 29–32, 33–38: Drei sich gegenseitig erhellende Teilzyklen: (26–28) ›Dominus de me cogitat‹ – Lob- und Dankgedichte für Gottes Gnade in der Befreiung von der ›Angst‹; der Ton der Hoffnung erscheint berechtigt durch (29–32) Hochzeitsgedichte, die die Erneuerung des Lebens feiern, denen aber ironischerweise fünf Grabschriften (33–38) über das Ableben von Personen verschiedenen Alters und Standes folgen (von der Königin von Byzanz bis hin zu einem Kind), dazu ein sechstes Gedicht über die fünf vorhergehenden, über die Eitelkeit aller Grabschriften.

39–42: Rom (einer der interessantesten Teilzyklen): (39–40) über zwei Personen, die zwar in Rom leben, aber blind sind für seine Herrlichkeit und taub für seine Gelehrsamkeit – *das unsichtbare Rom*; (41) des Dichters Lebewohl an die Ewige Stadt; deren Bedeutung für ihn: der Höhepunkt der Herrlichkeit dieser Welt – *das sichtbare Rom*; (42) die Katakomben des unterirdischen Roms: Gründung des Neuen Roms, der Kirche Gottes und der wahren Ewigen Stadt – *das unsichtbare Rom.*

46–49: Über die Letzten Dinge: (46) der Tod als Tor zum Jüngsten Gericht; (47) das Jüngste Gericht; (48) die Hölle – Tod ohne Sterben; (49) der Himmel – Leben ohne Tod.

In den Sonetten 46–49 löst sich das Problem des Wechsels zwischen Hoffnung und Angst, das Thema der vier einleitenden Sonette, im Licht der Ewigkeit. Das Wechseln zwischen Hoffnung und Angst ist jedoch nicht nur das Thema der einleitenden Gedichte, es ist das Grundthema des gesamten Zyklus: ›Wenn David Lob wil singen / ... Zuckt Saul den schnellen Spieß.‹ ›Die

Angst der herben Welt‹ ist das Thema der Dichtung von Gryphius im ganzen, besonders aber seiner beiden Zyklen weltlicher Sonette, die den ungewissen Kampf zwischen den Mächten des Lichts und der Finsternis um die zitternde Menschenseele widerspiegeln.

Der Zyklus endet jedoch nicht mit dem 49sten Sonett. Das 50ste handelt vom ›Mann des Feuers‹, dem Propheten Elias (*Werke* I, 92):

ELIAS

DEr Flammen aus der Brust der Mutter hat gesogen;
Der von der heilgen Flam des eyvers heiß entbrandt /
Deß Fürsten grim verlacht /vnd dem verführten Land
Durch flammen hat entdeckt / wie Kron vnd Hauß betrogen:[1]
Der Mann / auff dessen wortt die flammen abgeflogen
Durch die erhitzte Lufft /vnd die der König sandt
Mit schneller glutt verzehrt[2], ist als jhn GOTT entbandt
Auch in dem Fewr'gen Sturm aus dieser welt gezogen.[3]
Er fehrt / doch vnversehrt / kein fewrig Roß vnd Wagen
Letzt den / der Fewr im Mund vnd Hertzen pflag zu tragen
Mit dem Er Hertzen mehr deñ Marmorhart / zusprengt
Der gantz von Fewer war / muß mit dem Fewr hinscheiden:
Fragt jhr warumb sein kleidt nichts kan von flammen leidē:
Mich wundert / daß es nicht weil er es trug / verseng't.

[[1]Vgl. 1. Könige 18, 23ff.
[2]Vgl. 2. Könige 1, 9ff.
[3]Vgl. 2. Könige 2, 11–12]

Die Stellung dieses Sonetts als Schlußstein des Zyklus verleiht ihm ungewöhnliche Bedeutung. Es lohnt sich, das Sonett mit dem Schlußsonett des ersten Buches zu vergleichen, mit ›Vber seines H. Brudern Grab‹. Das erste Buch enthält vier Sonette (Nr. 15, 17, 37, 50) über Gryphius' Halbbruder Paul, einen mutigen lutherischen Pastor, der viel religiöse Verfolgung erlitt und der wahrscheinlich derjenige war, den der Dichter am höchsten verehrte und am meisten liebte. Gibt es einen Zusammenhang zwischen dem lutherischen Pastor des 17. Jahrhunderts und dem Propheten des Alten Testaments? Die Antwort lautet offensichtlich: ja. Er liegt vor allem in ihrer Furchtlosigkeit und ihrem brennenden

Eifer für die Sache des Herrn. Über Paul Gryphius lesen wir im ersten Buch, Nr. 15, er sei

> DEr eyvers voll von Gott hatt tag und nacht gelehret /
> Den Christus hatt erleucht / den Gottes geist regirt ...

und habe sich wie Elias nicht einschüchtern lassen: ›Der keiner feinde glimpf / noch schnauben je gehöret ...‹. Im ersten Buch, Nr. 50, wird wieder von ihm gesprochen als einem, ›den Gottes Geist entzündt‹. Seine Beredsamkeit, das Zeichen seiner göttlichen Erleuchtung, wird fast unerreichbar genannt: ›des beredtsamkeit kaum einer wirdt erreichen‹. Paul Gryphius und Elias vertreten ganz offensichtlich zwei Aspekte der Verwirklichung eines Ideals, das dem Dichter am Herzen lag. Beide sind Vertreter eines religiösen Heldentums, ›Männer des Feuers‹, wobei Feuer hier ein Bild für göttliches Besessensein ist[16]. (In einem Gebet an den Heiligen Geist ruft der Dichter: ›O Flamme die wir GOtt und lebend-machend nennen / O komm und zünd' in mir dein schütternd Feuer an!‹ – *Werke* I, 99.) Feuer erscheint beim lutherischen Pastor in seinem beredten Predigen (er ist vom Göttlichen ›entzündet‹), beim Propheten im physischen Feuer des Zorns Gottes, mit dem er seine Feinde vernichtet und in dem Gott sich ihm in entscheidenden Stadien seiner Laufbahn offenbart.

Was die Stellung des Elias-Sonetts im Zyklus betrifft, so ist nicht unwahrscheinlich, daß die Zahl 50, die in der Geschichte des Propheten (1. Könige 18, 13; 2. Könige 1, 2 ff.) eine so überragende Rolle spielt, von Bedeutung ist, wenn sich auch kaum genau sagen läßt, an welchen Zusammenhang zwischen seinen Fünfzigen (zweimal 50 Sonetten) und denen der Bibel der Dichter vielleicht denkt. Völlig klar ist hingegen der Zusammenhang zwischen Elias als Typus des göttlichen Herolds, der vor dem letzten Gericht erscheint, um die Menschen dazu zu ermahnen, sich von ihrem bösen Wesen zu bekehren (Maleachi 3, 5), und den Sonetten von Gryphius, die uns die Augen für unser sündiges Leben öffnen und unsere Herzen zum Ewigen hinwenden wollen, ehe es zu spät ist (*Werke* I, 67):

Sterbliche! Sterbliche! lasset diß dichten! Morgen! ach!
morgen ach! muß man hin zihn!

Der Dichter identifiziert sich mit dem großen Propheten in dessen Rolle als Herold und Mahner. Auch er möchte ›Hertzen mehr denn Marmorhart‹ zersprengen. Es kann kein Zweifel daran bestehen, daß Gryphius seine Dichtung vor allem als Kunst der Überredung versteht, als einen Weg, Menschenherzen zu bewegen, oder sogar als Schock: ›dein *schütternd* Feuer‹. Auch er ist Prediger und Prophet, ein Paul Gryphius und ein Elias. Aus diesem Grund rückt er ihre Gedichte an eine betonte Stelle am Ende seiner Zyklen: Sie sind ideale Projektionen seiner eigenen poetischen persona.

IV

MANIERISTEN UND EROTIKER

Eine Einteilung der deutschen Barockdichter in Kategorien, wie sie in unseren Kapitelüberschriften verwendet werden, ist nicht problemlos. Greiffenberg zum Beispiel, die wir in erster Linie als meditative religiöse Dichterin besprachen, ist in ihrer Art genauso manieristisch wie Klaj, den wir als Manieristen besprechen wollen, und Klaj ist seinerseits zweifellos auch ein religiöser Dichter. Der ebenfalls zusammen mit den religiösen Dichtern behandelte Kuhlmann ist zumindest nach außen hin in fast unerträglicher Weise manieristisch, gehören doch äußerst komplexe paronomasische Konzetti zu den beherrschenden Zügen seines Werks und sind überhaupt die eigentliche Basis seines grundlegenden Bildes vom ›Kühlreich‹. Selbst Weckherlin mit seiner betonten ›Scharfsinnigkeit‹, den wir der Renaissance bzw. dem Vorbarock und nicht dem eigentlichen Barock zuordneten, wäre mit Recht als Manierist zu bezeichnen, wenn wir unter diesem Begriff etwas wie Klassizismus im Verfall oder die kunstvoll zur Schau getragene und bewußte Verwendung formaler Mittel um der Wirkung willen verstehen. Es liegt auf der Hand, daß die Kategorisierung in der Literaturgeschichte ebenso problematisch wie notwendig ist. Jede Kategorie, die einschränkend genug ist, um noch sinnvoll zu sein, wird fast zwangsläufig dem einzelnen Dichter bis zu einem gewissen Grad unrecht tun, und doch können wir ohne Kategorien unseren Stoff nicht organisieren. Letzten Endes muß das eine Frage der Betonung und in erheblichem Maß auch des persönlichen Standpunktes sein. Man kann nur hoffen, daß der eigene Standpunkt vertretbar ist.

Die in diesem Kapitel behandelten Dichter können, wie immer wir sie auch bezeichnen mögen, meiner Ansicht nach auch als Manieristen bezeichnet werden. Bei allen finden wir bewußtes

Spielen und Experimentieren mit formalen Aspekten vor allem um dieser Aspekte willen – die barocke Version ›Absoluter Poesie‹, könnte man fast sagen, wenn sich dies vielleicht auch (wie bei den Nürnberger Dichtern) hinter hochtrabenden Betrachtungen über den ›Genius‹ der deutschen Sprache verbirgt. Alle sind sie das, was Günther Müller treffend *virtuosi* nennt, denn wenn auch jeder echte Dichter selbstverständlich seine Ausdrucksmittel beherrschen muß, so ist es doch die offenkundige Betonung formaler Aspekte, die uns veranlaßt, den Begriff im italienischen Sinn eines technisch vollendet Spielenden oder Singenden zu verwenden. In dieser Virtuosität steckt zuweilen eine Spur von Scharlatanerie, eine Neigung, technisches Geschick um seiner selbst willen auszunützen, den Zauberer zu spielen und zu bluffen. Und doch fällt es schwer, eine junge Literatur streng zu beurteilen. Wir dürfen nicht vergessen, daß diese Dichter die Möglichkeiten ihrer eigenen Sprache eben erst zu entdecken begannen. Wenn das Deutschland des 17. Jahrhunderts keinen Milton hervorbrachte, so ist das kaum ein Wunder.

Um die Mitte des Jahrhunderts wurden die zur Generation von Martin Opitz Gehörenden von den zehn oder zwanzig Jahre später geborenen aufstrebenden Verskünstlern bereits als Klassiker betrachtet, und zwar als die einzigen Klassiker deutscher Sprache, denn das Mittelalter war so gut wie vergessen und das vorangegangene Zeitalter ein Gegenstand der Verachtung. Während aber die Opitzianer noch immer weithin nachgeahmt und allgemein bewundert wurden, war es das Bestreben der neuen Generation, der Avantgarde der Zeit, über Opitz und den Renaissancestil hinauszugehen. Man hatte das Gefühl, daß die deutsche Poesie keineswegs ihren Höhepunkt erreicht habe und daß besonders im Formalen noch viel zu tun bleibe.

In der Theorie nach Opitz finden wir eine Fülle von verschwommenen und sich mystisch gebenden Auslassungen über die geheimnisvolle Affinität der Laute des Deutschen als einer ›Ur‹-Sprache – die gleich nach dem Hebräischen komme und daher dem Lateinischen und Griechischen überlegen sei! – zu den Naturlauten. Auch andere Sprachen können die Stimme eines Löwen beschreiben, aber im Deutschen *brüllt* ein Löwe, und das entspricht dem Geräusch, das ein Löwe wirklich von sich gibt, sprachlich viel genauer. Zum Glück hat die Dichtung ein höheres Niveau als die Theorie. Tatsächlich stießen diese Dichter hier natürlich durch Zufall auf den Zauber der Lautsuggestion, der Klangsymbolik und der Onomatopöie, eine uralte Eigenschaft der Poesie, die jedoch bis dahin im Deutschen kaum Anwendung gefunden hatte.

Ein weiteres patentiertes Merkmal der Dichtung der Avantgarde war die Verwendung des Daktylus, dem Opitz in seiner *Poeterey* keinen Platz eingeräumt hatte. Propagiert und populär gemacht wurde er von August Buchner (1591–1661), einem einflußreichen Professor der Poesie in Wittenberg, und von seinen Studenten, darunter Männern wie Paul Gerhardt, Johann Klaj, Philipp von Zesen, David Schirmer und Justus Georg Schottel, dem führenden Sprachtheoretiker der Zeit. Buchner besaß ein feines Gehör und ein sicheres rhythmisches Gefühl. Als Ganzes gesehen sind sein Einfluß positiv und seine Neuerungen als Bereicherung der deutschen Lyrik zu werten, wenn auch der Gebrauch des daktylischen Versmaßes in der Hand einiger seiner Schüler in eine Marotte auszuarten drohte.

Drei typische Dichter der Jahrhundertmitte werden gewöhnlich als die ›Nürnberger Schule‹ zusammengefaßt: Georg Philipp Harsdörffer (1607–58), Johann Klaj (1616–56) und Sigmund von Birken (Betulius) (1626–81), den wir bereits als den Fürsprecher Catharina von Greiffenbergs kennenlernten. Jeder von ihnen ist eine individuelle dichterische Persönlichkeit, aber nur Klaj, der interessanteste der drei, wird uns hier beschäftigen[1].

Klajs Ruhm stützt sich auf eine faszinierende Neuerung, die im wesentlichen keine Nachfolge gefunden hat, die sogenannten ›Redeoratorien‹, Oratorien ohne Musik, die jedoch mit sprachlichen Mitteln den Eindruck einer musikalischen Komposition erwecken. Flemming nennt die Form ein ›deklamatorisches Oratorium‹, Cysarz spricht von einem ›barocken Gesamtkunstwerk‹ und Wiedemann von ›barockem Worttheater‹. Wie der Name andeutet, sollten Redeoratorien rezitiert oder deklamiert und nicht nur gelesen werden, und sie wurden von Klaj selbst vorgetragen, anscheinend mit großem Erfolg und vor großem Publikum. Eine bloße Beschreibung kann kaum einen adäquaten Eindruck von diesen Werken vermitteln, und die Schwierigkeit wird noch verstärkt dadurch, daß infolge ihres einzigartigen Charakters kein kritisches Vokabular zu ihrer Beschreibung entwickelt worden ist.

Der thematische Stoff ist religiöser Art, und es besteht ein Zusammenhang mit den mittelalterlichen ›Mysterienspielen‹, wenn auch nur ein sehr vager, denn der Rezitator oder ›Redner‹ übernimmt alle Rollen selbst, und es gibt kein echtes schauspielerisches Darstellen einer ›Geschichte‹. Es versteht sich, daß der Rezitator in der Tat ein Virtuose sein mußte, und der Mangel an fähigen Schauspielern mag einer der Gründe gewesen sein, weshalb die Form so rasch wieder aufgegeben wurde. An den Werken selbst kann es kaum gelegen haben; sie sind wahre sprachliche Feuerwerke und noch immer sehr reizvoll, auch wenn man sie in der Stille des Studierzimmers liest.

Die Herkunft der Form ist immer noch unklar; dennoch hat Wiedemanns Vermutung (*Friedensdichtungen*, S. 13* f.) anscheinend viel für sich, daß sie nämlich mit dem Aufkommen der ›Figural-Music‹ zusammenhänge, die in der (auch in Nürnberg gepflegten) italienischen oratorischen Manier ihren Höhepunkt erreichte und die tatsächlich eine Art musikalische Rhetorik war. Für Wiedemann ist Klaj sozusagen bemüht, den Prozeß umzukehren: mit der Sprache das zu tun, was die Musik mit dem Ton allein zu tun versuchte, wobei letztere ihre Inspiration von der Rhetorik bezog, und die Rhetorik ihre von der Musik – der Dichter als sein eigener Hans Leo Haßler und Heinrich Schütz.

Klajs sechs Redeoratorien erschienen von 1644 bis 1650: *Aufferstehung Jesu Christi* 1644, *Höllen- und Himmelfahrt Jesu Christi* 1644, *Herodes der Kindermörder* 1645, *Der leidende Christus* 1645, *Engel- und Drachen-Streit* o. D. (1649–50); *Freudengedichte, der seligmachenden Geburt Jesu Christi zu Ehren gesungen* 1650. Nur eine leichte Entwicklung zeichnet sich ab, wenn auch das letzte Werk, die *Geburt Jesu Christi*, allgemein als das beste gilt. Eine flüchtige Betrachtung eines dieser Stücke vermittelt vielleicht einen gewissen Eindruck von ihrer einmaligen Qualität. Wir haben *Höllen- und Himmelfahrt Jesu Christi* gewählt.

Das 542 Zeilen lange Gedicht mit seinen auf die einzelnen Personen verteilten Reden *sieht aus* wie ein Miniaturdrama. Die

Personen sprechen aber nicht wirklich *mit*einander, sie halten lediglich Reden, in denen sie sich, ihr Handeln und ihre Situation charakterisieren. Es gibt keine dramatische Entwicklung; wo diese Möglichkeit anscheinend im Begriff steht, Wirklichkeit zu werden, kommt es zu einem Wechsel der Stimmung oder der Methode – wenn nicht der Szene –, der stark an einen Brechtschen ›Verfremdungseffekt‹ erinnert. Der Stil ist rein deiktisch, das heißt, er erklärt und schildert; eine echte Dialektik existiert nicht. Der Eindruck ist der eines großen Barockgemäldes, reich an Figuren und da und dort auch an wilder Bewegung, auf dem wir uns von einem Teil zum andern an der Hand des Dichters bewegen, der sich in seiner Rolle als Zermonienmeister selbst Reden zuteilt und die Übergänge offen durchführt. Zu all dem kommen noch verbale Lauteffekte. Cysarz hatte nicht unrecht, wenn er von einem ›Gesamtkunstwerk‹ sprach. Elemente der lyrischen, epischen und dramatischen Dichtung, Musik, Malerei und Redekunst vereinigen sich hier zu einem einmaligen Sprachprodukt.

Das Gedicht zerfällt in drei Hauptteile: Der erste handelt von der Höllenfahrt, der zweite von der Freude im Himmel und auf Erden über die Niederlage von Sünde und Tod, der dritte von der Himmelfahrt. Die Teile sind ungefähr gleichlang. Wir haben ein breites Spektrum von Stilebenen, das vom Gemeinen bis zum Erhabenen reicht – ein höchst ungewöhnlicher Vorgang in einem barocken Werk – und anscheinend auf Klajs Streben nach ›wirklichkeitsgetreuer‹ Darstellung zurückgeht: seine eigene extreme Anwendung des Lehrsatzes vom Schicklichen bzw. der Anpassung des Stils an den Gegenstand. Genau dieses Stil-Potpourri wurde dann von den Neuklassikern angegriffen (soweit sie Klaj überhaupt beachteten), während ein späteres Zeitalter daran jedoch wahrscheinlich Gefallen finden wird – die Romantiker haben nicht umsonst gelebt. Den Änderungen auf der Ebene des Dekorum entsprechen Änderungen im Metrum und Rhythmus, wobei die Metren in den ›Bühnenanweisungen‹ angegeben werden, was ein weiterer ›Verfremdungseffekt‹ ist, zumindest für den Leser.

Der vom Dichter gesprochene und in verschiedenen Metren gesetzte ›Eingang‹ ist eine impressionistische Vision der Hölle, weniger im Dantischen als im Breughelschen Sinn, und ist mit klangmalerischen Effekten ausgestattet (Schöne, *Das Zeitalter des Barock*, S. 303 ff.):

> WIe geschicht mir? Das Geblüte kaltet /
> Das Hertze pocht / die Haut veraltet /
> . . . .
> Was hör ich? beyde Ohren gellen /
> Ach wer greifet mich zu fällen /
> . . . .
> Grab / Grab / der schwartze Rabe schreit.
> Höret / Vhu / Vhu thut. Ach die Nachtverdambten Eulen /
> Die Gespenste poltern / Ach / Ach dem unerhörten Heulen /
> . . . .
> Stille! wer brült?
> Wer schilt?
> Harnischt / beschildet die Wagen /
> Heute müssen wir schlagen . . .

Diese Zeilen geben eine gewisse Vorstellung davon, wie Klaj die Identifikation des Lesers (oder Zuhörers) mit der Situation erreicht, eine Identifikation jedoch, die andauernd unterbrochen bzw. ›verfremdet‹ wird durch die verschiedenen schon erwähnten Mittel, allerdings nicht, damit wir im Brechtschen Sinn eine Distanzhaltung einnehmen und die Lehre ziehen können, sondern damit wir die Kunst bewundern können, mit welcher die Wirkung erzielt wird. In der folgenden, Lucifer zugeteilten und in zuversichtlichen Alexandrinern gesetzten Rede fehlt der Hinweis auf die in den einleitenden Zeilen einigermaßen ausführlich erwähnten Vorbereitungen zum Kampf; statt dessen prahlt Lucifer, wie in der Hölle alles zum besten stehe. Erst gestern habe Satan den Judas in die Zahl der Verdammten eingereiht. Lucifer erteilt genaue – und höchst ordinäre – Anweisungen für dessen Folterung. Wir befinden uns im *malebolge* der mittelalterlichen Hölle von Volkskunst und Aberglauben.

Die nächsten 56 Zeilen sind dem ›Poeten‹ zugeteilt und verwenden ›Neue Trocheische Weiblicher Art / welcher er [wer? Klaj? der ›Poet‹?] sich in der Höllenfahrt durch und durch gebrauchet‹; hier kehren wir zum Hauptthema zurück, der Höllenfahrt. Man beachte die Verwendung der epischen statt der dramatischen Stilart:

> Weil [während] diß tolle Fastnachtspiel mit dem Judas
> wird gespielet
> Vnd die Geister allesamt ihre Mühtlein abgekühlet /
> Kömmet die betrübte Post / numehr sey zu Feld gegangen
> Der belaubte Siegesfürst...

Die Heerscharen des Gekreuzigten sind auf dem Wege zum Kampf mit den Heerscharen der Hölle. Wilde, groteske Vorbereitungen der letzteren:

> Das beschwartzte Reich schreit laut: Holla / Lermen /
> Lermen / Lermen /
> Die berauchten Geisterlein wie die grossen Hummeln
> schwermen...

Bedeutsam ist jedoch, daß diese Rede zwar im Erzählstil beginnt und ganz dem Poeten zugeteilt ist, aber nach vierzehn Zeilen direkt von Lucifer übernommen wird (der Befehle zur Abwehr des bevorstehenden Angriffs erteilt), um zwanzig Zeilen später zum anfänglichen Stil zurückzukehren. Was ist mit der Erzählhaltung geschehen? Was ist eigentlich die Erzählhaltung? Ein Blick darauf, wie Klaj die Sprechpartien des ›Poeten‹ handhabt (die nicht immer besonders bezeichnet sind), liefert möglicherweise wichtige Anhaltspunkte für die Ontologie des Gedichts, für seine Seinsweise.

In den Eingangszeilen scheint der ›Poet‹ zunächst selbst eine gepeinigte Seele zu sein, die eben erst in die Unterwelt befördert worden ist; danach, in einer Zeile wie ›Heute müssen *wir* schlagen‹, scheint er sich zu den Dienern Lucifers zu zählen. Zu Beginn seiner zweiten Rede bewahrt er kühle epische Distanz und sagt sich los vom höllischen Aufruhr, den er ›diß tolle Fastnachtspiel‹ nennt. Darauf läßt er, wie schon erwähnt, mitten in der eigenen Rede Lucifer selber sprechen, um dann im Schlußteil wieder zur epischen Haltung zurückzukehren, stellt sich diesmal aber auf die Seite der himmlischen Mächte: ›Aber *unser* Simson [d.h. Christus] hebt der Bleyschweren Thore Flügel [die Tore der

Hölle] / Mit Macht auß den Angeln auß...‹. Es scheint darauf hinauszulaufen, daß der Dichter (bzw. der ›Poet‹) jedermann und überall, allgegenwärtig ist. Er ist die Verkörperung dessen, was Thomas Mann den ›Geist der Erzählung‹ nennt, wobei dieser Geist bei Klaj allerdings auch ein dramatischer oder lyrischer sein kann. Die Aufgabe des Dichters besteht darin, unsere Aufmerksamkeit fortwährend auf das Kunstwerk per se zu lenken. Indem er laufend Änderungen in der Erzählhaltung einführt, veranlaßt er uns, das Werk aus vielen Perspektiven und *als* (Kunst-)Werk zu sehen. Indem er sich mit allem identifiziert, identifiziert er sich im einzelnen mit nichts.

Bei der barocken Dichtung besteht die Gefahr der Überinterpretation, weil sie sich der Interpretation so willig anbietet, und so mancher Interpret ist dieser Gefahr nicht entgangen. Vielleicht können wir unserer eigenen Interpretation durch ein Klaj-Zitat mehr Gewicht verleihen. In der *Lobrede der Teutschen Poeterey* (S. 5) lesen wir:

> Es muß ein Poet ein vielwissender / in den Sprachen durchtriebener und allerdinge erfahrner Mann seyn: Er hebet die Last seines Leibes von der Erden / er durchwandert mit seinen Gedanken die Länder der Himmel / die Strassen der Kreise / die Sitze der Planeten / die Grentzen der Sterne / die Stände der Elementen. Ja er schwinget die Flügel seiner Sinne / und fleucht an die Stellen / da es regnet und schneiet / nebelt und hagelt / sturmet und streitet. Er durchkreucht den Bauch der Erden / er durchwädet die Tiefen ...

Kehren wir zu unserem Gedicht zurück. Es findet keine Schlacht zwischen Himmel und Hölle statt. Klaj kennt seinen Luther: ›Ein Wörtlein kann ihn fällen‹:

> Ich bin es / ein einig Wort sie zu Gottes Boden rennet ...
> . . . .
> Das geschlagne Teufelsheer stürtzt sich in die
> Schwefelflüsse /
> Lekket den vergifften Schwantz / beist die Bokgefüsten
> Füsse.

Auf die Höllenfahrt folgt der Jubel von Himmel und Erde. Das Tempo ändert sich, Tonfall und Stimmung ändern sich. War der erste Teil vorwiegend *con brio*, mit Stellen in der Art des Scherzos zur Beschreibung der höllischen Aktivität, so ist der zweite *moderato, con sentimento*. Es überwiegt die lyrische Stimmung. Alexandriner und Vers communs, Daktylen (bzw. Anapäste) und Trochäen werden in Zeilen von verschiedener Länge eingesetzt und lösen einander ab. Dieser Vielfalt entsprechen Variationen in der Stimmung und im Inhalt. Gott wendet sich an die himmlischen Heerscharen und erläutert den Heilsplan; allegorische Figuren (Fröhlichkeit, Hoffnung, Glaube, Friede) erscheinen; Christus macht sich auf den Weg zum Ölberg zur Himmelfahrt, während Blumen – besonders die Passionsblume – unter seinen Füßen aufsprießen und die Natur in den allgemeinen Jubel mit innengereimten Strophen einstimmt, die das Wahrzeichen der Nürnberger Schule sind:

> Die Blätter vom Wetter sehr lieblichen spielen /
> Es nisten und pisten die Vogel im Kühlen /
> Es hertzet und schertzet das flüchtige Reh /
> Es setzet und hetzet durch Kräuter und Klee.

Diese hüpfenden Anapäste gehen bald in elegant gehandhabte Trochäen von großer Suggestivkraft über:

> Die begilbte Sommersaat sich in Stamm und Strauch erhebet /
> Der fastreiffe Halme schallt / ein Geräusche von sich webet /
> Auch die Palme blühet schön /
> Alles gibet ein Gethön /
> Das Gewässer
> Vnd die Flösser
> Säuseln / murmeln durch die Straucher /
> Jordan rinnet rein und reicher.

Eine der entzückendsten Stellen in diesem Abschnitt des Werks beschreibt den Phönix, eine Christus-›Figur‹, wie ein Werk der byzantinischen Goldschmiedekunst (›Die Füsse gelbbeschupt sind von Metall bereit‹) und entwirft für den mythischen Vogel eine diesen beschreibende Rede in Vers communs. Es hat wirklich alles einen Platz in diesem Gedicht. Nicht umsonst war die Klaj im Blumenorden ›heilige‹ Blume der Klee, den er mit dem großen

Gott Pan in Verbindung bringt, also dem ›All‹ (*Fortsetzung Der Pegnitz-Schäferey*, S. 66):

Wie der Bokkgefüste Pan dieses Gantze deutet an
Welt und See /
Feld und Klee /
Alles / was man nennen kan:
Also / was ein Dichter kan / ist diß Gantze üm und an
Glut und Luft
Fluht und Gruft
und der Horngefüste Pan.
Weil der hufgefüste Pan Klee mit Tritten pflantzen kan /
Nimt mit Ruhm
Klee zur Blum
Vnser Schäfer Klajus an.

Der letzte Abschnitt des Oratoriums beginnt *allegro, ma maestoso* mit einer Stelle, die den Abstieg der Engelscharen zum Ölberg beschreibt, von wo sie den Heiland auf Seiner Himmelfahrt begleiten. Auf ihrem Weg abwärts zur Erde veranstalten die himmlischen Heere Turniere der Freude in den Lüften, und die Stelle endet in wild frohlockenden Anapästen, als Christus sich dem Berg nähert:

Trommeten / Clareten Taratantara singen /
Es drönet und thönet der Waffen Erklingen /
Es siegen und flügen die silbernen Fahnen /
Die Truppen die klopfen / zur Freuden aufmahnen.

Der größte Teil dieses Abschnitts hat jedoch keine ausgesprochen musikalische Suggestivkraft; er ist am Visuellen und nicht am Akustischen ausgerichtet. Mit der Beschreibung der von den Engeln mitgeführten symbolischen Fahnen deutet Klaj hier auf den Sinn des Sieges Christi: Maria mit dem Kind, das Lamm Gottes, der Regenbogen der Verheißung, der Löwe von Juda, der im Triumph durch das Firmament schwebende Adler (der Auferstandene). Eine mit der Macht der Engel ausgestattete gegenreformatorische Prozession, bei der alles Dogmatische in Bilder übersetzt ist.

In einem kurzen und schlichten, fast volksliedhaften Gedicht nimmt Christus Abschied von den elf verbliebenen Jüngern (der ›nochgeeilften Schaar‹). Danach wird uns in enger Anlehnung an Apostelgeschichte 1, 9 gesagt, daß ›eine Wolke kam / Die ihn je mehr und mehr von ihren Augen nam‹. Ein fast bestürzender Wechsel in Tonfall und Stimmung besteht zwischen dieser Stelle und der unmittelbar vorangehenden. Noch einmal deutet das Gedicht auf sich und lädt uns ein, Kunst als Kunst zu betrachten. Gleichzeitig liegt hier aber vielleicht eine tiefere Symbolik: Es ist nicht unwahrscheinlich, daß der Dichter etwa auch den Kontrast herausarbeiten wollte zwischen der schlichten Sprache des Neuen Testaments und der Demut des historischen Jesus bzw. der Prachtentfaltung und der kunstreichen Sprache, mit der eine streitende Kirche seine Taten nunmehr feiert. Wenn das Gedicht als Ganzes den Eindruck jesuitischen Prunks vermittelt, so verleugnet Klaj dennoch sein Luthertum nicht völlig. Beides findet Aufnahme in seiner universalistischen Anschauung.

Ein Echogedicht, das Christi Wiederkehr zum Gericht über die Lebendigen und die Toten verkündet, dient als Überleitung zur Ankunft des Sohnes im Hause des Vaters. Was in der Hölle begann und durch das Reich des Menschen und der Natur führte, endet mit jubelnden Daktylen im Himmel. Klaj zieht alle Register:

Engel / Ertzengel und Cherubinnen /
Herrschafften / Thronen und Serafinnen /
Englische Stimmen Wolkenan schwingen /
    Lieblichen singen.
Singet und klinget süsser im Chore /
Flöten / Posaunen / rühren Pandore /
Führen die Weisen höher zu Höhen
    Prächtig zu gehen.
Haltet in / stille! Himmlische Flammen
Höret / die Chöre fallen zusammen /
Messen der Lieder flüchtigen Zügel
    Mit dem Geflügel*.

(*D. h., sie schlagen Takt mit den Flügeln.)

Gottvater selbst dirigiert den Schlußchor, und auch wir werden dazu eingeladen, in das allgemeine Frohlocken einzustimmen:

Singet ietzt und immerdar
Halleluja mit der Schaar /
Sünd und Höll sind überwunden /
Tod und Teufel sind gebunden.

Sind die Redeoratorien große Dichtung? Nein. Aber sie sind dennoch echte Dichtung, bezaubernde schwungvolle Dichtung mit Humor und großem technischen Geschick. Sie faszinieren vor allem angesichts der ästhetischen Aufgabe, die der Dichter sich gestellt hat, und angesichts der Art und Weise, wie er an ihre Lösung herangeht. Wir können die Aufgabe folgendermaßen zusammenfassen: Wie lassen sich die Grenzen der Dichtkunst erweitern, indem man die Wirkungen nichtsprachlicher Kunst in der Dichtung selbst andeutet? Und sogar darüber hinaus: Wie ist es möglich, ein ›Pan-Gedicht‹ zu schreiben? Wir haben versucht – wenn auch notwendigerweise in beschränktem Rahmen – einen Begriff davon zu geben, wie Klaj an dieses Problem herangeht. Eine Besprechung weiterer Werke Klajs erübrigt sich. Er ist im wesentlichen derselbe, wo immer wir ihn aufschlagen.

Klaj neigt wie einige andere Formalisten zur Unterbewertung rhetorischer Figuren und zur Betonung akustischer Aspekte der Dichtkunst. Der Konzeptismus, das Spielen mit geistreich-gekünstelten Einfällen, hatte zwar noch keineswegs ausgedient, verlor aber doch allmählich etwas von seiner Neuartigkeit: Neu waren jetzt Klangmalerei und Lautsymbolik. Auch das entartete bald zu einem bloßen Spiel, aber erst, nachdem Lyrik von entzückender Suggestivkraft geschaffen worden war. Konzeptismus und Lautsymbolik liegen natürlich im Wesen der Dichtkunst, und weder das eine noch das andere kann je völlig verschwinden; nur dann, wenn sie in bewußter Übersteigerung auftreten oder sich uns ständig aufdrängen, kommen sie uns manieristisch vor.

Philipp (Filip) von Zesen (1619–89)[2] ist ein weiterer Vertreter der mittleren Generation, der bei seinem Bemühen, die ›Klassiker‹ zu übertreffen, den Weg zum Manierismus fand. Literarhistoriker sehen Zesen gewöhnlich als Bindeglied zwischen dem ›Vorbarock‹, also den Opitzianern mit ihrem Klassizismus der Renaissance, und dem ›Hochbarock‹, also den bombastischen

Exzessen der im ausgehenden Jahrhundert schreibenden Dichter, und tatsächlich spricht manches für diese Einteilung. Man darf aber auch nicht vergessen, daß kein Dichter sich durch eine solche Schematisierung in seiner Individualität ausloten läßt. Zesen selber ging es nicht um einen Brückenschlag zwischen den Opitzianern und dem Hochbarock; er wollte Dichtung auf seine Weise schreiben, im Einklang mit dem eigenen Temperament und den eigenen Einsichten. Literatur wird von Dichtern gemacht, *Geistesgeschichte* wird von Professoren konstruiert. Eine Literaturgeschichte sollte ein Versuch sein, die Dichter als Einzelpersönlichkeiten zu begreifen – und darüber hinaus durch intellektuelle Kategorien. Im Fall des Barock ist das nicht immer eine leichte Aufgabe. Der dominierende rhetorische Geist des Zeitalters mit seinem Ideal der Unpersönlichkeit und der generellen Anwendbarkeit (im Gegensatz zu unserem Interesse an Grenzsituationen und individuellem Erleben) gibt den Produkten dieser Periode etwas vom Charakter einer ›Aktiengesellschaft‹, der zur Überlagerung der Einzelstimme neigt.

Dennoch hat Zesen unverkennbar seine eigene Stimme, wenn wir sie heraushören wollen: eine gepflegte Altstimme von großer Eleganz. Anmut, Leichtigkeit und eine Art süßer Inbrunst, allerdings oft genug auch Affektiertheit, das sind die Merkmale Zesens, der im Vergleich zu Gryphius am entgegengesetzten Ende der Gefühlsskala steht. Zesens Lieblingswörter zur Beschreibung der Dichtung als Positivum sind ›anmutig‹ und ›lieblich‹, und das ist die Wirkung, die er vor allem anstrebt. Seine tadelnden Wörter sind ›gekünstelt‹ und ›gezwungen‹, ›wider die angebohrenheit und natur der sprache‹ (vgl. *Helikon,* [1656], 3. Teil, S. 6). Weber (S. 44) weist darauf hin, daß der Dichtung Zesens das erregte Pathos und die dialektische Rhetorik des Petrarkisten selbst dann fehle, wenn er in der petrarkistischen Manier schreibe: Sein Empfinden entspreche eher dem Stil des Gesellschaftslieds, das *ein* Gefühl vermittelt, anstatt in dialektischer Argumentation widerstreitende Gefühle einander gegenüberzustellen. Zesen ist kein Manierist – wenigstens kein typischer – in dem Sinn, daß er ein Vertreter der Concetto-Dichtung wäre. Sein Manierismus leitet sich wie der Klajs von anderen Quellen her.

Wie der *Helikon* zeigt, betrachtete sich Zesen als ein besserer Opitz, der die Nachfolge des Meisters antrat und ihn übertraf. Vom Temperament und Ziel her sind die beiden Dichter einander jedoch fast genau entgegengesetzt: Opitz ist ein kühler Rechner, Zesen warm und gemüthaft; der eine betont gesellschaftliche Werte, der andere emotionale. Anders als Opitz hat Zesen kaum ein Interesse am Zentralproblem des Initiators der Neuen Kunstdichtung, also der Eindeutschung der Formen und Stilhaltungen der Renaissance; er hält sich streng an Deutsches und bewegt sich folglich in weit höherem Maß als Opitz innerhalb der Sprache[3]. Vor allem aber unterscheidet sich Zesens Auffassung von der *Funktion* der (weltlichen) Dichtung grundlegend von der seines berühmten Vorgängers. Opitz bemühte sich um ein Horazisches Gleichgewicht zwischen *prodesse* und *delectare* (*Nützen* und *Ergötzen*); Zesen steht entschieden auf der Seite des *delectare*, wenn dies auch der Haltung seines verehrten Lehrers Buchner widersprach, der das *prodesse* betonte. Welch ausgesprochen hedonistische Funktion Zesen der Dichtkunst zuschreibt, wird völlig klar aus einem Vorwort zum *Dichterischen Rosen- und Liljenthal*, wo er seinen Wunsch betont, durch seine Lieder *alle* Sinne anzusprechen (aber nicht den Intellekt!):

> Siehestu hierinnen etwas zierliches; so weide deine augen sat. Höhrestu etwas anmuhtiges; so fülle nun deine ohren vol. Schmäkkestu / ja riechestu etwas angenehmes, so labe nun deine Zunge / samt der nase / wohl. Empfindestu etwas / das deinem griffe belieblich; so ergetze nun deine finger nach genügen. Ja siehe / höhre / koste / singe und spiele dich nun sat und über sat. Also lass alle deine sinnen hierinnen lustmahl halten. Ich lade sie zu gaste.

Dichtung wird hier als das angesehen, was Brecht ›kulinarische‹ Kunst nennen würde, und zwar ausgesprochen als das. Und von diesem Streben nach einem Pansensualismus leitet sich Zesens eigener Manierismus ab. Sein Ziel unterscheidet sich nicht wesentlich von dem Klajs, wenn auch die dichterische Stimme und ihre Wirkung auf den Leser (oder sollte man sagen ›Benutzer‹?) ganz anders sind. Klaj ist wie eine Blaskapelle, Zesen wie ein

Holzbläsertrio. Beide sehen in der Dichtkunst eine Art Rauschgift.

Es überrascht nicht zu hören, daß ein Dichter mit dieser Auffassung von seiner Kunst die wahren Schwestern der Poesie in der Musik und im Tanz erblickte: ›die tantzkunst [ist] der Dichterei schwester so wohl, als die Singekunst, und eine ohne die andere, wan man zur folkommenheit gelangen wil, [kan] fast nicht sein‹, sagt er im *Helikon* (zitiert von Ibel, S. 30). Seine Praxis steht im Einklang mit seiner Theorie. Seine Gedichte wurden nicht nur mit Begleitmelodien veröffentlicht – eine Reihe von ihnen war darüber hinaus zur Aufführung als Tänze bestimmt. Zesen ist stark motorisch und akustisch orientiert, und das spiegelt sich in seinem unfehlbaren Sinn für Rhythmus und in seiner Pflege von Lauteffekten, besonders in seiner übermäßigen Vorliebe für den Reim, wenn auch das Spiel mit Vokalischem in seinem Werk noch eine zweite Wurzel hat, wie sich gleich zeigen wird.

Zesen war besonders stolz darauf, viele verschiedene Strophenformen ins Deutsche eingeführt zu haben. Diese reichen von einfachen volksliedhaften Strophen bis hin zu komplizierten Gefügen mit bis zu drei verschiedenen Metren bzw. wechselnder Zahl von Hebungen pro Zeile. Natürlich sind nicht alle seine Strophenformen neu. Ein Beispiel für Zesens einfachste Methode wird gleichzeitig seine Verwendung der Lautsymbolik veranschaulichen. Es sind die ersten zwei Strophen eines vierstrophigen Abschiedslieds (zitiert nach Ibel, S. 105):

Ich scheide zwar von hinnen:
doch bleib ich ewig Dein
mit hertze, muht und sinnen;
und will Dein Bruder sein.

Dein Bruder wil ich bleiben
in fester lieb und treu,
so lange man wird schreiben,
was treue liebe sey.

Das ist reizvoll und im Kontext gelehrter Barockdichtung fast unglaublich. Es klingt mehr wie etwas von Novalis als von dem

Mann, der allgemeiner Ansicht nach die Ära des Bombastischen in der deutschen Literatur eingeleitet hat. Trotzdem hat es fast mit Sicherheit etwas von barocker Gelehrtheit an sich, und das ist die Verwendung der Lautsymbolik oder – wie Weber (S. 200ff.) es nennt, der ›Lautanalogie‹. Ich sagte, *fast* mit Sicherheit, denn es ist schwierig, jeden Zweifel daran auszuschalten, daß Zesen in einem bestimmten Beispiel das System der Lautanalogie verwendete. Auf jeden Fall ist unschwer zu sehen, was hier geschieht. Das Thema ist *scheiden und doch bleiben*. Der *scheiden* und *bleiben* gemeinsame Laut /ai/ beherrscht beide Strophen (er kommt elfmal vor) und erreicht seinen Höhepunkt in dem Wort *treu* (das Zesen in seiner Meißener Mundart /trai/ ausspricht), und die ›Treue‹ bildet auch die ›Botschaft‹ dieser Zeilen: Das *Dein sein* entspricht dem *treu sein* bzw. entspricht dem *scheiden und doch bleiben*. Weber hat nachgewiesen, daß Zesen sich sehr für ausgefallene Zirkelschlüsse über Wesen und Ursprung der Sprache interessierte, die im ganzen 17. Jahrhundert im Schwange waren und sich großenteils von Jakob Böhme ableiteten. Wollen wir einmal das uns hier interessierende Argument etwas über Gebühr vereinfachen: Man könnte den ›Adamitischen‹ Charakter eines Wortes oder Lautes, also seine ›natürliche Bedeutung‹, damit ›zeigen‹ bzw. ›beweisen‹, daß man Laut und Bedeutung auf der Basis eines bedeutsamen Beispiels (keineswegs immer ein Laut oder ein Wort, der bzw. das einen Laut in der Natur nachahmt – das wäre zu einfach) miteinander verbindet. In unserem Beispiel ist ›treu‹ das bedeutsame Wort, /ai/ der Symbollaut. Wir dürfen annehmen, daß für Zesen ›treu‹ ganz *natürlich* Treue bedeutete, so naiv uns das auch vorkommen mag. Auf der Basis des Lauts /ai/ wird ein analoges Gebilde errichtet, das den Begriff der ›Treue‹ verstärkt oder, wenn man will, diesen Begriff symbolisiert. Die dem Prozeß zugrunde liegende unklare sprachliche Mystik verhindert dabei nicht unbedingt dessen Wirksamkeit, wenn man auch vielleicht das Gefühl hat, er würde bei unterschwelligem Einsatz besser funktionieren. Bei Zesen war es ein bewußter Prozeß, der folglich oft zu weit getrieben wurde. Weber hat sich ausgiebig mit dieser Frage befaßt und ist davon überzeugt, daß die Lautanalogie ›den Schlüssel zum Verständnis seines Liedschaffens liefert‹ (S. 200), und wenn ihre Beweisführung auch nicht völlig überzeugt, gibt sie einem doch zu denken[4]. Oft ist schwer zu bestimmen, *was* mit Zesens Lautanalogien symbolisiert werden soll – hier liegt das subjektive Element: Wir können seine ›Etymologien‹ nicht ergründen. (Vgl. zu dem ganzen Problem auch S. 87–88.)

Bei seiner Beschreibung der Aufführung eines Tanzliedes im *Helikon* mißt Zesen den drei Grundmetren psychologischen Wert bei. Jamben mit ihrem behaupteten ›steigenden‹ Rhythmus entsprechen einer gesetzten Gangart und sind ›mit ernsthaftiger liebligkeit‹ zu tanzen (und natürlich auch zu singen und zu spielen). Trochäen haben einen ›fallenden‹ Rhythmus, sind ›leichter und geschwinder‹ als Jamben und werden dementsprechend getanzt. Daktylen ›rollen und kullern‹, ihr Rhythmus ist ›färtig und lieblich‹, und man tanzt sie mit ›zitternden /doch frohen / tritten‹ (Maché, S. 74ff., Ibel, S. 30f.). All das zeigt noch einmal die stark motorische Orientierung Zesens. Dichtung ist für ihn etwas, das man *tut* und das *einem* etwas – im physischen Sinn – *antut*. Selten ist er primär an der Argumentation eines Gedichts interessiert; er interessiert sich für dessen sinnliche Wirkung. Ein Gedicht ist für ihn ein körperliches und ein akustisches Erlebnis.

Zesens thematisches Material – charakteristisch für ihn sind erotische oder enkomiastische Themen – ist ausgesprochen unoriginell; es handelt sich größtenteils um reinste Klischees, die jedoch rhythmisch und lautlich so geschickt arrangiert sind, daß der Erfolg fast nie ausbleibt, zumindest in bezug auf die ›Musik‹. Ein Zesen-Gedicht wird unser Begriffsvermögen kaum intellektuell erweitern und soll es auch nicht, aber es kann entzücken, und das will es. Diese einseitige Betonung des *delectare* bestimmt Zesens Kunst und klassifiziert ihn entschieden als Dichter minderen Ranges. Dem Erlebnis, das durch seine Dichtung vermittelt wird, fehlt die Tiefe. Der Vergleich mit einer angenehm wirkenden Droge drängt sich beinahe auf. Die folgenden, rhythmisch entzückenden Zeilen aus ›Mahrholds Scheidelied‹ mit ihrer Verbindung von Daktylen und Trochäen in jeder Zeile (—◡◡—◡—◡◡—[◡]) sind vielleicht so ›tiefsinnig‹ wie nur irgend etwas von Zesen (*Rosen- u. Liljenthal*, S. 166):

Meinstu / wir sind nun gäntzlich geschieden?
Gib Dich / o Anemone / zu frieden.
Unsere Seelen scheiden sich nicht /
ob ich schon scheid' aus deinem gesicht.
Unsere Seelen / deine von meiner /
meine von deiner / scheidet nun keiner.

Zesens Interesse an sinnlicher Wirkung und sein charakteristisches Desinteresse an diskursivem ›Sinn‹ sind die Quelle seiner Form von Manierismus. Die folgenden Zeilen aus einem Echolied (zitiert nach Weber, S. 128) mögen die Mißachtung des (logischen) Sinns zugunsten der lautlichen Wirkung illustrieren:

Wie mag das Rosen-kind verzühen?
(Gegen-stimme:) Es wird blühen.
Wan sol es dan die blüht' erreichen?
zeit mus weichen.
Wie würd die zeit uns noch erfreuen?
gantz verneuen.

Der Klang und nicht der Sinn (bzw. der Klang *als* Sinn) ist gleichfalls der Schlüssel zu den folgenden Daktylen mit ihrem Doppelreim am Zeilenanfang und -ende (zitiert nach Weber, S. 145):

Glimmert ihre sterne /
schimmert von ferne /
blinkert nicht trübe /
flinkert zu liebe
dieser erfreulichen lieblichen zeit.
Lachet ihr himmel /
machet getümmel /
regnet uns segen /
segnet den regen /
der uns in freude verwandelt das leid.

In diesem achtstrophigen Lied könnten die Strophen (mit Ausnahme der letzten) fast in jeder beliebigen Reihenfolge erscheinen, so gering ist die thematische Entwicklung, so ausschließlich die Betonung der rhythmisch-akustischen Wirkung, und dies ist keineswegs ein Einzelfall. Je mehr Zesen sich der expressiven Formen der Musik bedient, desto mehr verlieren, wie Weber ausführt (S. 152), die Worte ›in ihrer logischen Beziehung an Bedeutung‹. Sie werden zu bloßen Lautträgern und unterstehen einem anderen Ausdrucksprinzip, dem des reinen Sinnenreizes.

Zesen war besonders stolz auf seine Strophenformen in unterschiedlichen Metren. In diesen Gedichten zeigt sich sein rein sinnlicher Sprachgebrauch besonders klar. Man darf auch nicht vergessen, daß diese Gedichte oftmals zum Tanz und Gesang bestimmt waren, was natürlich dazu beitrug, den Wert des Wortes als Mittler diskursiven Sinns zu verringern. Dazu ein Beispiel aus einem Tanzlied (zitiert nach Weber, S. 124 f.):

Platz! platz! höret auff zu tantzen /
Schließt den Reyhen / reumt den Saal /
Seht der Liebe güldne Lantzen!
Seht der Pfeile Blitz und Straal!
Wie tantzen die Lantzen / wie eylen die Pfeile /
Wie blitzen die Augen der beyden allhier!
Sie funckeln im dunckeln bey nächtlicher weile /
Wie sonsten die Sterne von ferne voll Zier.
Sie wincken und blincken und wollen zur Ruh /
Drümb stille! fein stille! helfft imer dazu.

Diese Zeilen sind natürlich eine Mahnung an die Tanzenden auf einer Hochzeitsfeier, mit dem Feiern aufzuhören, damit das junge Paar zu Bett gehen könne. Weit mehr Aufmerksamkeit wird jedoch dem uralten Concetto-Bild der Liebespfeile geschenkt, die dem jungen Paar aus den Augen schießen und als funkelnde Lichter erscheinen, wobei das Funkeln sich in den tanzenden Anapästen mit Binnenreim spiegelt. Der offensichtliche Inhalt tritt hinter der Virtuosität der Darstellung zurück. Die Wirkung der Strophe als ganzer ist jedoch durchaus einheitlich und bedarf nicht der intellektuellen Analyse. Sie beginnt mit den gemessenen Trompetenstößen der Imperative in den ersten vier Zeilen, wechselt über zu den raschen Anapästen der nächsten fünf Zeilen, die die Vorstellung des Geigenspiels hervorrufen, und endet mit einer zwar immer noch anapästischen Zeile, die jedoch einen viel langsameren Rhythmus hat und mit *piano* zu bezeichnen wäre. Das Ganze ist ein subtil konstruiertes rhythmisches Vergnügen, das einem ins Blut geht; gleichzeitig widersetzt es sich aber hartnäckig der diskursiven Beschreibung.

Nicht alle Gedichte Zesens in unterschiedlichen Metren reduzieren den semantischen Wert des Wortes so drastisch. Das folgende ›Sprach-lied‹, das erste Drittel eines Hochzeitslieds, subordiniert das Vokalische und den Rhythmus der Entwicklung von Thema und Bildersprache (*Helikon*, [1656], 3. Teil, S. 35 f.):

DIE JUNGFER BRAUT REDET IHREN LIEBSTEN AN

1

Es bricht herfür der nächte licht
ach! Liebster / kommt: sein angesicht
soll meine sonne werden.
Die nacht / das sehr verschwiegne kind /
erwekt den kühlen suden-wind
der fast erhitzten erden.
Es wehn und gehn
alle Winde sanft und linde;
mond und sterne
winken durch die luft von ferne.

2

Der Liebe stern ziht erstlich auf /
und wil durch seinen sanften lauf
uns beide selbst begleiten /
dem folgt das andre sternen-heer /
und hengt das gold ie mehr und mehr
am himmel auf vom weiten;
ja ich wil mich
o mein Leben / Ihm nun eben
gantz ergeben:
Nun wil ich nach freuden streben!

Der Strophenbau, eine barocke Version des bei den Meistersingern üblichen Schemas, ist recht anspruchsvoll. Strophe 1 hat folgende Struktur:

›Aufgesang‹

1. Zeile: vierhebige Jamben a männl.

2. Zeile:	vierhebige Jamben	a männl.	1ster ›Stollen‹
3. Zeile:	dreihebige Jamben	b weibl.	
4. Zeile:	vierhebige Jamben	c männl.	
5. Zeile:	vierhebige Jamben	c männl.	2ter ›Stollen‹
6. Zeile:	dreihebige Jamben	b weibl.	
›Abgesang‹			
7. Zeile:	zweihebige Jamben	nur Binnenreim (männl.)	
8. Zeile:	vierhebige Trochäen	nur Binnenreim (weibl.)	
9. Zeile:	zweihebige Trochäen	d weibl.	
10. Zeile:	vierhebige Trochäen	d weibl.	

(Die zweite Strophe weist eine leichte, aber bedeutsame Variation im Abgesang auf.)

Der als besonders ›poetisch‹ erkennbare Aspekt des Gedichts ist die Personifikation der Natur, die jedoch – anders als bei vielen barocken Beispielen – keineswegs extrem oder bizarr ist. Das moderne Empfinden mag in der Tat eine Zeile wie ›Die Nacht, das sehr verschwiegne Kind‹ durchaus bewundern, und es wird sich den in ihrer Eigenart an Brentano erinnernden Zeilen 7–10 (Strophe 1) wohl kaum entziehen können. Diese zwei Strophen bringen jedoch mehr als bloß eine gereimte Beschreibung der personifizierten Natur. Wahrhaft poetisch wird das Gedicht in einer geradezu ›romantischen‹ Weise – so gefährlich diese Bezeichnung im Falle barocker Dichtung ist – durch die Identifikation der Sprecherin, der ›Jungfer Braut‹, *mit* der Natur und die Spiegelung des Geistigen im Phänomenalen auf einer anderen und subtileren Ebene als der der Personifikation. Der erste Stollen von Strophe eins drückt den Willen der Sprecherin aus: ›kommt‹ (!), ›soll‹. Diese Zeilen finden ihre Entsprechung nicht im ersten Stollen der zweiten Strophe, sondern im Abgesang (d. h. den letzten vier Zeilen) dieser Strophe, der wiederum den Willen der jungen Braut zum Ausdruck bringt: ›wil mich ... ergeben‹, ›wil ... streben‹. Was zwischen den einleitenden Verszeilen der ersten Strophe und den Schlußzeilen der zweiten Strophe steht, ist personifizierte Natur: die Nacht, der Wind und die Sterne, besonders die Venus, ›der Liebe Stern‹, die den ganzen Schauplatz buchstäblich übersieht. Die die nächtliche Natur beschreibenden Zeilen zeigen einen ständigen Expansionsprozeß: das Erwachen des Südwinds, die winkenden Himmelskörper, das Aufziehen der Venus und danach des ganzen Sternenheeres, bis die ganze Nacht erleuchtet ist. Mit dieser Expansion in der phänomenalen Welt identifiziert sich die Sprecherin dann spirituell: ›Ja, ich will mich ... ganz ergeben‹, und dieses Sich-geben spiegelt sich im Enjambement und besonders in der Häufigkeit der *eben*-Reime, wobei der Funktionswechsel eine geringe Modifizierung im Aufbau des zweiten Abgesangs in Form eines zusätzlichen Endreims mit sich bringt.

Als letztes Beispiel für Zesens Kunst und sein intensives Beschäftigtsein mit dem motorischen Aspekt der Dichtung zitieren wir zwei Strophen aus einem ›Tanzlied‹ für ein Dressurpferd (›das edle Weisschen‹) (*Rosen- und Liljenthal*, S. 309):

Auf / Weisschen! richte brust und köpfchen in die höh';
lass fliegen üm den Hals der blanken mähne schnee;
lass spielen aug- und ohren;
lass spielen fuss und bein.
Du bist zur lust erkohren.
Auf / Weisschen! trit herein.

Auf / Weisschen! auf! ich seh / dein' ohren werden spitz
dein' euglein spielen süss / und flinkern / wie der blitz.
Hüpf' auf! mein Röschen / hüpfe!
du weist der sprünge schnit:
und / dass dein fuss nicht schlüpfe /
versetze trit üm trit.

Auch der aus Sachsen stammende David Schirmer (1623–87)[5] vertritt ein äußerst bewußtes Künstlertum und betont das *delectare*, wenn er auch einen erdnäheren Ton anschlägt als Zesen und sich enger an die Stilart von Opitz hält, den er häufig nachahmt. Schirmer ist fast ausschließlich ein erotischer Dichter, allerdings nicht in der streng petrarkistischen Tradition – jede tiefere Dialektik fehlt weitgehend. In seinem Vorwort zu den *Rosengepüschen* verteidigt er die erotische Dichtung und leugnet zugleich ihre Ernsthaftigkeit: Die Wahrheit über die Liebschaften der Dichter sei, daß sie größtenteils erfunden seien, eine Ansicht, die im Barock und auch später von verschiedenen Dichtern vertreten wurde. Die Liebe ist sein Thema, und vielleicht war sie auch seine

Erfahrung, – aber das gehört nicht hierher. Bei Schirmer reimt ›Brunst‹ mit ›Kunst‹. Für Schirmer wie für Zesen ist das Ziel der Dichtung ›Ergötzlichkeit‹, und dies wird am besten durch ›Anmutigkeit‹ verwirklicht. Aber wo Zesen anmutig und innerlich ist und das Gefühl anspricht, ist Schirmer leidenschaftlich, übertrieben ausformend und halb spottend – typisch für seine Gedichte ist ein Anklang von Selbstironie.

Wenn die den *Rosengepüschen* vorausgehenden ›Ehrengedichte‹ ein Urteil zulassen, dann war Schirmer in den Augen seiner Zeitgenossen anscheinend vor allem ein ›Feuergeist‹ (Hinweise auf ›Feuer‹, ›Flammen‹, ›glühen‹ usw. finden sich fast in jedem Glückwunschgedicht), und sein Werk zeigt, daß diese Charakterisierung nicht ungerecht ist. Und dennoch kann Schirmer trotz seines Feuers und seiner vollendeten Technik langweilig sein und sich unglaublich wiederholen. *Ein* ›Rosengepüsch‹ enthält zehn Gedichte im Schäferstil (50 Seiten), alles Nachahmungen von Opitzens ›Galathee‹ (›Coridon der gieng betrübet‹). Vierhundert Seiten seines Werks zu lesen ist keine reine Freude. Aber das gleiche kann man sogar von Fleming sagen, und die besten unter den Gedichten Schirmers haben einen Reiz und eine Frische, die in der deutschen Lyrik des 17. Jahrhunderts ihresgleichen suchen. Und trotz der vielen Wiederholungen ist Schirmers formales Register umfangreich, reicht es doch vom einfachen Lied bis zur ausgeklügelten Konzetti-Dichtung, von Gedichten, die ihre Wirkung fast völlig aus ihrer ›Musik‹ beziehen, bis zur Poesie des geistreichen Pseudo-Arguments, von einfachen bis zu abwechselnden Versmaßen im Stil Zesens, von längeren Hirtengedichten und Elegien bis zu Madrigalen, Sonetten und Epigrammen.

Sein Hauptthema ist wie später Hofmannswaldaus die Sklaverei der Liebe, oder vielleicht besser: die Sklaverei des Verlangens. Anders als Hofmannswaldau ist Schirmer jedoch nicht lasziv, nicht ›galant‹, auch wenn einige seiner Gedichte gegen Ende des Jahrhunderts in der sogenannten ›Neukirchschen Sammlung‹ neugedruckt wurden, die vor allem laszive Liebesdichtung aufnahm. Schirmer sieht in der Frau nicht lediglich eine Beute, die man auf jede nur mögliche Weise einzufangen versucht, oder eine saftig-reife fleischliche Frucht, die man wollüstig betrachtet und dann verschlingt. Das Wollüstige und Geile interessiert ihn nur am Rande. Die für sein Werk zentrale Gemütsbewegung, die er auch höchst überzeugend mitzuteilen versteht, ist die Intensität – aber auch die Traurigkeit – erotischer Sehnsucht. Man ist geneigt, in der Liebesdichtung Schirmers etwas gewissermaßen Metaphysisches, Parareligiöses zu sehen, wenn sie doch auch wieder nicht eigentlich petrarkistisch zu nennen ist, denn der Dichter schwelgt nicht in seinem Schmerz und deutet ihn auch nicht als Zeichen des Himmlischen. Die zugrunde liegende Empfindung ist vielleicht ein Gefühl für die Unmöglichkeit vollkommener Erfüllung. Lediglich die Intensität seines Verlangens (und sogar das behandelt er typischerweise halb spöttisch) verrät eine ›mystische‹ Qualität.

Es ist aufschlußreich, daß ›Marnia‹, der er einen Sonettzyklus widmet, mitten im Zyklus stirbt. Wenn man das rein biographisch interpretiert – wozu uns Sonnenberg (S. 5 f.) auffordert –, so greift man daneben. Es geht Schirmer nicht um Marnia als Person – wer immer sie auch war – (Sonnenberg behauptet zwar, daß es sie tatsächlich gab, sagt aber nie, wer sie war), sondern darum, was sie bedeutet, nämlich erotische Erfüllung. Erfüllung ist jedoch nicht möglich, oder anders ausgedrückt, erotische Erfüllung ist die Quelle der Begierde. Der Schirmers Dichtung antreibende Motor ist das Verlangen selbst. Wenn also Marnia stirbt, dann wird sie sogleich in einer anderen, ihr zum Verwechseln ähnlichen Geliebten zu neuem Leben erweckt – und das Verlangen beginnt von neuem. ›Ich bleibe voller Treue / senck dich nur her in sie / so lieb ich dich auffs neue‹, fleht er die Verstorbene an, während er ihr von seiner neuen Geliebten erzählt. Ein echter Petrarkist würde die tote Marnia mehr lieben als die lebendige; ihr von Sinnlichkeit geläuterter Einfluß würde ihn auf eine höhere Ebene heben – darauf deutet bei Schirmer nichts hin.

Wie Zesens Gedichte sind auch die von Schirmer in erster Linie Lieder, abgesehen natürlich von den Hirtengedichten, Elegien, Sonetten und Epigrammen. Ein Beispiel für seinen einfacheren Liedstil ist das rhythmisch unwiderstehliche ›Sie soll bey ihm bleiben‹ aus dem vierten Teil des zweiten Buches der *Rosengepüsche:*

Sonne der Freuden /
Flamme der Liebe /
Wilstu denn scheiden
Unter das trübe?
Bleibe mein Licht.
Liebe verbindet
Hertzen und Hertzen.
Liebe bezündet
Duppelt die Schmertzen /
Scheide doch nicht.

. . . .

Unsre Zeitlosen
Grünen am Strande /
Blumen und Rosen
Blühen im Lande.
Bleibe mein Licht.
Leben und Jugend /
Jugend und Leben
Reiffen zur Tugend
Sich zu erheben.
Scheide doch nicht.

Der adonische Vers (—◡◡—◡), der die Unvermeidlichkeit des Scheidens, das unaufhörliche Weiterfließen der Zeit symbolisiert, kann gerade noch sein Tempo beschleunigen, als er schon von dem Gebet unterbrochen wird, die Zeit möge stillstehen: ›Bleibe mein Licht ... Scheide doch nicht‹ (—◡◡—). Es dominiert jedoch der Ton der Trauer; man fühlt, daß das Gebet vergeblich bleiben wird. Die Bildersprache besteht aus nichtssagenden Phrasen, die rein klischeehaft verwendet werden, fast könnte man sagen, als den Rhythmus verkörpernde Laute. Flüchtig rufen sie *eine* flüchtige Idee nach der andern hervor. Nichts lädt zum Verweilen ein. Rhythmus und Bilder sagen daher ein und dasselbe. Wie in einer Reihe von Gedichten Zesens sind die Strophen (es sind fünf) bis auf die erste und letzte auswechselbar.

Schirmers reizvollstes Madrigal ist ›Über die aufmachende Anemone‹, zu finden im fünften ›Rosengepüsch‹ des zweiten Buches. Wie das oben zitierte Lied wird es oft in Anthologien aufgenommen.

Der Abend war ankommen.
Ich hatte meinen Weg bereit zu ihr genommen /
Zu Ihr / zu meiner Anemonen.
Ich klopfet an.
Bald ward mir aufgethan.
Die rechte Hand trug Ihr das Licht.
Die Lincke deckt ihr Angesicht.
So balde war das tiefst in meinem Hertzen
Verletzt von ihren göldnen Kertzen.
Wo kam ich hin? Sah ich denn in die Ferne?
Das kann ich itzund nicht aussprechen.
Jedoch die mir das Licht getragen /
Die war die Venus ohne Tagen [ohne Zweifel?]
Selbselbst mit ihrem Abendsterne.

Der Zauber der Zeilen liegt vor allem in der Art, in der Tonfall und Rhythmus der Alltagssprache in nur leichter Anhebung und Stilisierung verwendet wird. Sogar die Erkenntnis, daß eine Epiphanie geschaut wurde, daß Anemone Venus selber war, ist trotz des inbrünstigen und lyrischen Tons nicht in eine übertriebene Sprache gefaßt. Der abgenützte barocke Vergleich der Geliebten mit der Göttin der Liebe gewinnt neues Leben – er wird sozusagen wörtlich genommen und wird damit wahrhaft poetisch. Zu beobachten ist ein feines Empfinden für emotionale Progression, die von völliger Selbstbeherrschung bis zum völligen Verlust der Selbstbeherrschung reicht und der die Einsicht in die tiefere Natur des Erlebnisses folgt: positiv im Ton und doch mit einem fast ungläubigen Kopfschütteln in der Äußerung. Es wäre äußerst schwierig, dieses Gedicht für sich allein zu bestimmen. Es klingt mehr nach der Mitte des 18. als der Mitte des 17. Jahrhunderts. Nicht umsonst hat man Schirmer einen Vorläufer der anakreontischen Dichter des folgenden Jahrhunderts genannt.

Schirmers charakteristischer Tonfall intensiven Verlangens und eingeblendeter Selbstironie ist im ›Nacht-Lied‹ vernehmbar, dem ersten Gedicht der *Rosengepüsche*. Um die ersten zwei Strophen zu verstehen, muß man die Sage von Danae, der Tochter des Acrisius, kennen, die von ihrem Vater in einem ehernen Turm eingeschlossen worden war, damit die Prophezeiung sich nicht erfülle, ihr Sohn werde seinen Großvater ermorden. Hierauf besuchte Zeus sie in Gestalt eines goldenen Regens und zeugte Perseus.

Meine Burg ist nun erstürmt
Und mit Feuer eingenommen /
Du / du aber bist bethürmt /
und zu Danaen hinkommen.
Ist Acrisius darinnen /
der /Asterie / vor dich /
Härter noch zu quälen mich /
Eingeschlossen deine Sinnen?

Regne doch zu Sternen-Heer /
Nur zum Zeugen des Verlangen /
Das vergöldte Liebes-Meer
Auf den Glantz der Purpur-Wangen.
Oder / fürchstu dich zu fliessen?
Ach so tröpfle mich zu ihr!
Ich will eine neue Zier
Umb den zarten Leib hergiessen.

O wie sanffte schläffst doch du
Bey dem Spiel der süssen Träume!
Mich nur decken sonder Ruh /
Die verdorten Mandel-Bäume.
Wie der Pan / so vor der Sonnen
Offt in ungebähnter Flucht
Die zu schnellen Nymphen sucht:
So bin ich dir nachgeronnen.

Stelle mir die Tugend frey /
Dir ein Opffer anzustellen /
solte / Göttin / meine Treu /
Tödten mich auff deiner Schwellen.
Ja /ich wolt das Mörder-Eysen /
Dafür manchen offt gegraust /
Alsobald mit eigner Faust
selber durch mein Hertze weisen.

Aber Tugend / die du hast /
hält mich allzeit noch zurücke /
biss mich unter meiner Last

dein Anschaúen einst erquicke.
Kan zu letzt ich was erlangen /
ach / so gib mir einen Blick /
deine Tugend ist der Strick /
der mich itzund führt gefangen.

Nun schlaff wohl / ich bin gesund /
o Asterie / du Schöne!
ich schwehr dir auff deinen Mund /
dass ich alle Falschheit höne.
Mir ist ewig angestorben
der sehr herbe Lorbeer-Krantz;
Bring ich dich auch an den Tantz /
ey so hab ich gnug erworben.

Das dem Ganzen zugrunde liegende Bild ist natürlich das des Ausgeschlossenseins, der Quelle des Verlangens, das die treibende Kraft des Gedichts ist: die im ehernen Turm eingeschlossene Danae, der Dichter draußen unter den verdorrten Mandelbäumen, das gedachte Opfer auf der Schwelle, Asteriens unbeugsame Tugend, und schließlich in einer überraschenden Wende die *Dichter*schaft als letztes, krönendes Moment. Der tiefere Sinn scheint klar: Meine wahre Aufgabe ist es, vom Verlangen zu singen, nicht von der Erfüllung: ›ich bin gesund‹, wenn auch mein Lorbeer bitter ist. In dir nur ein leises Verlangen zu erwecken, ist alles, was ich erhoffen kann: ›Bring ich dich auch an den Tantz / ey so hab ich gnug erworben.‹

›Sie liebet ihn‹, das unmittelbar folgende Gedicht, ist ein Ausbruch wilden Frohlockens und strotzt von der Kraft, die Schirmer in seinen besten Höhenflügen so gut zu vermitteln weiß – Asterie hat sein Gebet doch vernommen, sie ist bereit, ›sich zur Liebe zu verdammen‹:

Funkelt ihr göldnen Himmels-Sternen!
blitzet ihr hellen Nacht-Laternen!
Jauchtzet ihr Stralen an der Sonnen!
rauschet ihr kühlen Wasser-Bronnen;
Asterie will sich zur liebe verdammen /
die keusche Brust fühlet die blinckenden Flammen;
Tugend und Gunst
mehret die Brunst /

welche die rauchenden Geister anbrennet.
Hertzgen und Mund
stehen verwund /
dass sich Asterie selber nicht kennet.

Beide Gedichte zeigen Schirmers meisterhaften Gebrauch des Rhythmus zur Vermittlung von Gefühl: Im ersten sind die Akzente öfters nicht oder nur in den emotionell wichtigen Wörtern realisiert, wie in

Ích will eine néue Zíer
Umb den zárten Leíb hergièssen[6],

was diesen Zeilen eine inbrünstige Kraft verleiht. Das Gedicht kontrastiert deutlich mit den unfehlbar realisierten Akzenten der frohlockenden Daktylen und Trochäen in ›Sie liebet ihn‹, wo – wenigstens für den Augenblick – Gewißheit erreicht ist.

Das sechste Gedicht des ersten Buches, ›Seine tödliche Schmerzen an Rosomenen‹, ist wiederum ein charakteristischer Ausdruck intensiven Verlangens und übertrieben und dunkel in seiner Bildersprache, als versuche der Dichter sein Äußerstes, auch noch das Letzte aus der Konvention der ›grausamen Geliebten‹ herauszuholen. Es übersteigt bei weitem alles, was die Opitzianer wagen würden. Die erste Strophe lautet:

Brand / Feuer / Flammen und Hagelsteine
betäuben / O Schöne / mein Angesicht /
dass ich täglich weine.
meine matten Glieder
schlagen mich darnieder /
ob ich sey der deine /
Gut / Muth / Blut vergehen.

Vielleicht das beste und auch das bekannteste Sonett im Marnia-Zyklus ist Nr. 54: ›An seine neue Buhlschaft‹. Es hat etwas Leichtes und Humorvolles – und dennoch wiederum Ernsthaftes mit seinem Unterton der Versklavung an Eros – und ist darin sehr typisch für *einen* Aspekt von Schirmers Kunst. Ebenso typisch, und zwar nicht nur für Schirmer, sondern für das

Zeitalter, ist die fast völlige Reduzierung der Geliebten auf ihre physischen Eigenschaften, während das Geistige praktisch ignoriert wird. Marnia als Person gilt nichts im Vergleich mit Marnia als erotischem Objekt und ist deshalb auswechselbar mit ihrer Nachfolgerin, wenn jene ihre äußere Gestalt annimmt.

Sie / meine Marnia / kam an das todte Meer /
der Charon solte sie mit andern überführen /
du / Schöne / wer du bist / rief er / hier gilt kein zieren.
Leg deine Schönheit ab / und denn kom wieder her.

Sie that / was er befahl. Was ich nicht mehr begehr /
sprach sie / das nim nur hin. Hier liegt des Hertzens rühren /
hier liegt der Wangen Blut / hier liegt der Pracht dupliren[1] /
hier liegt mein gantzer Leib / ja hier / hier lieget er.

Mercur[2] der sah ihr zu / und sprach: soll denn dein lachen /
der Mund / der Hals / diss Haar so gar verdorben seyn?
nein / edle Marnia / nein / edle Nymphe / nein /
sie sollen deinen Schatz noch oftermahls anlachen.

Drauf hub er alles auf / und bracht es / Nymphe / dir.
Nun lieb ich dupelt dich von wegen dein und ihr.

([1]d. h. ihre Brüste. [2]Als Psychagogos, der die Seelen der Verstorbenen in die Unterwelt führt.)

Schirmers Einstellung zur Liebe ist jedoch keineswegs so freimütig materialistisch wie die Kaspar Stielers (1632–1707)[7], der das Physische ohne Einschränkung und ohne jede transzendente Sehnsucht bejaht. Wenigstens ist das die Einstellung in den Liedern der *Geharnschten Venus*, und obwohl natürlich jede gesellschaftlich orientierte Dichtung ein starkes Element des Rollenspiels aufweist, so ist doch bezeichnend, *welche* Rolle eingenommen wird. Hier ist die Maske die des Soldaten als Liebhabers, der sein Vergnügen nimmt, wo er es findet. Der Akzent liegt jedoch nicht auf dem Krieger, von dem wir nur einen flüchtigen Blick erhaschen, sondern – im Gegensatz zu dem, was man aus einigen deutschen Literaturgeschichten folgern könnte – auf dem Liebhaber[8]. Ich singe nicht von den Waffen und dem Mann, sagt Stieler dem Sinn nach im Anfangsgedicht, sondern von der Liebe und dem Liebesfeuer inmitten des Krieges:

Ich brenne. Wer nicht brennen kan,
fang ein berühmter Wesen an.

Der einzige Krieg, der Stieler interessiert, ist der Krieg zwischen den Geschlechtern. (Das Lieben ist auch ein Kriegen.)

Aber wenn Stieler auch das Physische als das wesentliche Element in der Liebe postuliert, so ist er doch nicht vulgär (lediglich offen) und selten wirklich obszön – außer in einigen Epigrammen, die private, nicht öffentliche Dichtung darstellen, das heißt, nicht an die Öffentlichkeit gelangen sollten. Sein Hauptthema ist nicht das Geschlechtliche, sondern die Begierde; er ist verliebt in die Vorstellung des Verliebtseins – ein Cherubino mit tieferem Wissen (*G. V.*, S. 69):

O süsser wahnwiz! ach! wie gerne,
wolt' ich noch iezt so rasend sein.
Diß ist die Seeligkeit der Sterne
und aller Götter ins gemein:
daß sie in Wollust so verführet
nicht merken, wenn sie Schmerzen rühret.

Eros, der bei Stieler zuweilen als Priapus verkleidet auftritt, ist ein Diener des Dionysus und befreit uns von den Fesseln der Individuation. Die Liebe, nach der sich Stieler sehnt, ist ›Sinnenraub‹. ›Katonische‹, das heißt, puritanische Naturen können das natürlich nicht verstehen, aber der Dichter untersagt ihnen im Vorwort ausdrücklich, seine Gedichte zu lesen! Und er schließt sein Buch mit den folgenden Worten an die ›Eyfferigen‹ (*G. V.*, S. 137):

Der ist geschossen im Gehirn,
wer murrt und runzelt denn die Stirn,
Wenn Amor singt und Venus schlägt die Zitter.

Frohe Sinnlichkeit ist der Eindruck, den das Buch als Ganzes vermittelt. Das Gesicht des Eros ist nicht entstellt von der Trauer und dem Überdruß des Wüstlings oder der Blässe des ins Transzendente zielenden Petrarkisten. Dies sind Lieder, die bei den ›Florischen Festen‹ gesungen werden sollten, das heißt, sie sind dem Geist der Fruchtbarkeit zugeeignet, dem Prinzip des Lebens.

Die *G. V.* besteht aus sieben Büchern von je zehn Gedichten, den sogenannten ›Zehen‹. Angefügt sind 50 ›Sinnreden‹ bzw. Scherzrätsel mit einer jeweils ins Sexuelle zielenden Lösung. An diese reihen sich als Zugabe achtzehn Madrigale an, ›damit der Käuffer nicht ledige Blätter bezahle‹[9]. Einige der Zehen haben ein bestimmtes Hauptthema. Das erste definiert und verteidigt das allgemeine Thema des ganzen Buches: Ich singe, weil ich von Begierde entbrannt bin[10]. (Nicht, wohlgemerkt, um *andere* zum Brennen zu bringen. Stieler ist nicht an Pornographie interessiert, Verführung und das Carpe-diem-Motiv spielen nur eine untergeordnete Rolle.) Die zweite Zehnergruppe handelt von der Wankelmütigkeit der Frauen und vom Krieg der Geschlechter; das Thema der dritten ist der Liebesschmerz – hier finden sich einige Gedichte von überraschender Zärtlichkeit. Das führende Thema der vierten Zehen ist die Allgewalt der Liebe. Die fünfte und die sechste Gruppe haben anscheinend kein beherrschendes Thema; wichtig ist allerdings das Thema der Wechselbeziehung zwischen Eros und Poesie. Das letzte Zehen ist speziell Priapus gewidmet, ›dem unbehobeltem und nakkendem Garten-Gözzen‹, und hier wird vor allem ›der beste Sinn, das Fühlen‹, gefeiert.

Das formale Spektrum der *G. V.* ist zwar beachtlich und reicht von der Volksliedstrophe und der Ballade bis zu ziemlich komplizierten, typisch ›barocken‹ Gefügen in der Art Zesens und der Nürnberger Dichter; aber dennoch ist es der thematische und nicht der formale Aspekt von Stielers Buch, der unsere Aufmerksamkeit fesselt. Wenn Stieler uns, wie es nicht selten geschieht, eine ausgeklügelte Arbeit im Konzetti-Stil der Renaissance vorlegt, läßt er uns kalt. (Siehe z. B. II, 1, 2; III, 1, 6, 8; IV, 9; VI, 6.) Seine Formen leben von seinen Themen, besonders von seinem zentralen Thema: dem Rausch der Begierde. Anders als Klaj und Zesen experimentiert er nicht, und er hat keine avantgardistischen Ambitionen. Sein Reiz liegt in seiner Frische, die eine Funktion seiner offen zur Schau getragenen Sinnlichkeit ist, und in seinem Humor, der großenteils eine Funktion seiner halb ironischen Haltung gegenüber den Konventionen ist, in denen er sich so wohl fühlt (I, 6, ›Der Haß küsset ja nicht‹ ist ein ausgezeichnetes Beispiel). Er erobert kein Neuland für das Lyrische, er kultiviert vielmehr die Gattung des Gesellschaftslieds im

Namen des ›Fühlens‹ (und nicht des ›Gefühls‹). Hierin setzt er Stil und Haltung kleiner Talente wie Finckelthaus und Greflinger fort, deren Empörung gegen den Petrarkismus er teilt. Der Unterschied liegt darin, daß er diesen Stil zur Vollkommenheit ausbildet, das heißt, er ist ein besserer Dichter. In dieser Hinsicht verdient er durchaus, ein ›virtuoso‹ genannt zu werden.

Stielers Betonung der Verbindung zwischen Eros und Dichtkunst beruht zwar natürlich auf einer überholten und abgenutzten Konvention, klingt aber doch aufrichtig, ja, fast wie der Ausdruck eines ›Problems‹, sofern man bei einer so unproblematischen Figur von Problemen sprechen kann. Wie wir schon betonten, ist die persona der *Geharnschten Venus* der cherubinische Liebhaber, nicht der Soldat; aber wir müssen ergänzen: vor allem der Liebhaber *als Dichter*. Man könnte vielleicht sogar ins Feld führen, der Dichter als Liebhaber (oder umgekehrt) sei das wahre Thema der *G. V.*, wie das bei Ronsard großenteils der Fall ist. Auf jeden Fall ist es ein Motiv, auf das Stieler ständig anspielt (siehe z.B. I, 6, 10; II, 3; V, 1, 3, 10; VI, 2). Sein Ansehen als Dichter steht und fällt mit seinem Ansehen als Liebhaber (S. 22):

Ich habe die Schöne mit nichten gewonnen
  mit Solde von Golde, mit Perlenem Wehrt,
und scheinenden Steinen in Bergen geronnen,
  den Tyrischen Purpur hat sie nie begehrt.
    Die Zeilen, die süssen
    aus Pegasus Flüssen
die haben ihr härtliches Hertze gerührt:
Nu stehet mein Lorber mit Myrten geziert.

Der Lorbeerkranz Apollos ist in der Tat wertlos, wenn die Myrte der Venus nicht dazukommt (S. 17):

Ich achte keiner Lorber-Kron'
im fall ich nicht der Myrten Lohn
. . . .
aus Ihren Händen solt' empfangen.

Es ist die Liebe, und die Liebe allein, wie irdisch sie auch sein mag, die ihn singen lehrte (S. 15):

Ist wo ihr Leib entblösset:
so bin ich schon beflösset
mit Wasser auss dem Pferde-Guß. [Hippokrene]
Auff ihr Bewegen, regen,
wächst mir geschwind entgegen
ein Buch, das Troja trozzen muß.

Wenn wir Stielers Motive nicht als ›rein‹ und sein Lied nicht als einen ›Hauch um nichts‹ bezeichnen können, so können wir doch auch nicht sagen, er stelle seine Kunst allein in den Dienst der Verführung. Wenn die Liebe ihn lehrt, sein Talent auf sehr praktische Weise zu verwenden und ›auf Kunst-gemachten Lettern / zur Liebsten Fenster ein zu klettern‹ (S. 87), so ist es schließlich doch die *Liebe*, die seine Lehrmeisterin ist. In ›Dumme Leute sein dumm‹ (II, 3) dreht er geschickt den Spieß um und sagt: Wenn man meinem Lied Aufmerksamkeit schenkt, so hört man auf die Liebe selbst; ich bin die Stimme der Liebe. Sich taub stellen ist ein Beweis für Gefühllosigkeit und Dummheit.

Stielers bestes Gedicht ist vielleicht das zu Recht bekannte Musterstück mit dem Titel ›Nacht-Glükke‹ (›Willkommen Fürstinn aller Nächte!‹, *G. V.*, S. 103). Es ist ein vor süßem Verlangen schier bebendes Gedicht, – süß, weil die Erfüllung sicher ist, kein vergebliches, bläßliches Verlangen, keine schmachtende Dialektik, erdzugewandt und dennoch fest in eine höhere Ordnung einbezogen: Die Himmelskörper werden als Vertreter des Makrokosmos aufgefordert, bei dieser Verbindung zugegen zu sein, desgleichen die Gottheiten der Liebe und der Fruchtbarkeit. Das Ganze wird als ein Bühnenbild gesehen, wo der Mensch der Hauptdarsteller ist und der in den Sternen und dem Mond personifizierte Makrokosmos ein wohlwollender Zuschauer. Der säuselnde Wind, die Blumen und die Pflanzenwelt übernehmen Nebenrollen. Der ›Priapus Plazz‹ ist das Zentrum des Kosmos, der Mittelpunkt der Schöpfung. Diese Liebe hat keine Zweifel an ihrer Berechtigung. Ich zitiere die dritte Strophe und die letzte:

Es seuselt Zefyr auß dem Weste
durch Pomonen-äste,
es seufzet sein verliebter Wind
nach meinem Kind'.

Ich seh es gerne daß er spielet
und sie kühlet,
  weil sie mir
  folgt durch die Garten-Thür,
und doppelt den geschwinden Liebes-tritt.
Bring, West, sie bald und tausend Küsse mit!

. . . .

Komm, Flora, streue dein Vermügen
darhin, wo wir liegen.
  Es soll ein bunter Rosen-hauf'
  uns nehmen auff,
und, Venus, du solst in den Myrten
  uns bewirten,
  biß das Blut
  der Röht' herfür sich tuht.
Was Schein ist das? die Schatten werden klar.
Still! Lauten-klang, mein Liebchen ist schon dar.

Die Pointe des Gedichts und im weiteren Sinn der Dichtung Stielers insgesamt ist dies: Das Physische hat, wenn es ehrlich und aufrichtig ist, die Billigung des Metaphysischen – ja, es ist die Art und Weise, auf die der Mensch dem Universum Sinn verleiht, ein in sich gerechtfertigter und rechtfertigender Teil des Ganzen. Damit weist Stieler voraus auf Günther und die Überwindung der ›galanten‹ Konvention und nicht auf Hofmannswaldau und die noch schlimmeren Erotiker um die Jahrhundertwende.

Christian Hofman(n) von Hofman(n)swaldau (1617–79)[11], mit dem wir dieses Kapitel beschließen, repräsentiert den Gipfel des ›Hochbarock‹ und ist das einzige echte lyrische Genie der sogenannten ›Zweiten Schlesischen Schule‹[12]. Natürlich gab es da noch andere Dichter, und sogar eine große Zahl, aber sie sind hauptsächlich von historischer und nicht von dichterischer Bedeutung.

In seinem freimütigen Ergreifen des Irdischen lehnt Stieler sich gegen die petrarkistische Konvention auf, wenn damit natürlich auch nur deren allumfassender Einfluß auf eine andere Art anerkannt wird. Hofmannswaldau dagegen unterwirft sich dem Petrarkismus, wenn auch seine Dichtung die Konvention in ihrer dekadentesten und problematischsten Form zeigt. Stieler ist ein Erotiker mit einem reinen Gewissen, Hofmannswaldau ein Erotiker mit einem schlechten Gewissen, und das macht ihn zu einem viel interessanteren Dichter.

Ein schlechtes Gewissen ist jedoch ein integraler Teil des Petrarkismus, ja, sein eigentliches Movens, insoweit der Dichter die existentielle Auseinandersetzung mit dem zugrunde liegenden Problem sucht und nicht nur mit den äußeren Formen spielt. Das zugrunde liegende Problem beschäftigt nicht zuerst Petrarca; es ist das Problem aller ernsthaften erotischen Dichtung seit der Zeit der Troubadours bis zur endgültigen Säkularisierung religiöser Werte, einem Zeitraum von rund 700 Jahren. Es ist im wesentlichen folgendes: Wie lassen sich (verbotene) Leidenschaft und religiöses Empfinden miteinander vereinbaren? Es ist vielleicht das durchgängigste Thema unserer Literatur, und es ist viel darüber geschrieben worden[13]. Der Petrarkismus ist nur eine seiner Manifestationen, wenn auch die bei weitem einflußreichste für die moderne Literatur (d. h. die der Renaissance und danach). Jahrhundertelang stellte sie alle anderen Konventionen in den Schatten.

Das schlechte Gewissen erwächst aus der – gewöhnlich solange wie möglich unterdrückten – Einsicht, daß man einen falschen Gott anbetet oder angebetet hat. Im vorletzten Sonett des *Canzoniere* (Nr. 364) bekennt Petrarca, daß er um seine Sünde weiß und sie nicht entschuldigt: ›ch'i' conosco 'l mio fallo, e non lo scuso.‹ Einundzwanzig Jahre lang ließ ihn die Liebe ›brennen‹ und zehn weitere Jahre ›weinen‹; nun wendet er sich in seinen letzten Jahren hin zum einen wahren Gott. Im Schluß-Kanzone bittet der Liebhaber die Heilige Jungfrau ›auf den Knien des Herzens‹ (›con le ginnocchia de la mente inchine‹), ihn in diesen letzten Tagen zu führen und seinen krummen Weg zu begradigen:

> Vergine dolce e pia
> . . . .
> prego che sia mia scorta,
> e la mia torta via drizzi a buon fine.

Der Versuch einer Versöhnung von Eros und Religion schlägt schließlich fehl. In Dantes *Vita Nova* gelingt er, aber nur um den Preis der Entmenschlichung: Beatrice, die Frau, stirbt, und an ihre Stelle tritt ein Engel, ein Bote des Göttlichen. Die Dialektik wird dann vom Versuch des Dichters bestimmt, die göttliche Natur seiner Geliebten zu erkennen.

Die mittelalterliche Kirche ließ das Problem nicht unbeachtet. Besonders aufschlußreich ist in unserem Zusammenhang die Ansicht von Albertus Magnus, der erklärt, der Mensch könne im Zustand der Sünde keine Lust genießen ohne die Gefahr, darüber das Höchste Gut aus den Augen zu verlieren. Die Lust sei zwar per se nicht sündig – im Paradies wäre sie sogar noch größer gewesen –, aber in unserem jetzigen Zustand führe sie zum Verlust des allein Begehrenswerten[14]. Sie könne zu einer eigenen Religion werden – ganz wie das Dogma der hohen Minne verkündete –, eine Parareligion und Parodie des christlichen Systems, mit eigenem Himmel, eigener Hölle und eigenem Fegefeuer, beherrscht vom Gott der Liebe[15].

Und das geschieht bei Hofmannswaldau. Dantes idealistische Behandlung der Liebesbeziehung war ein bewußtes Bemühen, dieser Gefahr nicht zu erliegen. Petrarca läßt die Frage offen, es sei denn, wir messen seiner *revocatio* mehr Gewicht bei als dem ganzen übrigen Buch. Der Ausgang der auf der Bühne seines Herzens ausgetragenen Schlacht ist unentschieden, und sein Geist bleibt zutiefst beunruhigt von der tödlichen Leidenschaft, die er vergeblich zu idealisieren sucht. Das ist die Wurzel seiner Poesie. Hofmannswaldau dagegen tut zwar, was Dante tut, aber in einem entgegengesetzten Sinn: Auch er verabsolutiert seine Leidenschaft, aber in Richtung auf die Hölle, nicht auf den Himmel. Bei Hofmannswaldau ist die Versklavung an die Leidenschaft eine Metapher für den menschlichen Sündenfall. Sie ist buchstäblich *passio*, Leiden, wenn sich auch von selbst versteht, daß die Erfüllung im paradiesischen Sinn gesehen wird (Neukirch I, *Neudr.*, S. 79):

> Es schlägt itzt über mir die wollust-fluth zusammen /
> So mir die höllenangst ins paradieß verkehrt.

Besonders in seinen weniger ›offiziellen‹ Gedichten – denjenigen, die er nicht veröffentlichen ließ und die später in Neukirchs Anthologie aufgenommen wurden – scheint der Dichter seine Andacht am Altar reiner Sinnlichkeit zu verrichten. Hier ist die einzige Realität die der Wollust, und die Welt – eine enge, aber vollständige Welt – wird erotisiert. Die Bildersprache ist zuweilen bewußt blasphemisch; es ist die Blasphemie der Schwarzen Messe. Alle Werte sind verkehrt (Neukirch II, *Neudr.*, S. 15):

HAt das verhängniß mir den steg zu dir verzehrt /
Kan ich / o Göttin! nicht dein rein altar berühren /
Soll auf dein heiligthum ich keinen finger führen /
So hat mir doch die pflicht noch keine zeit verwehrt.
Mein geist muß opfer seyn / mein hertze wird der herd /
Ich thue / was ich kan / und was sich wil gebühren /
Ich weiß / du wirst itzund mehr als genug verspüren /
Was vor ein reiner dampf zu deinem throne fährt.

Der ›rein altar‹, den zu ›berühren‹ (!) den Liebhaber verlangt, ist natürlich die Scham. Gewiß liegt Ironie in solchen Gedichten, die auch gewöhnlich in einer desillusionierenden Pointe enden, aber das sollte uns nicht blind machen für den dahinterliegenden Ernst – gelegentlich sogar die Verzweiflung –, der in solchen Versen unter der Maske eines dekadenten Petrarkismus spricht. Anders als Sade ist Hofmannswaldau gläubig[16]. Das verleiht seinem Werk eine Dimension, die der Ungläubige niemals erreichen kann: Es macht die Blasphemie möglich. Hofmannswaldaus Verzweiflung ist nicht die des Nihilismus wie bei Sade, sondern die einer Versklavung an unwiderstehliche Lust. Immer wieder wird die Leidenschaft als Sklaverei gesehen, und wenn auch der Liebhaber sich seiner Erniedrigung rühmt (wie das der Petrarkist muß), so sieht er dennoch ein, daß es eine Erniedrigung *ist*, der Verlust des ›il ben dell' intelletto‹, des Erkenntnisguts, also der Freiheit, und das ist, wie Vergil Dante erklärt (*Inferno* III, 16ff.), die Hölle selber. Man muß Hofmannswaldau gegen den Strich lesen. War er sich etwa nicht sicher, ob man ihn so lesen würde, und überließ er deshalb seine ›Lust-Gedichte‹ nicht dem Drucker (›[um] zu ungleichem Urtheil nicht anlass zugeben‹)? Tat er es nicht, weil das, was als Warnung vor den Fallstricken der Venus gedacht war, allzu leicht als Einladung interpretiert werden konnte, sich der Wollust hinzugeben? Eichendorff stellt einen Parallelfall dar: Der Warner vor der Sirenenstimme des romantischen Ichverlusts kann als die Sirenenstimme selbst verstanden werden (und wird es auch oft). Der Verlust des Ich, der den Verlust des Höchsten Guts nach sich zieht, ist das Thema der ›Gedancken über die eitelkeit‹ überschriebenen Zeilen, in denen Hofmannswaldau die Einsicht in das Wesen seiner Knechtschaft vielleicht am überzeugendsten formuliert hat (Neukirch I, *Neudr.*, S. 364; Hervorhebung von mir):

WAs ist dis thun / so dein gemüthe liebet?
Dem liebe sich so leichtlich übergiebet?
  Ein weisser koth / der farb und masque trägt /
  Den ieder wind der eitelkeit bewegt /
Den mehr dein gold / als deine bitte lencket /
Der sinnen-koth um andern koth verschencket.
  Die stirne / so dein freuden-spiegel ist /
  Bleibt schlüpffrig eiß; und so du das erkiest /
So wird dein fuß mit deiner freyheit fallen.
Die stimme / so du stündlich hör'st erschallen /
  Ist dieser gleich / so die Sirene bringt /
  Und tödten kan / wie süsse sie auch klingt.
Die küsse / so du von den lippen stiehlest /
Die stehlen dich / wie wenig du es fühlest;
  Ja lieb' ist wohl mehr knecht / als frey zu seyn...

Für die Kehrseite der Medaille, die Verherrlichung sinnlicher Sklaverei, finden wir überall Beispiele. Dieser ›Welt-Sebastian / den Venus Schütze trifft‹ (›Abriß eines Verliebten‹) sucht sein Verderben mit der gleichen Inbrunst, mit der ein Heiliger die Erlösung sucht. In den ›Brunstgedichten‹ wird die Befriedigung der Lust natürlich als Erlösung gesehen, das heißt, als Anti-Erlösung. Ich zitiere aus einem rhythmisch besonders gelungenen Gedicht über die Brüste seiner Geliebten, ein Lieblingsthema (Neukirch I, *Neudr.*, S. 403):

Du milch-brunn süsser anmuths-triebe;
  Berg / der mit flammen um sich schlägt;
Du zauber-kreyß der grimmen liebe;
  Sarg / der des buhlers freyheit trägt;
  Ihr purpur-lippen /
  Und brust / wohlan!
An euren klippen
Fährt itzt mein kahn.
  Der wollust an.

(Es versteht sich von selbst, daß Hofmannswaldaus Zeitgenossen die gleichen Themen pflegen wie der Meister. Der Unterschied zwischen ihnen und Hofmannswaldau liegt im Ton der Verzweiflung und in der Fähigkeit, ein Gefühl der Echtheit zu vermitteln. Es ist der Unterschied zwischen einem vom Eros Besessenen und einem Pornographen.)

Der Antihimmel der Wollust hat seine eigene Ethik, die Rudolf Ibel[17] nicht unpassend als ›Brunstethik‹ bezeichnet hat. Am gründlichsten entwickelt ist sie in einem der ›öffentlichen‹ Werke Hofmannswaldaus, den berühmten *Heldenbriefen*, auf denen der Ruf des Dichters – wenigstens unter Literarhistorikern – bis in die jüngste Zeit großenteils beruhte. Die *Heldenbriefe* sind Ovids *Heroides* nachgebildet, den fiktiven Liebesbriefen von Heldinnen der griechischen Mythologie. Hofmannswaldaus Briefpartner sind historische Paare, wenn sie auch zuweilen andere Namen tragen. Das Thema dieser Briefe ist das ›Heldentum‹ der (verbotenen) Liebe, die alle Hindernisse überwindet, die ihr das Schicksal oder die Gesellschaft in den Weg legen mögen. Alles läßt sich im Namen der Leidenschaft rechtfertigen: Betrug, Ehebruch, Bigamie, Bruch des Keuschheitsgelübdes, ja sogar Mord. Die Lektüre dieser Briefe – jeder Brief ist genau 100 Alexandriner lang – ist wie ein Spaziergang durch ein Wachsfigurenkabinett. Diese vierzehn Liebespaare stellen sozusagen die Ausstellungsstücke A bis N der menschlichen Versklavung an die Wollust dar. Die meisten dieser Jünger der Venus sind an nichts anderem interessiert als daran, ihre Leidenschaft zu stillen, und hinterlassen einen eigentümlich kalten und unsympathischen Eindruck. Die Lust ist ein freudloses, alles verzehrendes, geisttötendes Geschäft; das ist die den *Heldenbriefen* allenfalls zu entnehmende ›Botschaft‹.

Ist auch dieses Werk gegen den Strich zu lesen? Dem Vorwort des Verfassers zufolge, ja. Er erklärt dort, es sei zu verstehen als eine Reihe von schrecklichen Beispielen dafür, wohin die Leidenschaft führen könne. Ibel zufolge (*Studien*, S. 140) ist das nicht das letzte Wort. Er weist darauf hin, daß Hofmannswaldau in der historischen Einführung zum dreizehnten Briefpaar in einem unwilligen Ton über die Notwendigkeit spricht, beim Schreiben über ›erlauchte Brunst‹ Rücksicht auf die Moral zu nehmen: ›Ich habe mit der Liebe hier und nicht mit den scharfen Sitten-Regeln zuthun ... Wer aber Geistliches von mir begehret, der soll es auch haben ... itzt aber schreibe ich nach Eigenschafft dessen, was ich unter der Hand habe und entschuldige mich nicht weiter.‹ Das braucht jedoch keineswegs zu bedeuten, was Ibel unterstellt, daß nämlich Hofmannswaldau einzig und allein bezwecke, sich seiner erotischen Phantasie hinzugeben und dem Leser eine ›esca lasciva‹ (geile Lockspeise) in der Art Marinos vorzusetzen. Vielmehr verteidigt der Dichter hier sein gutes poetisches Recht, ja die Pflicht, den Stil dem Inhalt anzupassen, das heißt, er verteidigt das *decorum* seines Werks. Daß Hofmannswaldau eine starke erotische Phantasie hatte, ist unbestreitbar; es ist jedoch eine Entstellung oder eine Halbwahrheit zu behaupten, daß die ›»Irrungen« seiner sinnlich-erotischen Phantasie dem wahren Wesen seiner Dichtung entsprechen‹. Das ist lediglich *ein* Aspekt des ›Wesens seiner Dichtung‹. Es ist die Spannung zwischen seiner von erotischer Kraft erfüllten Natur und seinem religiösen Gewissen, die Hofmannswaldau zu einem so faszinierenden Dichter macht.

In seinen gleichfalls in *Deutsche Übersetzungen und Gedichte* enthaltenen und daher zur ›öffentlichen‹ Dichtung gehörenden ›Vermischten Gedichten‹ finden wir eine Reihe von ›Abhandlungen‹ über die Gefahren der Sinnlichkeit und die Notwendigkeit der Selbstbeherrschung. Typisch ist ›Ein himmlisches Gemüthe‹, aus dem ich die ersten zwei Strophen zitiere (Bobertag, S. 80):

Ein himmlisches Gemüthe, so Geist und Feuer hält,
Und nicht nur dem Geblüte zum Diener ist bestellt,
Schaut des Gelückes Gaben,
Und alles, was wir haben,
Mit halben Augen an.

Es reisst der Schönheit Gläntzen nicht seinen Fürsatz ein,
Er kennt der Liebe Gräntzen, und weiss den falschen Schein
Dem Wesen abzuziehen,
Und alles diss zu fliehen,
So uns verleiten kan.[18]

Die Pointe ist jedoch, daß Hofmannswaldau (d. h. natürlich die persona seiner Gedichte) einer *ist,* der ›dem Geblüte zum Diener bestellt‹ ist, dessen ›Fürsatz‹ immer wieder an ›der Schönheit

Gläntzen‹ scheitert. Die Einsicht in seine Hörigkeit nützt wenig. Wann hat das Wissen von der schädlichen Wirkung des Alkohols je einen Säufer vom Trinken abgehalten? Selbst in den ›Vermischten Gedichten‹ gibt er dies zu (Bobertag, S. 83):

Ich bin ein Ball, den das Verhängnis schläget;
Des Zufalls Spiel; ein Schertz der Zeit;
Des Kummers Zweck; ein Rohr durch Angst beweget;
Ein Zeughauß voller Angst und Leid.
Meine Seele lieget kranck;
Mein Hencker lacht; die Lieb ist Folterbanck.

Diese Spannung herrscht überall. Wir brauchen sie nicht weiter zu betonen.

Das Gedicht ›Albanie, gebrauche deiner zeit‹, ein sinnlich-mystisches Gebet der Verführung, zählt zu Hofmannswaldaus glühendsten Objektivierungen der Tyrannei der Lust und ist gleichzeitig wohl das beste Carpe-diem-Gedicht in deutscher Sprache. Es verdankt seine schwelende Inbrunst großenteils der leidenschaftlich insistierenden Wiederholung des Namens ›Albanie‹ am Beginn jeder Strophe und dann wieder am Schluß im Echoreim. Dieser Name, die Verkörperung der in dem Gebet angesprochenen Frau, umschließt jede Strophe so, wie die Frau selbst seine Leidenschaft umschließt – in diesem Augenblick existiert nichts anderes auf der Welt. Wir finden hier fast alle wesentlichen Elemente der erotischen Mystik des Dichters: Anbetung des Fleisches, die Rechte der Leidenschaft gegenüber den Gesetzen der Gesellschaft, den Geist als einen Aspekt des Fleisches, das Beispiel der Natur und den Willen Gottes als Fürsprecher des Liebenden, ja sogar die für Hofmannswaldau charakteristischen kulinarischen Metaphern. Das dem Gedicht zugrunde liegende Prinzip der Intensivierung wird sorgfältig ausgeführt: vom Kuß über die Augen zur Brust zu ›jedwedem glied‹ zum Schoß zum (Anti-)Geist (also Ichverlust als Erlösung) bis zur blasphemischen Andacht des männlichen Glieds vor dem weiblichen ›Altar‹. Der Geist wird Fleisch, das Fleisch wird Geist. In seiner Gattung ist es ein erstaunlich gelungenes Gedicht. Weiter läßt sich das Carpe-diem-Motiv nicht treiben (Neukirch I, *Neudr.*, S. 70f.):

ALbanie / gebrauche deiner zeit /
Und laß den liebes-lüsten freyen zügel /
Wenn uns der schnee der Jahre hat beschneyt /
So schmeckt kein kuß / der liebe wahres siegel /
Im grünen may grünt nur der bunte klee.
Albanie.

Albanie / der schönen augen licht /
Der leib / und was auff den beliebten wangen /
Ist nicht vor dich / vor uns nur zugericht /
Die äpffel / so auff deinen brüsten prangen /
Sind unsre lust / und süsse anmuths-see.
Albanie.

Albanie / was quälen wir uns viel /
Und züchtigen die nieren und die lenden?
Nur frisch gewagt das angenehme spiel /
Jedwedes glied ist ja gemacht zum wenden /
Und wendet doch die sonn sich in die höh.
Albanie.

Albanie / soll denn dein warmer schooß
So öd und wüst / und unbebauet liegen?
Im paradieß da gieng man nackt und bloß /
Und durffte frey die liebes-äcker pflügen /
Welch menschen-satz macht uns diß neue weh?
Albanie.

Albanie / wer kan die süßigkeit
Der zwey vermischten geister recht entdecken?
Wenn lieb und lust ein essen uns bereit /
Das wiederholt am besten pflegt zu schmecken /
Wünscht nicht ein hertz / daß es dabey vergeh?
Albanie.

Albanie / weil noch der wollust-thau
Die glieder netzt / und das geblüte springet /
So laß doch zu / daß auf der Venus-au
Ein brünstger geist dir kniend opffer bringet /
Daß er vor dir in voller Andacht steh.
Albanie.

Ebenso überzeugend dargestellt wird die Kehrseite der Medaille, die schmerzlich empfundene Vergänglichkeit der Liebe und die beschwerliche Maske verbotener Liebe. ›Wo sind die stunden der süssen zeit‹, Hofmannswaldaus berühmtestes Gedicht[19], sowie die bereits zitierten ›Gedancken über die eitelkeit‹ mögen dies bezeugen. Die Vergänglichkeit ist Hofmannswaldaus zweites Grundthema. Die Einsicht in den Selbstbetrug des Wüstlings, der sich einen fleischlichen Antihimmel schafft, ist deshalb so ergreifend, weil der Betrug mit solcher Inbrunst geschieht. ›Alle Lust will Ewigkeit‹, Hofmannswaldau weiß das so gut wie Nietzsche; aber wie seine Zeit weiß er auch: ›Der Mensch ist Leichen-voll, wenn er sich recht beschaut.‹ Die einzige wahre Rettung liegt auch für ihn im christlichen Glauben (*Gedichte*, hrsg. v. M. Windfuhr, S. 104):

Was hier verfaulen wird, keimt zu dem neuen Leben;
Der Höchste wird den Leib der Seelen wiedergeben,
Denn soll auf Ewigkeit ein neu Verlöbniß seyn.

Man muß allerdings zugeben, daß Zeilen wie die eben zitierten (aus den ›Begräbnisgedichten‹) in den Bereich der Beredsamkeit und nicht der Poesie gehören, wenn es richtig ist, daß man ›Beredsamkeit *hört*, während man der Poesie heimlich *lauscht*‹. Hofmannswaldaus überzeugendste Dichtung hat etwas Inoffizielles, Nichtöffentliches an sich, wenn sie auch gegenüber späteren Konventionen unpersönlich und maskenhaft erscheinen mag. In Gedichten wie etwa ›Wo sind die stunden‹ und ›Gedancken über die eitelkeit‹ scheint es, als sei die Maske gefallen. Die ›Lust der Welt‹ ist schließlich doch (Bobertag, S. 88; Hervorhebung von mir):

Nichts als ein Fastnachtsspiel,
So lange Zeit gehofft, in kurtzer Zeit verschwindet,
Da unsre Masquen uns nicht hafften, wie man wil,
Und da der Anschlag nicht den Ausschlag recht empfindet.

Barockes Rollenspiel als Versuch, die bittere Wahrheit zu umgehen? Ist das der Schlüssel zu Hofmannswaldaus Gedichten?

Als Sonettdichter genießt Hofmannswaldau in der deutschen Literatur ein hohes Ansehen. Ibel (*Studien*, S. 52) sieht in ihm die

Erfüllung der Sonettform für das 17. Jahrhundert, den Vollender von Opitz, Fleming und Zesen. Hedwig Geibel ist in ihrer Untersuchung *Der Einfluß Marinos auf Chr. H.v.H.* (Gießen 1938) weit kritischer. Sie spricht davon, daß Hofmannswaldau die Form des Sonetts eher ›ausfülle‹ als *er*fülle (S. 78), und hält seine Sonette für schwächer als die Flemings und Schirmers (S. 82). Beide Autoren sind überzeugt davon, daß Hofmannswaldau seine Sonette vom Schluß her aufbaue, das heißt, um der Pointe bzw. des abschließenden Apophthegmas willen (Ibel, S. 54; Geibel, S. 75). Diese Ansicht hat zweifellos etwas für sich, wenn sie auch Hofmannswaldaus Sonetten nicht völlig gerecht wird. Weder Ibel noch Geibel erkennen die Spannung in seiner Dichtung, und sie interpretieren ihn allzu oberflächlich bloß als rationalistischen Formalisten.

Tatsächlich sind in Hofmannswaldaus Sonetten zwei stilistische Haupttendenzen manieristischer Poesie am Werke: Die erste ist die Tendenz zu massiver Expansion, die zweite die Tendenz zum ›scharfsinnigen‹, zuweilen als Concetto formulierten Apophthegma. In Hofmannswaldaus Sonetten beschreibt der überlastete Oberbau typischerweise die dämonischen erotischen Reize seiner Geliebten, die *terribilità* der Liebe; der apophthegmatische Schluß formuliert seine halb humorvoll-bittere Einsicht in die Natur seiner Situation, seine Knechtschaft. ›Wo Phantasie und Urteilskraft sich berühren, entsteht Witz‹, belehrt uns Novalis. Diese Sonette sind genau in diesem Sinne witzig. Typische Beispiele wären etwa ›Beschwörung vollkommener schönheit‹ (›Ein haar so kühnlich trotz . . .‹), ›Vergänglichkeit der schönheit‹ (›Es wird der bleiche tod . . .‹), und auf lasziv-humorvolle Weise ›Er schauet der Lesbie durch ein loch zu‹ sowie ›Straffe des Fürwitzes‹. Die Pointe läßt sich gelegentlich (wie aus Rache) gegen die Göttin selbst verwenden, was so ähnlich ist wie Blasphemie gegen die Antireligion der Wollust. Eine solche Freiheit erlaubt sich der Sklave des Eros zum Beispiel in ›Er sahe sie zu pferde‹ (Neukirch II, *Neudr.*, S. 17):

DIe lange Lesbia / so meine freyheit bindet /
Erkühnte sich nechst hin zu schreiten auf ein pferd.
Trug gleich ihr schöner leib nicht bogen / spieß und
schwerdt /

So führte sie doch blitz / der alle welt entzündet.
Ein etwas / so man fühlt und keiner recht ergründet /
  Dem kein Bucephalus sich recht und wol erwehrt /
  So Alexandern selbst und seinen muth verzehrt /
Macht daß ihr pferd den trieb / der himmlisch ist /
    empfindet;
  Wie wirstu Heldin denn itzund von mir genant /
  Der ich das erste mahl durch deine glut entbrant /
Ich / dessen asche noch soll deine wahlstatt zieren.
  Reit / reit / Amazonin / getrost durch wald und feld:
  Doch wiltu daß dein knecht die sehnen steiff behält /
So mustu du / merck es wol / die brüste nicht verlieren.

Das ist sicherlich eine überaus gelungene Verwendung des manieristischen Stils: Expansion plus Apophthegma. Die Pointe ist geschickt ausgeführt, und wir können uns das Entzücken der Zeitgenossen Hofmannswaldaus ausmalen. Vergleichen wir seine Sonette jedoch ›absolut‹ mit den großen Sonetten der europäischen Literatur, so halten sie dem Vergleich nicht stand. Er reicht nicht an Petrarca und Ronsard heran; er reicht nicht einmal an Marino heran – bestimmt kann man keines seiner Sonette mit Marinos zauberhaft beschwörendem ›Pon mente al mar, Cratone‹ vergleichen. Marino ist dynamisch und umfassend, Ronsard erfüllt von lebendigem Detail, Hofmannswaldau ist vergleichsweise lächerlich beschränkt und künstlich. Ronsards Frauen werden vor dem geistigen Auge lebendig, die von Hofmannswaldau sind beinahe mechanische Puppen, aneinandergereihte und stilisierte körperliche Details, die sich niemand auch nur entfernt als lebendige Wesen vorstellen kann. Dennoch läßt sich das alles sinnvoll erklären. Wenn unsere These von der Grundstruktur seines Werkes stimmt, dann ist das genau die von ihm beabsichtigte Wirkung. Trotz des aus aller Welt herbeigetragenen metaphorischen Materials ist der Antihimmel der Lust ein enger Raum, bevölkert von monomanischen Puppen, mechanisch und atomistisch.

Hofmannswaldau pflegte mit großer Virtuosität auch das bei seinen Zeitgenossen so beliebte geistreiche Epigramm (vgl. Logau) sowie den auch ›Abriß‹ oder ›Icon‹ genannten Blason[20]. Seinen Epigrammen können wir noch immer unsere Bewunderung zollen – sie erinnern uns an Pope oder Swift –, mit seinen Blasons können wir jedoch herzlich wenig anfangen. Ich zitiere zwei Beispiele seiner epigrammatischen Kunst. Erstens: ›An die Phillis‹ (Neukirch II, *Neudr.*, S. 12):

DEr und jener mag vor mir
Das gelobte land ererben;
  Laß mich / Phillis / nur bey dir
Auf den hohen hügeln sterben.

Zweitens: ›Grabschrifft Henrici IV, Königs in Franckreich‹ (Neukirch I, *Neudr.*, S. 126):

ICh bin durch schimpff [Scherz] und ernst zu meinem
  reiche kommen /
Ein unerhörter mord hat es mir weggenommen.
Was halff mich / was ich lieb? was halff / was ich gethan?
Nachdem ein messer mehr als eine messe kan.

Die letzte Zeile spielt natürlich mit Henri Quatres berühmten Worten ›Paris vaut bien une messe‹ (Paris ist eine Messe wert), die er gesprochen haben soll, als er 1593 dem Protestantismus abschwor, um Paris zu gewinnen. Er wurde 1610 von einem Fanatiker ermordet (›ein unerhörter mord‹). Verglichen mit den Bemühungen der Nürnberger in dieser Gattung, erwecken Hofmannswaldaus Epigramme einen Eindruck der Zurückhaltung; sein Spiel mit Worten und Namen ist im allgemeinen wirklich witzig, nicht lediglich kindisch. Zu seinen geschicktesten Wendungen gehört die Schlußzeile eines Epigramms über seinen Mißerfolg bei den Frauen von Paris: ›Paris verachtet mich / weil ich nicht Paris bin.‹

Die Abrisse ziehen sich gewöhnlich in die Länge. Der längste (108 Zeilen) und gleichzeitig einer der bekanntesten ist das erste Gedicht im zweiten Band von Neukirchs Anthologie: ›Lob-rede an das liebwertheste frauen-zimmer‹ (*frauen-zimmer* heißt soviel wie *Damen*), das mehr als 50 Metaphern für die Brüste aufweist. Hier Zeile 14–22:

Die brüste sind mein zweck / die schönen marmel-ballen /
Auf welchen Amor ihm [sich] ein lust-schloß hat gebaut;
Die durch das athem-spiel sich heben und auch fallen /
Auf die der sonne gold wolriechend ambra thaut.
Sie sind ein paradieß / in welchem äpffel reiffen /
Nach derer süssen kost iedweder Adam lechst /
Zwey felsen / um die stets des Zephirs winde pfeiffen.
Ein garten schöner frucht / wo die vergnügung wächst.
Ein über-irrdisch bild / dem alle opffern müssen.
Ein ausgeputzt altar / für dem die welt sich beugt.

Windfuhr (*Barocke Bildlichkeit*, S. 284) nennt dieses Gedicht ›ein Kompendium entlegener Vergleichsbereiche oder Vergleichsbeziehungen‹. Die Vergleiche kommen von überallher: Die Brüste werden in Beziehung gesetzt zu so verschiedenartigen Gegenständen wie einem Dietrich, einem Blasebalg, einem Kompaß, einem Sarg; sie werden verglichen mit Felsen (einem Standardbild), mit einem Garten, einem Teich und Türmen; ebenso sind sie ein Altar, das Paradies, ein Leuchtturm, Fässer mit Julepsaft; sie sind Schwestern, die im selben Bett schlafen, Jäger, ein Bergwerk, Kammern, Flaschen, ein kristallklarer Quell, unschmelzbare Schneebälle, Vogelschlingen, Himmelsbrot, und so weiter und so fort. Man fragt sich: Was soll dieser ganze übertriebene Aufwand? Soll lediglich ein Gefühl des Erstaunens hervorgerufen werden, der bzw. die notorische *stupore* oder *meraviglia*, das Tesauro[21], der italienische Theoretiker des Manierismus, so eindringlich empfiehlt, und das Marino in seiner vielzitierten Maxime so treffend formuliert?

E del poeta il fin la meraviglia
(parlo de l'eccelente e non del goffo):
Chi non sa far stupir, vada alla striglia!

(Das Ziel des Dichters ist, staunen zu machen – ich spreche vom wahren Dichter und nicht vom Stümper –: wer nicht versteht, wie man zum Staunen bringt, der soll ein Stallknecht werden!) Das scheint die Ansicht angesehener Kritiker gewesen zu sein. In einem solchen Gedicht läßt der Dichter seinem *ingegno* (wir würden sagen: seiner Phantasie) freien Lauf. Das Thema dient allein als Anreiz zur Erfindung von Metaphern; es bringt die Phantasie in Gang (Friedrich, *Epochen*, S. 630f.). Windfuhr (*Bildlichkeit*, S. 285) sieht solche Gedichte als Übung in ›Scharfsinnigkeit‹. Keine vom Barock gepflegte Gattung ist vielleicht weiter entfernt von unserem heutigen Begriff der Dichtkunst. Für uns ruft eine gelungene poetische Beschreibung (wie z.B. in Coleridges ›Kubla Khan‹) eine Stimmung oder ein Stimmungsbild (ungenau, aber eindrucksvoll) des Beschriebenen hervor. Das ist offensichtlich nicht der Zweck des Blason. Die Bezeichnung der Brüste als ›ein see-compas / der hurtig rudern heisset / Eh man in hafen der vergnügung wird gebracht‹ hat keinen deskriptiven Wert. In dem Blason liegt aber ›Scharfsinn‹, das Spiel des Kombinierens vor, und je ausgefallener die Metapher, je verschiedenartiger die Begriffe des Vergleichs, desto größer die ›Verblüffung‹.

Es läßt sich sicher nicht leugnen, daß zwischen diesem Verständnis von der Metapher und dem der Romantiker eine gewisse Ähnlichkeit besteht. August W. Schlegel sieht die Metapher als eine Möglichkeit, alles mit allem in Beziehung zu setzen: ›Alle Dinge stehn in Beziehungen aufeinander, alles bedeutet daher alles, jeder Teil des Universums spiegelt das Ganze.‹ Somit kann die Metapher ›die grosse Wahrheit‹ andeuten, ›dass eins alles und alles eins ist‹. Aber eine solche Theorie der Entsprechungen ist weit entfernt von der manieristischen Praxis des Barock, wenn auch Schlegel Hofmannswaldau und Lohenstein ausdrücklich verteidigt und sagt: ›Die Poesie kann nicht zu fantastisch sein, in einem gewissen Sinne also auch nicht übertreiben. Keine Vergleichung des entferntesten, des grössten und kleinsten, *wenn sie sonst nur treffend und bedeutsam*, ist ihr zu kühn.‹ Das ist ein gewichtiges ›wenn‹. Die Praxis der barocken Manieristen widerspricht dem und – was noch wichtiger ist – widerspricht der herrschenden Lehre der Romantik von der organischen Form. Was der barocke Dichter wirklich tut, wird weit genauer durch Schlegels eigene Beschreibung der ›mechanischen Form‹ charakterisiert, die typisch sei für die Kunst in den letzten Stadien des Verfalls: ›Wenn Kunstwerke als organisierte Ganze zu betrachten sind, so ist *diese Insurrektion der einzelnen Teile gegen die Einheit des Ganzen* eben das, was in der organischen Welt Verwesung‹ ist.

Und weiter: ›Mechanisch ist die Form, wenn sie durch äussre Einwirkung irgend einem Stoffe bloss als zufällige Zutat, ohne Beziehung auf dessen Beschaffen erteilt wird... Die organische Form hingegen ist eingeboren, sie bildet von innen heraus.‹[22]

Nach jedem modernen Maßstab enthält das Werk Hofmannswaldaus viel wertlose Schlacke, wenn auch wahrscheinlich weniger als das Werk der meisten deutschen Barockdichter. Besonders in den mit den *Heldenbriefen* eng verwandten lyrischen Briefen finden sich Stellen, die typisch sind für den schlimmsten ›Schwulst‹. Windfuhrs treffende Beschreibung dafür lautet: ›Über einem Minimum von Aussage erhebt sich ein Berg von Metaphern‹ (*Bildlichkeit*, S. 315). Inhalt geht in Rhetorik unter, die Mittel haben den Vorrang vor dem Zweck, und damit haben wir fast schon eine Definition des Manierismus. Ein Hinweis auf ›An Algerthen‹ (Neukirch I, *Neudr.*, S. 80ff.) wird den Vorgang veranschaulichen. Auf Zeile 49f. wird der eigentliche Inhalt wie folgt ausgedrückt:

> Und können wir nicht stets der süssen frucht geniessen /
> So schmeckt doch nichts so gut / als wann mans selten schmeckt.

Ausgeführt wird dieser Gedanke auf 22 weiteren Zeilen, die etwa 18 Metaphern enthalten, die die gleiche Idee umschreiben. Selbst ein Dichter vom unbestrittenen Rang eines Hofmannswaldaus ist nicht frei von den Lastern seiner Zeit.

Dennoch wäre es falsch, unsere Besprechung Hofmannswaldaus in diesem Sinn abzuschließen. Mag er auch seine poetischen Laster haben, so wiegen seine poetischen Tugenden sie doch auf. Ist sein Radius auch recht beschränkt, so ist er doch – wenigstens im Technischen – ein vollendeter Meister der von ihm gepflegten Gattungen. Er weiß, was er kann. Er verwendet 66 verschiedene Strophenformen und stimmt dabei jede einzelne auf das Inhaltliche ab. Ein Kritiker von Rang (Wolfgang Kayser) hält ihn für ›den größten Verskünstler, den die deutsche Literatur des 17. Jahrhunderts besitzt‹.[23]

Im Gegensatz zu Zesen und den Nürnbergern verschmäht Hofmannswaldau anscheinend klangliche Zier und ›Klangmalerei‹. Weder spielt er mit Klangwirkungen noch bemüht er sich darum, irgendeine esoterische Lehre der Lautsymbolik aufzustellen. Natürlich bedeutet das nicht, daß seine Verse hart klingen, wie das bei Gryphius gelegentlich vorkommt. Im Gegenteil! Sie sind glatt, geschmeidig und formvollendet, aber im Ton nicht manieriert. Hofmannswaldaus Manierismus besteht großenteils in seiner Verwendung von Metaphern. Außer bei den Blasons ist er kaum in den Formen selbst zu suchen (der Blason ist seiner Definition nach die völlige Verbildlichung eines gegebenen Themas); daher ist die übermäßige Verwendung der Metapher ein typisches Merkmal seines poetischen Stils.

Seine größte Meisterschaft zeigt Hofmannswaldau als Rhythmiker. Man betrachte die folgenden Strophen aus ›Wo sind die stunden‹ (Neukirch I, *Neudr.*, S. 437f.) mit ihrer rhythmisch suggestiven Verwendung von Atempausen *(cola)*, insbesondere die Wirkung der stark betonten letzten Strophe *(pondus)*:

WO sind die stunden
Der süssen zeit /
Da ich zu erst empfunden /
Wie deine lieblichkeit
Mich dir verbunden?
Sie sind verrauscht / es bleibet doch dabey /
Daß alle lust vergänglich sey.

. . . .

Empfangne küsse /
Ambrirter safft /
Verbleibt nicht lange süsse /
Und kommt von aller krafft;
Verrauschte flüsse
Erquicken nicht. Was unsern geist erfreut /
Entspringt aus gegenwärtigkeit.

Ich schwamm in freude /
Der liebe hand
Spann mir ein kleid von seide /
Das blat hat sich gewand /
Ich geh' im leide /
Ich wein' itzund / daß lieb und sonnenschein
Stets voller angst und wolcken seyn.

Die Kola sind in Zweier- und Dreiergruppen aufgebaut. Vom Schema her sieht die erste Strophe so aus:

x	x́	x	x́	x							2
x	x́	x	x́								2
x	x́	x	x́	x	x́	x					3
x	x́	x	x́	x	x́						3
x	x́	x	x́	x							2
x	x́	x	x́		x	x́	x	x́	x	x́	2 plus 3
x	x́	x	x́		x	x́	x	x́			2 plus 2

Das Muster der die ›süsse zeit‹ andeutenden kurzen Kola wird ständig vom Muster der die traurige Einsicht ins Vergängliche andeutenden längeren Kola durchkreuzt. Diese beiden Muster vereinigen sich dann in den letzten Zeilen, wo die Einsicht offen ausgesprochen wird.

V

GÜNTHER: EIN NEUES EMPFINDEN BAHNT SICH AN

Hofmannswaldau und Lohenstein sind die letzten Dichter von Rang, die wir ohne weiteres dem Barock zuordnen können. Es ist nicht so, daß die barocke Manier über Nacht plötzlich aufgehört hätte – dafür war sie als dichterische Stilhaltung zu fest etabliert –, aber dennoch begann sie sich in gewisser Weise zu verändern. Was man mangels eines besseren Begriffs die rhetorische Stilart genannt hat, galt weiterhin als einziges Mittel zur Schaffung von Dichtkunst, es sei denn, man wollte zur Primitivität des 16. Jahrhunderts oder zur unkultivierten Schlichtheit des Volkslieds zurückkehren. Der Rückgriff auf das eine wie das andere wäre den im ausgehenden 17. Jahrhundert geborenen Dichtern völlig unsinnig erschienen, die in ihren Äußerungen dazu ihrem guten Stern danken, daß die Muse sich endlich in den Landen deutscher Zunge niedergelassen habe, und die nur mit Schaudern hinter Opitz zurückblicken[1]. Die Stimmung bleibt intellektuell und gelehrt, der Tonfall kultiviert, das Ideal ›höfisch‹ – es ist das Zeitalter des Absolutismus –, und Bewunderung für ›das Volk‹ liegt noch in weiter Ferne.

Gewiß regte sich während des ganzen Jahrhunderts Widerstand gegen die intellektualistische, begriffliche und manieristische Dichtung der meisten hier behandelten Dichter. In einem früheren Abschnitt der Periode brachte diese Gegenströmung sogar einen Schriftsteller von unbestrittenem europäischen Format hervor: Hans Jacob Christoph von Grimmelshausen (ca. 1622–76), den Verfasser des *Simplicissimus.* Grimmelshausen ist aber natürlich ein Prosaschriftsteller und berührt uns daher in unserem Zusammenhang kaum. Abgesehen von Friedrich von Logau, der selbst ein Adliger und ein Hofmann war und dessen Opposition mehr eine Frage des Inhalts als der Form ist, und abgesehen von Simon Dach, der das *genus humile* pflegt, sind die ›gegenhöfischen‹ Verfasser von Versdichtung ästhetisch weniger bedeutend und deshalb hier unberücksichtigt geblieben[2]. Die Verfasser geistlicher Lieder, deren Werk sich auf eine fest etablierte Tradition gründet, gehören in eine etwas andere Kategorie. Der bedeutendste von ihnen, Paul Gerhardt, akzeptiert die neue Dichtkunst und paßt sie seinen eigenen Zwecken an. Auch wenn er im wesentlichen dem Manierismus fernbleibt, kann man ihn nicht der Opposition einreihen.

Das Opitzsche Ideal war, wie wir bereits betonten, die humanistische goldene Mitte, das Ausgewogene und Maßvolle. Es war jedoch ein Ideal, das auf einem Begriff von Dichtung als rhetorischer Kunstfertigkeit beruhte, als ihrem Wesen nach versifizierter Redekunst – extrem öffentlichkeitsbetont und von antibekenntnishaftem Charakter. ›Nicht das Individuum spricht sich in der Dichtung aus, sondern die Dichtung... spricht den Einzelnen als Glied einer Gemeinschaft an.‹[3] Die um die Jahrhundertmitte schreibenden Dichter legten zwar noch immer ein Lippenbekenntnis zu Opitz ab, rückten aber doch immer mehr vom Opitzschen Ideal ab. Sie wurden also, gemessen an Kriterien des Humanismus bzw. der Renaissance, mehr und mehr unausgeglichen und unausgewogen. Ihr Werk ist es, das uns typisch ›barock‹ vorkommt. Es illustriert im wesentlichen das bekannte Phänomen des Vorrangs formaler Mittel über das durch diese Mittel Auszudrückende, eine Umkehrung der Werte, wie sie in der Geschichte der Kunst und der Literatur immer wieder vorkommt. Zesen und die Nürnberger Dichter sind Musterbeispiele für diesen Prozeß, der nunmehr zum Hauptstrom der deutschen Dichtung wurde.

Dieser Art von Dichtung nun – aber auch der Renaissancedichtung der Opitzianer – widersetzten sich die sogenannten ›Altdeutschen‹ mit Erbitterung[4]. Ihr Hauptargument war, eine solche Ausdrucksart sei eine ›Lüge‹ und ›undeutsch‹, stehe nicht im Einklang mit den uralten Tugenden ›deutscher Treu und Redlichkeit‹, die sie natürlich über Tacitus bis auf ihre heidnischen Vorfahren zurückverfolgten. Typische Vertreter der altdeutschen Opposition sind der Prosasatiriker Johann Michael Moscherosch (1601–69) und Johann Lauremberg (1590–1658), ein gewandter und unterhaltsamer Verfasser niederdeutscher Gedichte zur gesellschaftlichen Situation. Beide verspotten die deutsche Sucht, fremde Sitten nachzuäffen, und besonders Lauremberg versetzt in seinen *Scherzgedichten* der metaphorisch-periphrastischen Mode in der zeitgenössischen Dichtung manch wirkungsvollen Schlag. Aber weder Moscherosch noch Lauremberg war ›ein Mann des Volkes‹. Moscherosch war hochgebildet, übersetzte Quevedo und wandte sich an die kultivierte Oberschicht; Lauremberg war Professor der Poesie in Rostock und konnte, wenn es die Gelegenheit erforderte, selbst im höfischen Stil schreiben. Tatsächlich war kein in Opposition Stehender ›volkstümlich‹ im heutigen Sinn des Wortes. Es handelte sich um das Werk von Gelehrten, die im Namen dessen sprachen, was sie für ›echt deutsch‹ hielten. (Selbst Grimmelshausen war kein Mann der breiten Masse; er besaß eine gute Bildung und war alles andere als der ›Bauernpoet‹ der Legende.)

Gegen Ende des Jahrhunderts beginnt sich eine neue Welle des Widerstands gegen die Auswüchse der barocken Manier – nicht die rhetorische Stilart als solche – bemerkbar zu machen. Ein – insgesamt erfolgreicher – Versuch wird unternommen, zum ›reineren‹, maßvolleren Stil der Opitzianer zurückzukehren. Es ist dies eine Bewegung, die in den Schriften des Père Bouhours (gest. 1702) und der gegenbarocken Welle in Frankreich ihre theoretische Unterstützung findet. Die dem neuen Stilideal anhängenden Dichter sind unter dem Namen ›die Galanten‹ bekannt, und zwar nach ihrem Schlagwort ›galant‹, das etwa soviel bedeutete wie ›geistreich-gebildet‹, ›modisch-modern‹, ›lebensklug‹, oft auch mit der Nebenbedeutung von freien Umgangsformen im gesellschaftlichen Verkehr der Geschlechter. Der Begriff und die klassischen Vorbilder kommen aus dem Französischen. Die ›galanten‹ Dichter erstrebten vor allem etwas Spielerisch-Leichtes, Zurückhaltung im Gebrauch wuchernder Metaphorik und mehr Annäherung an die natürliche Redeweise. Die typische Stillage ihrer Werke ist das *genus mediocre*, wenn auch die Lehre von den Stilebenen keine zentrale Rolle spielt. Das Zauberwort ist der ›goldene Mittelweg‹[5]. Sie sind antipathetisch, antibombastisch, antihyperbolisch und hochtrabend-periphrastisch, aber in Grenzen. Stark betont wird ein geschmeidiger

Rhythmus, und dazu mußten die für das Hochbarock typischen überladenen Satzgefüge aufgelockert werden. Der Alexandriner, das barocke Versmaß schlechthin, verliert allmählich an Beliebtheit; Madrigalgedichte und lyrischere Maße treten an seine Stelle. Natürlich waren diese schon früher verwendet worden, aber nicht sozusagen programmatisch. Der Haupttheoretiker der Richtung ist Erdmann Neumeister, dessen Poetik *Die allerneueste Art zur Reinen und Galanten Poesie zu gelangen* erstmals 1707 erschien und bis 1742 elf Auflagen erlebte. Die Dichter dieser Schule sind eindeutig Figuren minderen Ranges, wenn auch wenigstens einer von ihnen, Johann Burkhard Mencke (›Philander von der Linde‹), einen bedeutenden Dichter beeinflußte, nämlich Johann Christian Günther, der in Leipzig Mencke zu Füßen saß. Mencke leistete Günther unmittelbare Hilfestellung dabei, seinen ›Phoebus‹ von barocken Auswüchsen zu befreien.

In ihren Zielen und auch chronologisch deckten sich teilweise mit dieser Gruppe die Frühklassiker, deren typischer Vertreter dann Gottsched wurde. Es versteht sich von selbst, daß auch sie der rhetorischen Stilhaltung treu blieben; ihre Reformen sind jedoch weit radikaler als die der ›Galanten‹, das heißt, sie verraten weit mehr antibarocken Geist in ihren Forderungen nach Klarheit, unkomplizierter Sprache und gesundem Menschenverstand. Gereimte Prosa scheint ihr Ideal zu sein. Ihre Bibel ist Boileau und sein *Art poétique* (1674). Boileau forderte Treue zur ›nature‹, das heißt, zum universal Wahren, nach der Norm: ›Jamais de la nature il ne faut s'écarter.‹ Er forderte striktes Festhalten an der ›Wahrheit‹: ›Rien n'est beau que le vrai; le vrai seul est aimable.‹ Er verteidigte das Primat der Vernunft als Mittel zur Erkenntnis des Wahren: ›Aimez donc la raison; que toujours vos écrits / Empruntent d'elle seule et leur lustre et leur prix.‹ Das oberste Ziel der Kunst wurde noch immer in den Horazischen Begriffen des *utile dulci* gesehen: ›N'offrez rien au lecteur que ce qui peut lui plaire‹, aber auch: ›Qu'en savantes leçons votre muse fertile / Partout joigne au plaisant le solide et l'utile.‹[6] Insgesamt eine ziemlich antipoetische Lehre, zumindest in unseren Augen. Auf jeden Fall entstand bei der Anwendung der Lehre in Deutschland eine sehr mittelmäßige Dichtung. Sie hat natürlich den Haken, daß sie zu vernünftig und zu vernunftbestimmt ist, denn sosehr sich Boileau auch vielleicht äußerlich zum uralten Dogma göttlicher Eingebung bekennt, so zielt seine Lehre doch darauf ab, den Pegasus zu fesseln, anstatt ihm die Flügel freizumachen. Eine solche Haltung ist jedoch verständlich als Reaktion auf die hyperbolische Überschwenglichkeit des Barock, und sie fand in Deutschland vielleicht aus einsichtigerem Grund als in Frankreich eine willkommene Aufnahme.

Der ›Schwulststil‹ ist es vor allem, den die Klassiker wie auch die ›Galanten‹ kritisieren. Christian Weise (1641–1708) fand vielfachen Widerhall mit seinem berühmten Gebot: ›Welche *Construction in prosa* nicht gelitten wird, die soll man auch in Versen davon lassen.‹ Weise war, wie er sagte, fest entschlossen, im Gedicht wie in der Prosa seine ›Simplizität im Reden‹ beizubehalten, und sein früher Gedichtband *Der grünenden Jugend überflüssige Gedancken* (Leipzig 1678) illustriert diesen Satz[7]. Es ist bezeichnend für die Dichter des Gegenbarock, daß sie ihre Dichtung als bloße Nebenbeschäftigung verstanden wissen wollen. Weises poetische ›Gedancken‹ sind ›überflüssig‹, andere nennen ihre gesammelten Gedichte *Nebenstunden* (Canitz: *Nebenstunden unterschiedener Gedichte*; Hunold: *Akademische Nebenstunden*, usw.); dergleichen wäre einem mit der Muse verheirateten Dichter wie Günther niemals in den Sinn gekommen. Das ist sicher zum Teil eine Pose, zum Teil ist es Selbstironie, zum Teil auch ein Mittel, in einer im Grunde antipoetischen Umwelt der Poesie überhaupt einen Platz zu sichern. Getarnt als gesellschaftliche Unterhaltung oder als privater Zeitvertreib, konnte sie keinen Anstoß erregen: ›de petits vers galants, que je compose en me peignant‹ (Ronsard). Und doch war dieses Urteil über sich selbst im ganzen gesehen richtig – diese Dichtung *ist* eine Nebenbeschäftigung; im Grunde fehlt ihr die Ernsthaftigkeit. Dennoch spielte sie eine nützliche Rolle, denn der deutschen Sprache kamen diese Bemühungen zugute: Sie begann Geschmeidigkeit und Natürlichkeit zu gewinnen, was ihr ganz entschieden gefehlt hatte. Günthers Werk ist die Belohnung an die deutsche Dichtung für die langen Jahre auf der Schulbank; es ist weder ein barockes noch ein klassizistisches oder galantes Werk, sondern ein Werk, das seine Geschmeidigkeit und Kraft von allem Vorausgegangenen ableitet – soweit sich überhaupt sagen läßt, das Werk eines Genies sei von irgend etwas ›abgeleitet‹. Bevor wir uns aber Günther zuwenden, müssen wir noch einen kurzen Blick auf einige seiner Zeitgenossen werfen.

Friedrich Rudolf von Canitz (1654–99), ein Preuße aus altem Adelsgeschlecht, war ein Diplomat im Dienst des Großen Kurfürsten Friedrich Wilhelm. Er war ein glühender Bewunderer französischer Sitten und Literatur, übertrug Boileau und versuchte, dessen Prinzipien in seinen eigenen Schriften zu befolgen. Er hatte keinen poetischen Ehrgeiz und betrachtete sich auch gar nicht als Dichter – sein Werk ist in der Tat das Produkt seiner ›Nebenstunden‹. Ein recht schmaler Band seiner Gedichte erschien 1700 nach seinem Tod[8] und fand eine freundliche Aufnahme, was Canitz wahrscheinlich selbst überrascht hätte: Zwischen 1700 und 1719 mußten zehn Auflagen gedruckt werden. Günther sagte, er habe bei Canitz ›Gold‹ gefunden (*Werke* II, S. 90); uns fällt das allerdings sehr schwer. Flach, nüchtern, die Antithese alles echt Poetischen – das wird vermutlich unsere Reaktion sein. Aber frisches Wasser schmeckt gut, wenn man lange Zeit nichts anderes als gesüßte Limonade getrunken hat, und die Begeisterung für Canitz nach der übersüßten Schwülstigkeit der späten Schlesier läßt sich von daher verstehen. In seiner Satire ›Von der Poesie‹ (Fulda, S. 404 ff.) findet Canitz manches harte Wort für die spätbarocke Manier, wenn er auch ganz inkonsequent Hofmannswaldaus und Lohensteins Lob verkündet. (Diese beiden Dichter waren ›heilige Kühe‹; auch wer sich ihrer Manier widersetzte, fand es für nötig, sich vor ihnen zu verbeugen.) Der deutsche Helikon war Canitz zufolge zu einem Blocksberg geworden, ›Auf welchem das Geheul des wilden Pans ertönt‹ (Pan auf dem Blocksberg!); dichterische Huldigung sei feil geworden; nicht eines Gönners Verdienst zähle, sondern seine Bereitschaft zu honorieren. Das Grundübel sei jedoch, daß die Vorschriften der Vernunft und die Kriterien der Natürlichkeit und Klarheit außer acht gelassen würden (man hört Boileau sprechen):

> Man denkt und schreibt nicht mehr, was sich zur Sache
> schicket,
> Es wird nach der Vernunft kein Einfall ausgedrücket,
> Der Bogen ist gefüllt, eh man an sie gedacht;
> Was groß ist, das wird klein, was klein ist, groß gemacht,

Da doch ein jeder weiß, daß in den Schildereien
Allein die Ähnlichkeit das Auge kann erfreuen...

Vergil wird als unübertroffenes, jetzt aber vernachlässigtes Vorbild hingestellt:

So künstlich trifft itzund kein Dichter die Natur;
Sie ist ihm viel zu schlecht, er sucht ihm neue Spur,
Geußt solche Thränen aus, die lachenswürdig scheinen,
Und wenn er lachen will, so möchten andre weinen.
Ein Teutscher ist gelehrt, wenn er solch Teutsch versteht;
Kein Wort kömmt für den Tag, das nicht auf Stelzen geht.

Ganz offensichtlich kommt hier eine neue Einstellung zur *Funktion* der Dichtung zum Ausdruck: Die Betonung der Vernunft und der ›Natur‹ steht im Widerspruch zu dem bislang als vorrangig erachteten Dekorativen. Die Schmucklosigkeit der Dichtung des Klassizismus ist das direkte Ergebnis dieser veränderten Haltung: Es geht nicht mehr wie im eigentlichen Barock darum, traditionelle Themen in prächtigem Gewand vorzustellen – diese Pracht war für den Barockdichter das ›Neue‹: ›er sucht ihm neue Spur‹ –, sondern darum, neue oder wenigstens ›wahre‹ Aspekte der Welt durch unmittelbare Beobachtung aufzufinden und sie im schmucklosen Kleid der Vernunft vorzustellen[9].

Charakteristisch für die nach der Jahrhundertmitte geborenen Dichter ist, sofern sie längere Zeit produktiv bleiben, eine Entwicklung vom ausgeschmückten zum nüchternen Stil. Typisch ist ihr anfängliches Festhalten an der spätbarocken Manier, während sie später klassizistisch-galant werden. So war es bei Johann von Besser (1654–1729), der Zeremonienmeister zuerst am Berliner Hof und dann in Dresden am Hof August des Starken war. Nach den 79 Gedichten in den ersten zwei Bänden von Neukirchs Anthologie[10] zu urteilen, ist Besser ein Dichter mit echter Begabung, wenigstens in dem Sinn, daß er anscheinend ein Gedicht über jeden beliebigen Gegenstand zu schreiben vermag. Er ist der Dichter als Produzent, unpersönlich und bekenntnisfrei, ein Mann, der eine sichere Routine entwickelt hat und jederzeit ein annehmbares Produkt herstellen kann. Ein großer Teil seiner Dichtung ist, wie sich das für einen Hofpoeten gehört, *Gebrauchs-*

poesie, auf Bestellung gefertigt und zum sofortigen Gebrauch bestimmt. Abgesehen von seiner erotischen Dichtung, die auch heute noch als geistreiche Pornographie recht reizvoll ist, hat Besser wenig zu bieten, das von mehr als historischem Interesse ist. Sein bekanntestes, im ersten Band von Neukirchs Anthologie aufgenommenes erotisches Gedicht trägt den Titel ›Ruhestatt der Liebe / oder Die schooß der Geliebten‹ (240 Zeilen). Es ist bereits im galanten Stil geschrieben anstatt in der betont dekorativen Manier von Lohensteins ›Venus‹, einer im gleichen Band aufgenommenen kolossalen Produktion von 1888 Zeilen. Das Thema beider Gedichte ist die allgewaltige Macht der Liebe. Während jedoch Lohenstein prunkhaft und detailliert den Mythos von Venus und ihrem Kult vorträgt, erzählt uns Besser eine pikante Geschichte davon, wie Celadon die im Gras eingeschlafene Chloris auffand, deren Kleidung sich in recht enthüllender Weise verschoben hatte, was er tat, ihre Reaktion darauf und welche Vereinbarungen schließlich zwischen dem Liebespaar getroffen wurden, nachdem Celadon für die Sache der Liebe ›mit rechten weißheits-gründen‹ plädiert hatte. Lohenstein kann den Mythos selbst noch immer überzeugend vortragen; Bessers Celadon erwähnt den Mythos lediglich gegenüber seiner Chloris und läßt bestimmte physiologische Anspielungen und persönliche Betrachtungen einfließen, welche die Lebendigkeit des Vortrags erhöhen und den schlüpfrigen Ton bewahren, der die eigentliche Pointe des Gedichts ausmacht (Neukirch I, *Neudr.*, S. 225, Zeile 169–80):

Man sagt: die Venus sey / ihr wesen zu verstellen /
Nicht nach gemeiner art / besondern aus den wellen
In einer muschel helm empfangen und gezeugt /
Wo sie des meeres schaum gewieget und gesäugt.
Wer glaubet solches nicht / der Venus thun erweget?
Weil aber eine schooß der muschel bildniß träget /
Glaub ich / daß Venus gar / was sie ans licht gebracht /
Hernach zu einer schooß der gantzen welt gemacht.
Daß / als die herrscherin ihr muschel-schiff verlassen /
Sie / aller menschen hertz in diesen schrein zu fassen /
Die muschel in die schooß der weiber eingeschrenckt /
Und sich nachgehends selbst / zur wohnung / nachgesenckt.

Vielleicht gehen wir nicht zu weit, wenn wir in der unterschiedlichen Behandlung des Themas ein Anzeichen für die Tendenz des Zeitalters erblicken, vom Allgemeinen und Traditionellen abzurücken und die dichterischen Sujets in der unmittelbaren Beobachtung der ›Natur‹ aufzusuchen. Wie dem auch sei, Besser hatte anscheinend großen Erfolg mit seiner ›Ruhestatt der Liebe‹. Kein Geringerer als Leibniz bewunderte das Gedicht, weil es das Unanständige mit solchem Anstand darstelle (ein Urteil, das uns zu denken geben mag), und zeigte es der Prinzessin von Hannover, die sogleich eine Abschrift an die Herzogin von Orléans sandte[11]. Besser verstand sich offensichtlich auf den Geschmack seiner Zeit, die weder empfindsam noch prüde war und alles nach der Schicklichkeit seiner Form beurteilte: Ein unzüchtiges Gedicht sollte unzüchtig, aber nicht plump und derb sein, und nur der Reim mußte rein sein.

Benjamin Neukirch (1665–1729), der Herausgeber der Anthologie, war darüber hinaus ein beliebter Dichter, der für die Dichtkunst die Werbetrommel rührte. Er war selbst Schlesier und begann als glühender Bewunderer und Nachahmer von Hofmannswaldau und Lohenstein, wandte sich jedoch um 1700 unter dem Einfluß von Canitz-Boileau von ihnen ab, um sich in der Satire zu versuchen. In dem folgenden Absatz aus einem 1718 verfaßten Gedicht von Günther (*Werke* IV, S. 158, Z. 65–70) erhaschen wir einen flüchtigen Blick davon, wieviel sein Name galt:

> Was hör ich manchmahl nicht vor Thorheit oder Neid,
> Wenn ohngefehr mein Kiel ein Tagewerck verstreut!
> Da kriegt das Maul zu thun, da schwazt ein Tisch voll Richter,
> Da schiert und foltert man den unbekandten Dichter,
> Da heists: Wer macht den Vers? Ists Neukirch? Ja. O schön!
> Nein, nein. Wer denn? Kehr um! Pfuy, las den Bettel gehn!

In der ›Vorrede‹ zum ersten Band seiner berühmten Anthologie teilt Neukirch die Dichter ein in bloße Versemacher, in galante Dichter und in solche, die wirklich große Dichter zu werden hoffen. Die Produkte der ersten sind lediglich Papierverschwendung, die der zweiten erfordern ›feurige und auffgeweckte gemüther / welche in der galanterie sehr wohl erfahren / im erfinden kurtz / in der ausarbeitung hurtig / und in allen ihren gedancken seltzam seyn‹ (S. 18). Die Vorbilder sind Ovid, Martial, Claudianus, Boileau, Bouhours und Hofmannswaldau. Möchte man ein wahrhaft großer Dichter werden und in die Fußstapfen von Homer, Sophokles und Vergil treten (S. 18ff.), so seien außer Genie viel freie Zeit und große Gelehrtheit vonnöten. Das ist offenbar eine unerfüllbare Erwartung. Auf jeden Fall entscheidet sich Neukirch mit Nachdruck für die zweite Kategorie: ›Dannenhero thun diejenigen am besten / welche die mittel-strasse halten / sich bloß auff galante gedichte legen / und um die geheimnisse der hohen Poesie unbekümmert lassen‹ (S. 20). Es ist jedoch interessant zu beobachten, daß eine Analyse der Neukirchschen Gedichte im ersten Band seiner Anthologie einen Neukirch zeigt, der dem eigenen Rat entgegen handelt oder ihn jedenfalls ebensooft verschmäht wie befolgt. Ich zähle 1332 Zeilen unter der Rubrik ›Galante Gedichte‹ (9 Gedichte, 172 Zeilen), ›Verliebte Gedichte‹ (11 Gedichte, 662 Zeilen), ›Verliebte Arien‹ (17 Gedichte, 498 Zeilen), unter der Rubrik ›Begräbnis-Gedichte‹ allein jedoch 1504 Zeilen und unter ›Hochzeit-Gedichte‹ 216; dabei hat Neukirch gerade erst erklärt: ›Die hochzeiten und begräbnisse würden doch wohl vollzogen werden / wenn man gleich nicht allemahl dabey reimte...‹ (S. 18). Man glaube dem Gedicht, nicht dem Dichter.

Neukirch ist der geborene Epigone, einer, der dem Zeitgeschmack folgt, nicht einer, der ihn bestimmt. Soweit ich es beurteilen kann, ist unter den 4368 Zeilen aus dem eigenen Werk im ersten Band seiner Anthologie kein einziges Gedicht, das dem Format seiner Helden Hofmannswaldau und Lohenstein auch nur nahekäme, wenn auch oft äußerlich eine große Ähnlichkeit besteht. Der eigenen Aussage nach kostete es ihn seine Beliebtheit, als er sich später vom dekorativen Stil der meisten seiner früheren Gedichte ab- und dem nüchternen, flachen Stil derer zuwandte, die der ›Natur‹ und der ›Vernunft‹ zu folgen trachteten:

So lang ich meinen Vers nach gleicher Art gewogen,

Dem Bilde der Natur die Schmincke fürgezogen,
Der Reime dürren Leib mit Purpur ausgeschmückt,
Und abgeborgte Krafft den Wörtern angeflickt,
So war ich auch ein Mann von hohen Dichter-Gaben;
Allein, so bald ich nur der Spuhre nachgegraben,
Auf der man zur Vernunfft beschämt zurücke kreucht,
Und endlich nach und nach nur den Parnaß erreicht,
So ist es aus mit mir....[12]

Es fragt sich jedoch, wie wir bereits sahen, ob ihm zu glauben ist. Die weiter oben zitierte Stelle aus Günther zeigt wohl eher das Gegenteil, wie auch die wachsende Beliebtheit von Canitz und Boileau, seinen neuen Vorbildern. Eher wahrscheinlich ist, daß Neukirch wie immer lediglich den mittleren Geschmack zu treffen versuchte.

Der Dichter, mit dem wir unser Buch beschließen, ist in jeder Hinsicht das Gegenteil eines Epigonen. Johann Christian Günther (1695–1723), ›der letzte Schlesier‹, kam in dem Jahr auf die Welt, in dem der erste Band von Neukirchs Anthologie erschien. Günthers Leben und Werk sind so eng verwoben, daß es erforderlich ist, seinen Lebensgang etwas näher zu umreißen. Er wurde am 8. April 1695 zu Striegau geboren, einer einstmals blühenden, damals jedoch verarmten und unterbevölkerten Stadt etwa 50 Kilometer südwestlich von Breslau, in die sein Vater, ein Arzt, 1689 aus dem sächsischen Aschersleben gezogen war. Die Familie war arm, aber stolz und angesehen. Günther senior war ein außerordentlich gelehrter und darüber hinaus vielseitig gebildeter Mann; er war leidenschaftlicher Gärtner und Naturforscher und ein Arzt, der ein Herz für seine Patienten hatte. Johann Christians Erziehung lag zunächst völlig in der Hand des Vaters. Er sah keine Möglichkeit, seinen Sohn später einmal zur Universität zu schicken, und beschloß daher, ihn ein Handwerk lernen zu lassen; er war jedoch inkonsequent genug, ihn in die Lektüre Vergils und Ovids einzuführen. Der Junge fing sofort Feuer. Unter der Anleitung seines Vaters und aus eigenem Antrieb hatte er mit zwölf Jahren eine gründliche Kenntnis in Latein und Griechisch erworben; mit sieben Jahren schrieb er deutsche Gedichte und verfaßte Theaterstücke für seine Spielkameraden.

Als sein Vater das Ergebnis seines Unterrichts sah, war er

beunruhigt und ärgerlich. Die Dichtkunst war eine brotlose Kunst. Außerdem waren Dichter in seiner Vorstellung unmoralische Sykophanten, und damit hatte er im 17. Jahrhundert nicht ganz unrecht. Trotzdem halfen Drohungen und Schläge nichts: Die Liebe des Sohns zur Poesie war stärker als seine Liebe und Achtung gegenüber dem Vater – und er liebte und achtete seinen Vater sehr. Er hatte sich bereits der Muse verschrieben und allem anderen entsagt. Als Junge hatte er den Wunsch, das Schicksal des in das eisige Tomi verbannten Ovid erleiden zu dürfen, wenn ihm dann auch Ovids Gabe des Gesangs zuteil würde. Sein Wunsch wurde erfüllt. Man geht nicht zu weit mit der Feststellung, er habe – wenigstens im Unterbewußtsein – sein Leben zu einem Opfer der Dichtkunst stilisiert und damit den Traum seiner Kindheit Wirklichkeit werden lassen. ›Was man in der Jugend wünscht, hat man im Alter die Fülle.‹

Dank der Großzügigkeit eines menschenfreundlichen Kollegen des alten Günther, eines Dr. Johann Caspar Thiem, konnte Johann Christian dann doch noch eine Schule besuchen. Mit vierzehn Jahren trat er 1710 im nahegelegenen Schweidnitz in die neueröffnete *Gnadenschule* ein, eine der Lehranstalten, die den Protestanten (die unter den Habsburgern den Status zweitrangiger Bürger hatten) auf energisches Betreiben der Schweden hin kurz zuvor zugestanden worden waren. Seine Vorbildung war so überragend, daß er in die oberste Klasse aufgenommen wurde. An der Schule und in der lutherischen Gemeinde ganz allgemein ging es sittenstreng und puritanisch zu; es existierte jedoch ein kleiner und sehr aktiver liberaler Kreis, der repräsentativ war für die erwachende Aufklärung. Durch seinen Wohltäter Dr. Thiem und im besonderen durch die Güte eines seiner Lehrer, Christian Leubschers, eines fortschrittlich denkenden und aufgeschlossenen Mannes, der seinen glänzenden Schüler förderte, gelangte der junge Günther in enge Berührung mit dieser Gruppe. Auf der Schule war er in seinem Element – die Bücher, die ihm sein Vater aus der Hand gerissen hatte, gehörten nun zu seinen Aufgaben. Leubscher vertrat die Ansicht, man müsse die Einzelbegabung fördern, anstatt sie einem vorgegebenen Schema zu unterwerfen, und er unterstützte Günthers dichterische Neigung – ja, er führte sogar eines der Stücke Günthers auf, als dieser die Schule mit der

Universität vertauschte. In Schweidnitz gewann Günther viele Freunde, von denen verschiedene dem fast ständig Bedrängten gute Dienste leisten sollten; er schuf sich aber auch einige unerbittliche Feinde. An diese Stadt dachte er später immer als an eine Art Neues Jerusalem, einen Ort der Weihe und die wahre Heimat seines Herzens; sie war für ihn aber auch der Schauplatz vieler späterer Schicksalsschläge.

In Schweidnitz nun begegnete Günther Leonore Jachmann, die so fest mit seinem Namen verbunden ist wie Laura mit dem Petrarcas, auch wenn sie keineswegs die einzige Liebe seines überaus leicht entflammbaren Herzens war. Leonore war die Schwester eines Mitschülers von Günther und die Tochter George Jachmanns, eines Arztes der Stadt; eine weitere Tochter war die Frau Christian Leubschers. Günther war neunzehn, als er sich in Leonore verliebte. Sie war fünfundzwanzig, eine schöne und begehrte Frau, die dem mittellosen, wenn auch genialen Schüler verständlicherweise zunächst kühl gegenüberstand, der ihr nichts zu bieten hatte als Verehrung und leidenschaftliche Verse und die Verheißung, sie werde in seinen Liedern leben. Aber schließlich scheint das gereicht zu haben. Sie wurden ein Liebespaar und verlobten sich ein paar Monate später heimlich. Leonore wies sogar einen wohlhabenden jungen Arzt ab, um mit Günther ein ungewisses Schicksal zu teilen. (Ihre jüngere Schwester sicherte sich den Arzt eiligst.) Wenn einer wahren Liebe jemals ein schweres Los beschieden war, dann der von Leonore und Günther. Sobald sich erwies, daß er ernsthafte Absichten hatte, wurde er in seinem Kreis zum Gegenstand des Gelächters, und sie traf der Tadel ihrer Familie. Darüber hinaus waren sie in wirklicher Gefahr, denn in Schweidnitz gab es strenge Gesetze gegen Unmoral und gegen Verlöbnisse ohne elterliche Zustimmung. Sie konnten sich nur insgeheim treffen und mußten ständig fürchten, ertappt zu werden. Trotz aller Vorsicht blieb ihre Verbindung nicht verborgen. Die Leute tuschelten. Einer dieser Leute war ein ortsansässiger Heuchler und Wichtigtuer namens Theodor Krause, ein Privatgelehrter, der zum Zeitvertreib eine *Vergnügung müßiger Stunden* genannte Zeitschrift herausgab, die sich unter anderem dem Klatsch widmete mit hart an der Grenze zur Verleumdung liegenden Formulierungen. Krause und Günther standen einander jahrelang mit gezücktem Degen gegenüber. Einige der vernichtendsten Satiren des Dichters richten sich gegen diesen schlesischen Tartuffe. Einer seiner wirkungsvollsten Hiebe fand sogar Aufnahme in seiner Barocktragödie *Theodosius,* jenem bei Günthers Schulabgang von Leubscher aufgeführten Stück. Es enthielt gezielte Anspielungen auf Schweidnitzer Persönlichkeiten, darunter auf Krause als ›Polylogus‹ (›Schwätzer‹, ›jemand, der mit gespaltener Zunge redet‹), ein Witwer und Schnapsbruder auf Brautschau, der ein Lied, eine Parodie auf ein bekanntes Kirchenlied, sang über die Freuden des Verlusts seiner ersten Frau: ›Freu dich sehr, o meine Seele, / Und versauf all Angst und Qual ...‹. Schweidnitz hielt sich die Seiten vor Lachen, aber nicht das ganze Schweidnitz. Es gab welche, die nicht belustigt waren, darunter – neben Krause – Mitglieder der Geistlichkeit und Günther senior. Johann Christian hatte es erreicht, sich mit seiner allzu lebendigen Muse Feinde fürs Leben zu schaffen.

Im November 1715 schrieb sich Günther als Student der Medizin in Wittenberg ein. Die Universität gehörte zu den am stärksten dem Mittelalter verhafteten Universitäten in Deutschland. Das Medizinstudium war eine grausame Farce, und Mitglieder der theologischen Fakultät dieses lutherischen Roms betrieben eine Ketzerjagd und verbrachten einen großen Teil ihrer Zeit mit bombastischen Schimpfreden gegen die Pietisten an der neugegründeten, liberal denkenden preußischen Universität in Halle. Am 30. April 1716, rund sechs Monate nach der Immatrikulation in Wittenberg, tat Günther einen Schritt, der typisch ist für sein ganzes Leben: Er stürzte sich bis über die Ohren in Schulden, um sich zum Kaiserlichen Dichter (poeta laureatus) krönen zu lassen. Die philosophische Fakultät hatte das Recht, diese leere Würde – gegen eine hohe Gebühr – an geeignete Kandidaten zu verleihen, und Günther konnte nicht widerstehen. Er reichte eine lateinische Dichtung über seinen Lebenslauf sowie einige deutsche und griechische Verse ein und wurde daraufhin offiziell in die Rangliste eines Petrarca, Johannes Secundus und Opitz aufgenommen, aber auch in die Rangliste manch drittklassiger Verseschmiede, denn der Titel war fast bedeutungslos geworden. Kurzum, er bekleidete jetzt eine nichtssagende Ehrenposition mit allen daraus resultierenden Rechten und Privilegien.

Die Bezahlung der Gebühren hatte Günthers kärgliche Mittel aufgezehrt, und er schuldete bald Geld für Kost und Quartier; ein Jahr nach dem Erwerb des Titels landete er, als seine Gläubiger ihn zu drängen begannen, im Schuldturm. Dort verbrachte er anscheinend den größten Teil seiner Zeit damit, wie besessen Huldigungsgedichte, Traueroden und Hochzeits*carmina* zu verfassen, um wieder zu Geld zu kommen; aber diese Arbeit wurde mit Groschen bezahlt, und Günther schuldete viele Taler. Schließlich entschädigten die Freunde seine Gläubiger, und er wurde freigesetzt.

Natürlich kam die Nachricht von diesem Mißgeschick bald seinem Vater und den Günther übel Gesinnten in Schweidnitz zu Ohren. Wieder einmal hatte er sich zum Opfer seiner Poesie gemacht. In einem Briefgedicht aus jener Zeit vergleicht Günther sich zuerst mit dem Verfasser der Offenbarung und dann mit Ovid, und er nennt Wittenberg sein ›Patmos‹ und sein ›Pontisches Gestade‹, wo seine Leier sein einziger Trost sei. Der Vergleich ist sehr aufschlußreich: Er zeigt, daß Günther wie so viele Genies sein Leben als Zitat empfand, als Erfüllung eines vorgezeichneten Entwurfs. Und was war seine *Dichterkrönung* auch anderes als ein lächerlich unreifer Versuch, einem erhabenen Vorbild zu folgen?

Im Spätsommer 1717 kam Günther nach Leipzig, immatrikulierte sich aber erst im folgenden Sommer. Der Mittellose und weitgehend auf das Almosen von Freunden Angewiesene (in Leipzig studierten verschiedene Schweidnitzer) verbrachte aber anscheinend dennoch seine glücklichste Studienzeit in der sächsischen Stadt. Seine dichterische Begabung verschaffte ihm Zugang zu geistig und musikalisch regen Kreisen, und er fand einen einflußreichen Gönner in Johann Burchard (bzw. Burkhard) Mencke, dem Rektor der Universität, einem bekannten Gelehrten, Satiriker und Übersetzer und dem Verfasser leichter Verse. Der Leipziger Kreis widmete sich Horaz, Ovid und Anakreon. Günther fertigte damals verschiedene Übersetzungen an und bemühte sich dabei, in den Geist der Klassik einzudringen. Die Übersetzungen sind verloren, aber die reinigende Wirkung auf den eigenen Stil ist deutlich. Es ist die Zeit seiner Studentenlieder und der Gedichte im Rokokostil an ›Rosette‹ (Anna Rosina Lange), einer gesellschaftlich so hoch über ihm stehenden jungen

Frau, daß seine Liebe – wenn es eine war – von Anfang an hoffnungslos war.

Im Frühjahr 1718 erkrankte Günther an einer Seuche. Den Tod vor Augen, verfaßte er sein Testament in Form eines Gedichts mit dem Titel ›Letzte Gedanken‹. Er erholte sich wieder, aber sein Freundeskreis hatte sich inzwischen großenteils zerstreut und sein bescheidenes väterliches Erbteil, sein Geburtshaus in Striegau, war Opfer eines Feuers geworden, das die halbleere Stadt weitgehend in Schutt und Asche verwandelt hatte. Während seiner Krankheit hatte sein Vater anscheinend keine einzige Zeile an ihn gerichtet. Er nahm das Medizinstudium wieder auf und stürzte sich aufs neue in eine eifrige dichterische Tätigkeit. Er verfaßte eine umfangreiche Streitschrift gegen seinen langjährigen Feind Krause und – ermutigt durch Mencke – eine mitreißende Ode auf Prinz Eugen von Savoyen, den berühmten General Karls des VI. und überragenden Staatsmann. Die Ode machte Günther berühmt, verbesserte jedoch seine finanzielle Lage nur wenig. Der Wiener Hof ignorierte ihn und seine Ode, während begeisterte Freunde in Breslau eine Geldsammlung für ihn veranstalteten. Im Vertrauen auf seinen Ruhm und auf Menckes Drängen ging er jedoch nach Dresden, um sich um das Amt des ›Pritschmeisters‹ zu bewerben (eine Art Zeremonienmeister mit der Aufgabe, Gedichte aus dem Stegreif zu verfassen). Der Hof Augusts des Starken, des Kurfürsten von Sachsen und Königs von Polen, war der prunkvollste der deutschen Barockhöfe, Dresden Deutschlands schönste Stadt. Dennoch erhielt er das Amt nicht, das später an Ulrich König fiel. Der Fehlschlag in Dresden mag Günther zutiefst getroffen und mit Abscheu erfüllt haben, er erlaubte ihm jedoch, sich selbst treu zu bleiben – der Sänger, den sein Schicksal vor verschlossene Türen stellte, der von draußen nach drinnen Blickende, Ovid in Tomi.

In Leipzig widmete Günther einen großen Teil seiner Zeit der Liebe wie auch der Dichtkunst und der Medizin. Neben Rosette gab es eine ernstere Liebschaft mit einer anderen Leonore (ihr Familienname ist uns nicht bekannt), wenn sie auch allem Anschein nach ein kümmerlicher Ersatz für die ›wahre‹ Leonore war, für Leonore Jachmann. Auf dem Friedhof, ihrem Treffplatz, gelobten sie einander ewige Treue, aber nach der Dresdner Niederlage löste sich die Verbindung rasch auf. Günthers Gedichte an diese Leonore klingen überhitzt-schwül und schulmeisterlich zugleich; sie zählen zu den wenigen Beispielen seiner Kunst, die einen unangenehmen Eindruck der Unaufrichtigkeit hinterlassen.

Im September 1719 verließ Günther Sachsen und kehrte zurück nach Schlesien. Vier Jahre lang war er weggewesen. Was hoffte dieser verlorene Sohn in seiner Heimat zu finden? Die offenen Arme Leonores? Versöhnung mit seinem Vater? Irgendeine Art Existenz? Sein Geburtshaus lag in Asche, sein Vater ließ ihn nicht einmal zu sich, und Leonore hatte Schweidnitz längst verlassen. Sein schlechter Ruf war ihm natürlich vorangeeilt, und er fand an den meisten Türen eine kühle, um nicht zu sagen verächtliche Aufnahme. Die Härte seines Vaters hatte ihren Grund: Wiederholt war er in den Sohn gedrungen, die Medizin nicht um der Dichtkunst willen zu vernachlässigen, doch waren diese inständigen Bitten auf taube Ohren gestoßen; hinzu kam, daß er den durch Johann Christians Feinde eifrig verbreiteten Geschichten über dessen liederliche Lebensart doch einigen Glauben schenken mußte. In seinem verzweifelten Bemühen, einen Unterschlupf in der Gesellschaft zu finden, ging Günther sogar zu Krause und erbot sich, das Kriegsbeil zu begraben. Aber was war er denn? Ein vom eigenen Vater verstoßener Lump. Leonore war nicht mehr da, und Schweidnitz war nicht mehr Schweidnitz. So wandte er sich nach Breslau.

Dort wurde er von Ferdinand von Bressler und dessen Frau Marianne, selbst eine Dichterin, gut aufgenommen. Bressler hatte am meisten zu der ihm nach Leipzig übersandten Geldgabe beigetragen. Eine Zeitlang sah es so aus, als könne sich sein Geschick wenden. Die Bresslers gaben sich jede Mühe, eine Stellung für ihn zu finden, ihn in der Gesellschaft unterzubringen. Dennoch war zuletzt alles umsonst. Aufs neue verschuldet und von der Hand in den Mund lebend, noch immer bedrängt von den ihm übel Wollenden – hauptsächlich solchen, die er mit seiner beißenden Satire verletzt hatte –, mußte er wiederum den Wanderstab ergreifen. Bressler löste seinen Rock aus dem Pfandhaus aus und versah ihn mit etwas Reisegeld.

Bei seinem Aufenthalt in Breslau hatte er jedoch Leonore wiedersehen können. Sie hatte eine Stelle als Wirtschafterin in einem Schloß am Stadtrand angenommen. Diesem Wiedersehen und dem folgenden Abschied verdanken wir einige der ergreifendsten Liebesgedichte in deutscher Sprache. Sein vom 22. Dezember 1719 datiertes Breslauer ›Schreiben an seine Leonore‹ ist eine Art Feier ihrer Hochzeit in der Virtualität der Poesie.

Günther war nunmehr entschlossen, Schlesien für immer zu verlassen. Zusammen mit einem mittellosen Studenten namens Schubart brach er im späten Winter nach Leipzig auf und kehrte unterwegs bei Freunden ein. Schubart war überzeugt, daß sie in Lauban, seiner Heimatstadt an der sächsisch-schlesischen Grenze, ein Auskommen finden könnten. Sie kamen jedoch mitten in einer schweren Hungersnot an, Günther mit einem bös eiternden Fuß, der ihn zwang, sofort das Bett aufzusuchen. (Es versteht sich von selbst, daß sie zu Fuß reisten.) Begrüßt wurde Günther in Lauban mit einer Schmähschrift eines gewissen Fritsche, eines Geistlichen, der eine satirische Stelle in einem Gedicht Günthers fälschlich auf sich bezogen hatte und nun aus Rache den Dichter verleumdete. Die Laubaner Gedichte sind wahrlich *de profundis* geschrieben – Ovids Schicksal war nun Günthers Schicksal geworden, und zwar bis ins letzte. Eingeschlossen war darin aber auch die Aussagekraft des Ovidschen Klagelieds – beide besaßen die göttliche Gabe zu *sagen*, wie sie litten.

In Lauban fand Günther nur im ›Stock‹ (Armenhaus) Unterkunft. (Wie es scheint, kam er dort durch Vermittlung der Eltern Schubarts unter.) Sein Rock war wieder im Pfandhaus, aber eine mitleidige Korporalswitwe lieh ihm den Mantel ihres verstorbenen Mannes. Das angeschwollene Bein mit Stroh umwickelt, das Hemd um den Kopf gewickelt, hockte der Fiebernde und halb Verhungerte auf einer Holzbank auf einem ungeheizten Dachboden, wo der Schnee durch die Schindeln rieselte, und schrieb einige seiner besten Gedichte, ja, einige der besten Gedichte in deutscher Sprache vor Klopstock und Goethe. Er schrieb ohne Unterlaß. In einem lateinischen Bittbrief an einen Freund (Haas) sagt er, er habe in den letzten vierundzwanzig Stunden über zweitausend Verse verfaßt! (*Werke* III, S. 118, 12 ff.) Und hier machte er auch eine religiöse Krise durch, die an die Krise Hamanns in seiner Londoner Pension erinnert. (Die zentrale Bedeutung dieses Laubaner religiösen Erlebnisses ist in der

Güntherforschung unterbewertet und mißdeutet worden.) Aus seinem Elend wurde er nach eigener Überzeugung durch ein ›Wunder‹ gerettet (siehe *Werke* II, S. 143 f.). Wieder auf den Beinen, machte er – anscheinend bei einem Begräbnis – die Bekanntschaft eines Kaufmanns namens Kirchhof, und Kirchhof sorgte für ihn. Kaum war er aus der Notlage heraus, da machte er sich in jetzt schon bewährter Manier einen neuen Feind, wiederum ein Mitglied der Geistlichkeit und wiederum durch seine Verse. (Im Namen der Tochter seines Gönners verfaßte er ein sarkastisches Gedicht, in dem sie die Annäherungsversuche eines unerwünschten Freiers – des erwähnten Geistlichen, eines gewissen Minor – zurückwies: ›Der *Kirchhof* unter meinem Kleide / Ist nicht für Ihren Leib bestimmt ...‹.)

In demselben Brief, in dem Günther seine ungeheure Produktivität während der Zeit im Armenhaus erwähnt, teilt er dem Freund seinen Entschluß mit, sich in Zukunft ganz der Medizin zu widmen. Seine Laubaner Freunde rieten ihm, nochmals einen Versuch der Versöhnung mit seinem Vater zu machen, bevor er nach Leipzig weiterreise, um sein Studium abzuschließen. Im Sommer 1720 kehrte er nochmals in seinen Geburtsort Striegau zurück. Der Vater ließ sich nicht erweichen – er wolle mit seinem Sohn nichts zu schaffen haben, bis dieser durch seine Niederlassung als Arzt seinen ernsthaften Willen zu einem neuen Lebenswandel bewiesen habe. In Schweidnitz hörte er, daß Leonore die Frau eines anderen werden sollte. Es gelang ihm, sie wiederzusehen, und mit seinem altbewährten Charme brachte er sie anscheinend von ihrer Absicht ab. Sein neuer Entschluß, sich als Arzt niederzulassen, gab ihr zweifellos einige Hoffnung. Freunde rieten ihm, nach Oberschlesien zu gehen, einer dünn besiedelten Gegend nahe der polnischen Grenze, wo er nach Ablegen einer Prüfung als ›Physicus‹ praktizieren könne, das heißt, als ausgebildeter Arzt ohne Doktorgrad. (Das hatte auch sein Vater getan, der sich keinen Grad hatte leisten können.) Im oberschlesischen Brieg, wohin er sich zur Prüfung begeben hatte, lebte er wie eh und je zur Hälfte von Almosen und zur Hälfte von seiner Feder. Seine Bemühungen um eine Praxis blieben zunächst ohne Erfolg. Seine Lage verschlimmerte sich noch, als er von einem mit Fritsche im Bund stehenden lutherischen Prediger namens Lachmann öffentlich beschuldigt wurde, er verbreite mit seiner Dichtung pietistische Lehren – eine schwerwiegende Beschuldigung, denn die Habsburger setzten alles daran, die Pietisten zu unterdrücken. Ein Gefühl der Hoffnungslosigkeit beginnt Günthers Werk zu durchdringen. Er verliert seinen Einfluß auf Leonore, die des Wartens müde wird, Schlesien schließlich verläßt und nach Pommern (Anklam bei Stettin) geht. Er hört von ihrer Heirat. Der Bericht stimmte nicht: Im Totenbuch der Breslauer Maria-Magdalena-Kirche steht, daß sie als Jungfer starb. Es ist nicht sicher, ob Günther je die Wahrheit erfuhr. Sein letztes Gedicht an sie beginnt jedenfalls so (*Werke* I, S. 234):

SEY immerhin der Hand entrißen,
Im Herzen bleistu dennoch mein. ...

Mit ständiger Unterstützung seiner Freunde – fand jemand je mehr Freunde oder klagte mehr über Freundlosigkeit? – etablierte Günther sich schließlich als Arzt in Kreuzburg, einem armen Kreis mit zur Hälfte polnischer Bevölkerung. Er war anscheinend ein erstklassiger Arzt und beliebt bei seinen Patienten. Fast sofort redete er sich ein, wieder verliebt zu sein. Diesmal war es eine Pfarrerstochter, Johanna Barbara Littmann, die ›Phillis‹ seines Lieds. Johanna Barbara hatte es noch nicht verwunden, daß ihr Verlobter sie verlassen hatte, ein gewisser Mennling (bzw. Männling), der eine Frau mit größerer Mitgift geheiratet hatte, um in der Kirche rascher voranzukommen (Pfarreien wurden häufig gekauft). So fanden Barbara und Günther als beiderseits Enttäuschte zueinander. Er wiegte sich im zärtlichen Traum vom Glück eines gut geführten Haushalts und einer verständigen Frau, die sein Ehebett teilte, einem gesicherten Platz in der gesellschaftlichen Ordnung. Sein ganzes Leben lang sehnte er sich voller Verzweiflung nach den ›Wonnen der Gewöhnlichkeit‹ mit einer Intensität, die nur der Ausgestoßene kennt. Aber dieser Traum sollte sich nicht erfüllen. (Und wie sollte er das? War es doch der Sinn von Günthers Leben, vor verschlossenen Türen zu stehen.) Pastor Littmann machte eine Ehe mit seiner Tochter von zwei Bedingungen abhängig: Günther müsse sich mit seinem Vater versöhnen, und er müsse einen medizinischen Grad erwerben.

Der Erfüllung der ersten Bedingung stand die Härte und Unversöhnlichkeit des alten Günther entgegen, der Erfüllung der zweiten – die vielleicht einmal zur Erfüllung der ersten geführt hätte – der Tod. Nachdem Johann Christian ein fünftes Mal von seinem Vater abgewiesen worden war, schämte er sich, nach Kreuzburg zurückzukehren. Die letzte Epoche seiner Wanderungen beginnt. Wir treffen ihn jetzt in einer schlesischen Stadt nach der andern, wo er sich von Freunden und Gönnern aushalten läßt und wie ein Besessener genügend Geld zusammenzuscharren sucht, um das Studium wiederaufzunehmen. In Landeshut, einer der Stationen seiner Wanderungen, findet er einen verständnisvollen Gönner in Hans Gottfried von Beuchelt, dem kunstbeflissenen Sohn eines reichen Mannes, der Günther dazu ermutigt, mit dem Sammeln seiner verstreuten Gedichte zu beginnen. Hier erfährt er auch die Gastfreundschaft Theodor Speers, eines Freundes aus der Leipziger Zeit, der ihn trotz eigener bitterer Armut aufgenommen hatte, als er von Wittenberg nach Leipzig kam. Der jetzt Wohlhabende führt Günther in die besten Kreise ein. Das geht natürlich nicht lange gut. Bald verliebt sich Günther in Speers Schwester Johanna Eleonore Dauling, die mit einem siebzehn Jahre älteren Mann verheiratet ist. Die Situation, aus der einige nur leicht als Ausdruck der Freundschaft und Dankbarkeit getarnte wunderbare Liebesgedichte resultierten, wurde rasch gesellschaftlich unmöglich.

Die Dichtung Günthers nach seinem Weggang aus Landeshut ist großenteils ein innerlicher Rechenschaftsbericht, ein Versuch, seinem chaotischen Leben einen Sinn zu geben. Zwei der bedeutendsten Schöpfungen dieser Periode sind der berühmte 416zeilige Brief an den Vater (›Quid feci? quid commerui aut peccavi, Pater?‹) und ein Briefgedicht an Beuchelt – beide sind Selbstdeutungen. Noch einmal kehrte Günther nach Landeshut zurück, bevor er Schlesien für immer verließ. Er suchte sogar noch einmal Zuflucht unter den Fittichen des Grafen Sporck, eines enorm reichen und exzentrischen *grand seigneur*, dem er bereits ein Preislied gewidmet hatte. Die Geschichte seines Verhältnisses zu Sporck ist kompliziert, was aber schließlich geschah, war dies: Günther erhielt nicht die geringste Anerkennung und Belohnung. Nunmehr hatte er wirklich genug von seiner Heimat, wo er eine Enttäuschung nach der andern erfahren hatte: ›Betrogne Poesie, komm, pack den Plunder ein ...‹.

Im Herbst 1722 tauchte er in Jena auf – nicht in Leipzig, wohin er nach eigener Aussage gehen wollte –, wo er sein Medizinstudium abschließen wollte. Auch hier fand er jemanden, der ihn mit Kost und Wohnung versorgte (einen jungen schlesischen Adligen), sonst hätte er nicht weiterleben können. Im Februar 1723 wurde er krank – wahrscheinlich war es eine Erkrankung der oberen Atemwege – und starb am 15. März als nicht ganz Achtundzwanzigjähriger. Seine schlesischen Landsleute begruben ihn auf eigene Kosten auf dem Friedhof vor dem Johannistor. Der Kirchenschreiber trug ihn im Begräbnisbuch als ›Student der Theologie‹ ein. In einem 1719 in Leipzig verfaßten Gedicht hatte Günther in einem Anfall von hellseherischem Selbstmitleid seine eigene Grabschrift entworfen:

> Hier starb ein Schlesier, weil Glück und Zeit nicht
> wollte,
> Daß seine Dichterkunst zur Reife kommen sollte;
> Mein Pilger, lis geschwind und wandre deine Bahn,
> Sonst steckt dich auch sein Staub mit Lieb und Unglück an.

Man kann Günthers Leben kaum objektiv betrachten, ohne den grundsätzlichen Urteilen Günther seniors über seinen Sohn zuzustimmen, und zwar, daß er nicht viele Feinde besaß, die er sich nicht selbst ›mit seiner satirischen Feder‹ gemacht hatte, daß es ihm nicht an einflußreichen Wohltätern fehlte, daß er sich manche günstige Gelegenheit entgehen ließ, kurzum, daß er an seinem Elend selber schuld war: ›einzig und allein *fortunae suae sinistrae faber*‹. Er habe es abgelehnt, sich zu ›akkomodieren‹. Natürlich entschuldigt das den Vater nicht dafür, daß er die Rolle des zornigen Gottes Jehova spielte. Ebenso berechtigt ist Goethes Urteil im siebten Buch von *Dichtung und Wahrheit*, sosehr auch Günthers Biograph Wilhelm Krämer dagegen wettern mag: ›Er wußte sich nicht zu zähmen, und so zerrann ihm sein Leben wie sein Dichten.‹ Die Frage ist natürlich, ob Günther in seinem Innersten das erlittene Schicksal nicht *herbeisehnte*, ob es für ihn nicht eine Notwendigkeit für seine Entwicklung zum Dichter war, zu dem Dichter, der er eigener Gewißheit nach war.

Günther lehnte sich nicht gegen die Gesellschaft auf. Es war sein liebster Wunsch, ein Teil dieser Gesellschaft zu werden – aber nur unter Bedingungen, die er stellte: als Dichter, der keinen Kompromiß mit der Wahrheit schließen würde. Mit ermüdender Regelmäßigkeit wiederholt er sein Ideal der ›Redligkeit‹. Es ist die *conditio sine qua non* seiner Dichtung, die ihm allzeit oberstes Gebot ist, das eine, auf dem er unnachgiebig beharrt. Dieser Dichtung opfert er sein Leben. Mit gleicher Berechtigung könnte man auch sagen, er stilisiere sein Leben zu einem Opfer der Dichtung. Das Ovidische Urbild seiner Kindheit ist nie weit entfernt. Mit dieser Frage hat sich die Güntherforschung noch nicht beschäftigt[13].

Günther ist zu direkt, zu persönlich und zu bekenntnishaft, um barock genannt zu werden; dennoch läßt er sich strenggenommen nicht der Aufklärung zuordnen. Er ist nur entfernt verwandt mit Dichtern wie Haller, Brockes, Hagedorn und Gellert. Oft wird er ein Dichter ›zwischen den Zeiten‹ genannt. Die Frage ist: welchen Zeiten? Gewiß einerseits des Barock; aber andererseits? Seine Einstellung zur Dichtung wird oft verglichen mit der des *Sturm und Drang* mit seinem Kult des Individualgefühls und des Ausdrucks der eigenen Persönlichkeit. In diesem Fall läßt er sich nicht als ›zwischen den Zeiten‹ stehend bezeichnen, sondern eher wie Georg Büchner zu Anfang des 19. Jahrhunderts als seiner Zeit voraus. Der Vergleich mit Büchner hinkt jedoch auch, denn Günther führt keine formalen Neuerungen ein. Ein Avantgardist ist er nur im Hinblick auf den Inhalt seiner Dichtung. Die Spannung zwischen barocker Form und extrem persönlichem Gehalt ist das Zeichen, an dem sich Günthers Dichtung sofort erkennen läßt.

Befaßt man sich mit Günther im Anschluß an eine eingehende Betrachtung der unpersönlichen, gattungsbestimmten, dekorativen und verallgemeinernden Dichtkunst seiner Vorgänger und Zeitgenossen, so ist man nahezu bestürzt von der Unmittelbarkeit seiner Bekenntnisdichtung. Hier ist jemand, der direkt über sich selbst schreibt, der das eigene Leben und nicht eine allgemeine Wahrheit in Dichtung verwandelt: Günther lebte sein Leben im Namen der Poesie und schrieb seine Poesie im Namen des Lebens. Der sprachliche Habitus mag der des Barock sein, abgewandelt durch die neue Nüchternheit, aber der Standpunkt hat sich geändert, und er hat sich weit radikaler geändert als bei Canitz oder Besser. Die Änderung kommt jetzt von innen, nicht von außen – wahrlich ein neuer Begriff der Dichtkunst. Einem Tasso vergleichbar, sieht Günther die Dichtung als Weg zu sagen, wie *er* leidet, und nur selten betont er etwas von allgemeiner Gültigkeit. Die emblematische Aussageweise ist ihm zwar nicht völlig fremd, ist aber untypisch für sein Werk. Damit wird sein Leben in der Sicht seiner Dichtung selber zum Symbol, besonders zu einem Symbol menschlichen Leidens, wenn man auch wahrscheinlich zu weit ginge zu behaupten, Günther habe es bewußt – im Goethischen Sinn – in diesem Licht gesehen.

Mit beachtlichem Scharfsinn äußert sich Krämer im ›Vorwort‹ zum ersten Band seiner Ausgabe der gesammelten Werke (S. vi) zum Wesen der Güntherschen Dichtkunst. Günthers Gedichte sind Krämer zufolge eher als Glieder eines großen Organismus zu verstehen denn als einzelne fertige Gebilde; sie seien der ›dichterische Selbstbericht‹ über sein Werden. Mit nur leichter Übertreibung könnte man sagen, das nicht auf Bestellung verfaßte Werk Günthers sei ein einziges Gedicht, sein Leben als Gedicht. Es enthält viel Zweitrangiges, ja, es enthält nur einige wenige ›vollkommene‹ Gedichte, aber insgesamt ist die Produktion sehr eindrucksvoll und sehr ergreifend. Man kann Günther nicht lesen, ohne sich für den Autor als Person zu interessieren, so sehr sogar, daß es zuweilen schwer fällt, sein Werk lediglich als ›Kunst‹ zu betrachten. Wie ein in der barocken Tradition erzogener Dichter zum Begriff der Dichtkunst als *apologia pro vita sua* gelangen konnte, ist ein Problem, das die Forschung bislang nicht untersucht hat. Es ist keine Erklärung, wenn man Günther lediglich als ›Vorläufer‹ Goethes sieht.

Wie ich im biographischen Abriß zu zeigen versuchte, ist Günther ohne Zweifel das Opfer seiner Kunst, aber das willige Opfer, denn die Dichtkunst ist sein Leben und ist letzten Endes erstrebenswerter als der ordentliche Garten der bürgerlichen Gesellschaft, wonach er sich auf der Ebene des Bewußtseins sehnt. Sooft es darum geht, das zweite auf Kosten des ersten zu erlangen, wählt Günther unweigerlich die Rolle des Ausgestoßenen. Ich habe die Vermutung geäußert, daß er sie (vielleicht im Unterbewußtsein) wählt, weil sie zwangsläufig mit seiner größten Dichtung zusammengeht. Ist die Spannung dann geschaffen, so singt er von seiner Sehnsucht nach Frieden und Geborgenheit und von seinem Leid. Gleichzeitig spiegelt diese selbstgeschaffene Situation seinen Zustand existenziell. Sein höchster Wunsch ist es, durch seine Verse ewigen Ruhm zu gewinnen, sich einzureihen in die ›lorbeerreiche Schaar, / Vergil, Horaz, Petrarch, Secundus, Sannazar‹ (II, 51), das heißt, als großer Dichter in der Gesellschaft Aufnahme zu finden. Aber nur unter den eigenen Bedingungen, niemals auf Kosten seiner ›Redligkeit‹ oder der ihm eigenen Individualität. Das Zeitalter spottete über solche Ansprüche. Es verlangte noch immer die Unterwerfung des einzelnen unter eine Ordnung, die den Dichter ungefähr auf die gleiche Stufe mit einem Hofnarren stellte und die Dichtkunst selbst streng gattungsmäßig definierte. Für Günther und seine neue Art der Dichtung war da kein Platz. Seine Laufbahn wird damit zur Tragödie des vor seiner Zeit Geborenen.

Ich möchte versuchen, einige dieser allgemeinen Ausführungen durch Stellen aus dem Werk zu belegen. Die entscheidende Tatsache im Leben Günthers ist für Günther selbst, daß er zum Dichter und zu nichts anderem geboren war. Im Überschwang der Jugend (mit neunzehn) verkündet er (III, 18 f.):

> O höchstbeglückter Schluß, der Geist und Blut gerührt,
> Daß ich dem Opiz schon in etwas nachgespürt!
> O höchstbeglückter Tag, der meine Dichterflöthen
> Das erste Mahl gehört! Der Hunger mag mich tödten,
> Das Schwerd erwürge mich, dem Feuer mag der Leib
> An statt der Nahrung seyn, wenn nur mein Zeitvertreib,
> Das edle Harfenspiel, die Seele meines Lebens,
> Nicht in dem Tode stirbt, ...

Nach dem Debakel in Dresden, wo er sich ohne Erfolg um das Amt eines Pritschmeisters beworben hatte, behauptet er, er stimme allmählich mit denen überein, die Poeten für Narren hielten; wäre es ihm wirklich ernst mit dem Erwerb zeitlichen Ruhms und Reichtums, so würde er für immer von der Poesie lassen. So aber heißt es (III, 75 f.):

Nichts desto weniger entzückt mich noch ihr [der Poesie] Scherzen,
Und selbst mein Ungemach bringt manchen Einfall bey;
Verschwör ich sie gleich oft, so geht es nicht vom Herzen,
Denn weil der Mund noch flucht, so schreibt die Hand aufs neu.

Gegen Ende desselben Gedichts findet Günther ein treffendes Bild zur Kennzeichnung des Schicksals eines Menschen, der ein Dichter ist und sonst nichts – seine Verlassenheit, die dennoch die Quelle seines wahren Glücks ist. Er stellt die Freuden der Gesellschaft der eigenen, armseligen Existenz gegenüber und sagt (III, 77 f.; Hervorhebung von mir):

Ich bleibe, was ich bin, und bleib ich auch verlaßen,
. . . .
So siz ich bald daheim, bald aber in dem Grünen
Und Phoebus und mein Creuz, sonst niemand, neben mir.
Da muß mir oft die Noth zum Seelenfrieden dienen,
Denn wenn die Muse spielt, weicht aller Schmerz von hier.

Am Tiefpunkt seiner Laufbahn richtete Günther von Lauban aus (im April 1720) ein fragmentarisches Briefgedicht an seinen Gönner und Mentor Burkhard Mencke, in dem er sich als Opfer seiner Dichtkunst sieht, aber gleichzeitig zugibt, daß er die Verfolgung, die er in ihrem Namen erleide, sich selber zuzuschreiben habe (III, 106):

Warum mich nun der Zorn der Vaterlandes trift,
Rührt, wie ich glauben muß, von mancher Stachelschrift;
Durch diese zeugt ich mir ein allgemeines Haßen.
Der Kampf ist auch nicht jung, er fing sich in den Classen
Der lezten Schulzeit an. ...

Er habe jedoch genug Verfolgung gelitten für sein impulsives jugendliches Tun; statt den am Boden Liegenden zu treten, sollte die Gesellschaft ihm aufhelfen und ihn ein neues Leben beginnen lassen. Ein neues Leben, das die Absage an die Dichtkunst bedeute, wäre jedoch eine Unmöglichkeit, wenn Günther Günther bleiben solle (III, 109):

> Man schreyt mir häufig zu: Verlas die Poesie!
> Was kan denn ich davor? So oft ich ihr entflieh,
> So oft erhascht sie mich mit allzeit größrer Liebe.
> Die Reime feßeln mich, es sind nicht falsche Triebe,
> Es ist Natur und Hang ...

Es gibt kein Ausbrechen aus dem Bannkreis. Günther zu sein bedeutet, ein Dichter zu sein. Und darüber hinaus bedeutet es, so beteuert er unzählige Male, ›redlig‹ zu sein, das heißt, die Wahrheit zu sagen, wie er sie sieht und erlebt. Wenig später spricht er im selben Brief ausführlicher über die Erfahrungsbasis seiner Dichtung (III, 109):

> Viel Dichter klagen blos, Gedancken anzubringen,
> Erbetteln ihren Schmerz, zu dem sie sich erst zwingen,
> Von fremder Traurigkeit und weinen künstlich toll
> Und glauben selber nicht, was uns bewegen soll.
> Wen aber rührt die Qual gemahlter armer Sünder,
> Es wäre denn ein Weib und noch nicht trockne Kinder.
> Die Noth erklärt sich schlecht [schlicht] und redet, wie
> sie denckt.
> Lis, prüfe, theures Haupt, was hier den [Günther] kränckt.
> Die Warheit wird sich hier in keine Larve stecken,
> Wohl aber überall ein treues Herz entdecken.

Genau diese Eigenschaft der ›Redligkeit‹ erkennt er dann als die Quelle seines ganzen Elends, wie er sie als die Quelle seines höchsten Glücks erkennt, weil sie die Quelle seiner besten Dichtung sei (II, 193):

> Du mein Unglück auf der Erden,
> Allerliebste Redligkeit,
> Die du mich bey viel Beschwerden
> Gleichwohl als mein Schaz erfreut, ...

Der Kreis schließt sich aufs neue.

In seinen schlimmeren und damit vielleicht klareren Augenblicken weiß Günther, daß es absurd ist zu erwarten, ein Zeitalter, das noch immer den übertriebenen Lobpreis eines Tyrannen, das laszive Quodlibet und petrarkistische Verse an die Geliebte für eigentliche Dichtung hielt, werde sich sein Kriterium der ›Redligkeit‹ zu eigen machen: ›Was Warheit? schreyt Marcolph, die ist der Dichter Scham!‹ (IV, 161). Das Werk von Günther, der den dekorativen Stil frühzeitig verwarf und im Namen der ›Warheit‹ und ›Redligkeit‹ verstanden zu werden verlangte, mußte mit gemischten Gefühlen aufgenommen werden in einer Zeit, wo

> ... alle, wie man hört, verachten rechte Gaben,
> Und wollen schlechterdings nur Lustigmacher haben.
> (IV, 158.)

›Lustigmacher‹ waren auch diejenigen, welche die ›ernsthafte‹ Dichtung der Zeit lieferten, in welcher Verkleidung sie auch auftrat, ob als Ode, Huldigungsgedicht, Trauerrede oder Hochzeits-›Carmen‹. Günthers Klage ist im Grund die Klage eines Mannes, den ernst zu nehmen die Welt sich weigert, weil sie das nicht ernst nimmt, was seinen existenziellen Ausdruck ausmacht, die Dichtung selber[14]. Wir können ihn nicht nur als das Opfer seiner eigenen Dichtkunst sehen, sondern auch als das Opfer barocken Geschmacks und dessen Begriffs von der Kunst der Poesie als gereimter Redekunst, die sich streng an gattungsmäßige Konventionen hält. Und was hatten ›Warheit‹ und ›Redligkeit‹ schließlich auch damit zu tun? Aber die Zeiten begannen sich zu ändern, und der Begriff vom Wesen der Dichtung mit ihnen. Günther war vielleicht der beliebteste Dichter der auf ihn folgenden Generation.

Was die äußere Form seines Werks und die Einstellung zu seinem sprachlichen Medium betrifft, so beginnt Günther als ein Kind des Barock. Im Hinblick auf die erstere bleibt er während seiner kurzen Laufbahn im wesentlichen durchwegs barock, im Hinblick auf die letztere wird er, wie Besser und Neukirch in der Nachfolge von Canitz, zum Anhänger der neuen Nüchternheit. Gereimte Prosa in der Art von Canitz war jedoch nie sein Ideal. So ›naturalistisch‹ er sich auch vielleicht zuweilen gibt, wird er doch nie flach und unpoetisch. Die ständige Gefahr für sein Werk ist nicht eine prosaische Haltung, sondern Weitschweifigkeit. Dem geborenen Dichter – wenn es je einen gab – kamen die Verse viel zu leicht. Selbst seinen Schriftwechsel scheint er lieber in Versen geführt zu haben. Günther wegen seiner Weitschweifigkeit zu kritisieren, mag jedoch etwas unfair sein. Man muß sich vergegenwärtigen, daß er starb, bevor er die Möglichkeit hatte, die Überarbeitung seines Werks abzuschließen, das erst nach seinem Tod in einer gesammelten Ausgabe (1724–35, in vier Teilen) herauskam. Es ist nicht unwahrscheinlich, daß er vieles ausgeschieden hätte, wenn er über die endgültige Form hätte bestimmen können, und daß er das Übrige großenteils gekürzt und gestrafft hätte[15].

Die Forschung ist sich seit langem darin einig, daß Günthers zentrale Dichtung zwei Hauptthemen umkreist: die Liebe und das Unglück – *seine* Liebe zu dieser oder jener bestimmten Frau, und sein *persönliches* Unglück in dieser oder jener bestimmten Situation. Seine anderen wichtigen Themen, nämlich der Dichter und die Gesellschaft und das Verhältnis des Menschen zu Gott (sein Verhältnis zu seinem Vater ist ein Aspekt davon), sind mit diesen zwei Hauptkomplexen verflochten. Seine satirische und enkomiastische Dichtung ist ebenfalls wichtig, aber nicht eigentlich zentral, da sie hauptsächlich ein Nebenprodukt des Themas vom Dichter und der Gesellschaft ist. Der Literarhistoriker, dessen Aufgabe in der Vermittlung der herrschenden Lehre und nicht im Vortragen eigener Ansichten besteht, hat es angesichts der erst beginnenden Güntherforschung schwer, diesem Dichter gerecht zu werden. Das ist aber bei Günther vielleicht nur wenig schwieriger (wegen seiner relativen Kompliziertheit) als bei anderen Dichtern des Barock. Trotz aller Paukenschläge und der Formulierung von Theorien steht die Erforschung des deutschen Barock ingesamt – nicht nur die von Günthers Werk – erst in den Anfängen.

Welch beherrschenden Einfluß der sprachliche Habitus des Barock auf einen Dichter ausübte, der zu Anfang des 18. Jahrhunderts erste literarische Flugversuche unternahm, das wird völlig klar aus Günthers Klage ›Auf den Tod seiner geliebten Flavie‹ (I, 3), seiner Adoptivschwester Anna Maria Reinfelden, die er von Kindheit an geliebt hatte, erst als Schwester, dann als Frau. Das Gedicht entstand, als Günther neunzehn war. ›Flavie‹, die er auch

›Filindrene‹ nennt, war zusammen mit Leonore Jachmann und ›Phillis‹ (Barbara Littmann) einer der drei Leitsterne seines Liebeslebens. Die Echtheit seiner Zuneigung ist über jeden Zweifel erhaben. In einem späten Gedicht an ›Phillis‹ spricht er noch immer von ›Filindrene‹ als eines der ›Zwey Herzen‹, die er schon geliebt habe; die andere ist natürlich Leonore (I, 256, Z. 133 ff.). Die Kriterien der ›Warheit‹ und ›Redligkeit‹ waren damit erfüllt, und man kann das, was etwa in den folgenden Zeilen formuliert wird, nur der Macht der Tradition zuschreiben:

STIRBT meine Flavie, so klagen meine Flöthen,
Der Schlag, so sie gefällt, muß mich auch selber tödten.
Die Schönheit und ihr Kind, mein Leben, sinckt ins Grab,
Das meine Lust vergräbt. Was mir der Himmel gab,
Nimm [!] jezt die Erde hin. Der Zierrath aller Wälder,
Der Ausbund aller Treu, macht der Elyser Felder
Durch seinen Tod beglückt. Die ewig schwarze Nacht
Verhüllt mein Sonnenlicht. ...

Das Gedicht ist derart überladen mit barocken Klischees, daß es fast wie eine Parodie auf den modischen Stil anmutet. Es erinnert stark an eine Elegie B. Neukirchs über den ›vermeynten todt‹ seiner Sylvia (Neukirch I, *Neudr.*, S. 107) mit ihrem Kehrreim ›O himmel / erd' und lufft / erhöret meine lieder! Schafft meine Sylvia / schafft meine liebste wieder‹, den Günthers zu Beginn jeder Strophe wiederholte Eingangszeilen nachzuempfinden scheinen. Beide Gedichte sind im Stil der Schäferdichtung verfaßt, beide bemühen sich – Neukirch mit weit mehr Erfolg als Günther, weil mit etwas mehr Zurückhaltung – den Tod der Geliebten zu einem kosmischen Ereignis zu überhöhen. Neukirch z. B. singt:

Wenn ich mein morgen-brod mit saltz und thränen aß /
So fiel sie neben mich in das bethaute gras /
Und sang / ob wolte sie die gantze welt bewegen.
Die winde musten sich auff ihre seuffzer legen:
Die blitze stunden still / und Phöbus trat die bahn /
So offt er sie ersah / mit vollen freuden an.

Zum Vergleich Günther:

> ... Der Parzen Urthelstab
> Reißt meiner Flavie den Schönheitspurpur ab.
> Die Äcker fühlen es. Die Zierligkeit der Blätter
> Verläst den dürren Stamm, ...
> ... Es seufzen Feld und Wald,
> Da ein gebrochen Wort in seinen Thälern schallt
> Und ihren Tod beklagt. ...

Mit der typischen Tendenz des Barock zu immer neuer Bearbeitung eines Themas (das nicht zu tun, wäre ›unpoetisch‹ gewesen) wird eine schlichte Schäferin in eine Halbgöttin verwandelt. Der charakteristische Unterschied zwischen den zwei Gedichten – abgesehen von der übermäßigen Länge des Güntherschen Produkts (236 Zeilen) – liegt darin, daß Günthers Gedicht etwas Unmittelbares und Schlichtes hat und damit eigenes Erleben spiegelt. Inmitten aller barocken Pracht und schäferlichen Scheinwelt streift unser Blick zwei einfache Kinder und treue Gefährten, Anna Maria und Johann Christian, deren Zuneigung zueinander sich zu wahrer Liebe entwickeln sollte:

> Der Kindheit Morgen warf den Zunder in die Brust,
> Der nach und nach entglamm; die erste Liebeslust
> War Spiel und Dockenwerck. Ich war dir schon gewogen,
> Als aus den Wangen noch kein Haar die Milch gesogen.
> Wir waren schwach und klein, die Liebe starck und groß
> Und größer als wir selbst. Oft trug uns eine Schoos,
> Oft führt' uns eine Hand, noch öfter das Verlangen.
> Wie öfters hat uns nicht ein kindliches Umfangen
> Die Armen schwer und blau wie selbsten laß gemacht!

Der Versuch, solchen Zeilen einen gewissen rhetorisch-dekorativen Anstrich zu geben, ist ziemlich deutlich (z.B. die Personifizierung von ›Kindheit‹, der Gebrauch von ›Zunder‹, das Wortspiel mit ›führen‹); ebenso deutlich ist aber, daß sie unmittelbares, persönliches Erleben ausdrücken. Solche realistischen Klänge sind Neukirchs Klage fremd, wie sie dieser Tradition überhaupt fremd sind. Etwas wenigstens annähernd Vergleichbares findet man bei Neukirch nur in den oben zitierten Zeilen (›Wenn ich mein morgen-brod ...‹), aber diese Stelle geht in keiner Weise über die Grenze der Schäferdichtung hinaus. Günther dagegen bricht mit der Tradition, während er sie doch wieder in einer fast parodistischen Übersteigerung befolgt, die selber Verdacht erregt – er insistiert zu sehr. Es ist, als könne er nicht anders, als die *wahre* Geschichte zu erzählen, wenn auch das angelegte Gewand schlecht dazu passen mag. Das Wahrzeichen der Dichtung Günthers – barocke Form im Konflikt mit dem Ethos der Aufrichtigkeit – ist bereits erkennbar.

Diese Spannung bleibt charakteristisch für Günthers Dichtung insgesamt und kennzeichnet ihn als Figur des ›Übergangs‹. Das in dem Gedicht auf Flaviens Tod so deutlich ersichtliche, übertrieben dekorative Element sollte jedoch bald erheblich reduziert werden, da es sich mit seinem neuen poetischen Ideal nicht vertrug. In einem 1717 verfaßten Briefgedicht (III, 55) findet sich eine berühmte Stelle, in der die Rede ist von dem Bemühen des Dichters, seinen ›Phoebus‹ von barocker Manieriertheit zu kurieren:

> Mein Phoebus liegt noch kranck, ich hab ihn in der Cur
> Und will ihm nach und nach die schwülstige Natur,
> Die seine Jugend plagt, aus Blut und Gliedern treiben, ...

Diese Entschlossenheit zum Abwerfen des Bombastischen war im Fall Günthers nicht nur dem Einfluß der neuen Nüchternheit zuzuschreiben, sondern auch und vielleicht sogar hauptsächlich seiner intensiven Beschäftigung mit den Klassikern während seiner Leipziger Zeit. Sein Bemühen und die Methode seiner ›Cur‹ bestehen, wie er in derselben Stelle sagt, darin,

> ... die Minen und den Grund,
> Worein die Poesie der Römer und der Griechen
> Den reichsten Schaz vergräbt, von neuem durchzukriechen. ...

Diese kühne Metapher ist vielleicht nicht ohne weiteres verständlich. In der klassischen Dichtung ist ein Schatz vergraben, den er neu zu entdecken und für seine eigene Dichtung zu vermünzen gedenkt. Die anschließende Entwicklung der Verse

Günthers zeigt, daß er nicht daran denkt, aus diesem Schatz durch äußerliche Nachahmung klassischer Formen Münze zu schlagen, wie das Klopstock dann später versuchte, sondern indem er sich den klassischen Geist der Reinheit und Aufrichtigkeit zum Vorbild nimmt. Er scheint sich bereits der tiefen Wahrheit bewußt zu sein, die Edward Young (in seinen ›Conjectures on Original Composition‹) dann einer späteren Generation enthüllte: daß er nur dann ein Grieche werden könne, wenn er sich selbst treu bleibe. Günthers neues poetisches Ideal – innere Anzeichen deuten darauf hin, daß er es ergriff, bevor er sich offen dazu bekannte – führt jedoch keineswegs dazu, daß er die Metapher ablehnt. Vielmehr wird der Metapher ihre wahre Ausdrucksfunktion zurückgegeben, und zwar im Unterschied zu einer vorwiegend schmückenden Funktion. Das geschieht allerdings nicht plötzlich. Es gibt noch immer – besonders in der früheren Dichtung – ein Schwanken zwischen dem dekorativen Stil und dem neuen Ideal, und ebenso finden wir Stellen, die typisch sind für den flachen, nüchternen Stil eines Canitz und Weise[16].

Die Gedichte an Leonore Jachmann stellen Günthers wichtigste Liebesdichtung dar. Es gibt zwei Hauptgruppen in den Leonore-Gedichten, die Abschnitten im Leben des Dichters und seiner Nähe zu Leonore entsprechen. Die erste Gruppe entstand noch während seiner Schweidnitzer Schulzeit und seiner ersten Trennung von Leonore in Wittenberg. Krämer datiert diese Gruppe so: Schweidnitz, Juni 1714 – Wittenberg, Juli 1716; das heißt, sie wurde geschrieben, bevor Günther seinen Beschluß verkündete, seinen ›Phoebus‹ in die ›Cur‹ zu nehmen. Die zweite Gruppe ist so datiert: Dresden, August 1719 – Breslau, Herbst 1720; sie entstand in dem Zeitraum von Günthers Rückkehr nach Schlesien bis einige Zeit nach Leonores Abreise aus ihrer Heimat nach Pommern.

Psychologisch gesehen liegt der große Unterschied zwischen dieser Dichtung und der ihr unmittelbar vorangehenden oder sogar mit ihr parallel laufenden Liebesdichtung vor allem darin, daß die Geliebte als *Person* ernst genommen und nicht nur als austauschbares Liebesobjekt betrachtet wird. Zum erstenmal seit Fleming – und weit mehr als bei Fleming – haben wir das Gefühl, daß diese Gedichte sich nur an diese bestimmte Frau richten konnten. Das gleiche gilt für alle Gedichte Günthers an andere Frauen. Alle, die seine Leidenschaft erregten, stehen als fest umrissene Persönlichkeiten vor uns, zuerst als Frauen und dann erst als Gegenstand des Begehrens. Sie werden begehrt, weil sie ihr eigenes Selbst besitzen. Günthers erotische Gedichte sind daher niemals nur wollüstig, und das Thema der Lust und ihrer Knechtschaft ist ihm fremd. Das überragende Merkmal seiner Liebesdichtung ist die *Verbindung* des Physischen und des Geistigen. Günthers Liebe ist ›moderne Liebe‹ in dem Sinn, daß sie mehrdimensional und problematisch ist. Modern ist sie auch in ihrem Versuch, der Liebesbeziehung durch das Ideal der Treue eine metaphysische Bedeutung zu verleihen. Ihre metaphysische Bedeutung ist jedoch, und das ist das spezifische Merkmal, engstens verbunden mit der physischen Basis. Sie überspringt nicht das Diesseitige und sieht auch das Physische nicht lediglich als emblematisches ›Zeichen‹. Ebensowenig degradiert sie das Physische zur bloßen Lust. Seit Petrarca und sogar noch früher (aber natürlich nicht bei Petrarca selbst) war das Problem der Liebe in der europäischen Literatur mit nur wenig Ausnahmen auf auffallend unproblematische Weise gelöst worden: Die Konvention bestimmte alles. Mit Günther findet die Liebe als ewig neue individuelle Offenbarung und als ewig neues individuelles Problem die ihr gebührende Anerkennung.

Bis zu einem gewissen Grad spiegelt diese Einstellung zur Liebe die Haltung der herandämmernden Aufklärung zur ›Natur‹. Die Menschen wandten sich allmählich der sie umgebenden Welt zu und versuchten, Theorien und Erklärungen der Wirklichkeit auf der Grundlage der Erscheinungen selbst zu formulieren, anstatt ausschließlich aufgrund religiöser Dogmen und altehrwürdiger Autoritäten. Mit dieser Wendung weg von der einen sicheren Quelle der Wahrheit – der offenbarten Religion – und hin zum Reich der Natur mußte die Welt und mit ihr die Liebe selbst zwangsläufig problematisch werden. Die gleiche Kehrtwendung bewirkte natürlich den Niedergang des emblematischen Stils in der Dichtung, der das Barock beherrscht. Es begann schwierig zu werden, ein ideales Verhältnis zwischen dem Phänomenon und dem Noumenon vorauszusetzen. (Das führte dann natürlich letzten Endes zum Aufstieg der symbolischen Stilart und zur

Wiedereinführung des Metaphysischen durch die Hintertür – über das Physische.) Es dürfte sich von selbst verstehen, daß dieser Wechsel nicht von heute auf morgen eintrat. Es gibt viele Überschneidungen, erhebliche Unsicherheit und Verwirrung poetischer Stilarten, häufige ›Rückfälle‹, wenn man so will, in die ältere, dogmatische und im wesentlichen mittelalterliche Anschauung von der Natur der Dinge und deren rein emblematischer Bedeutung.

Könnten wir die Gedichte an Leonore Jachmann mit Sicherheit in der richtigen Reihenfolge anordnen, ohne daß wichtige Glieder fehlten, dann würden diese Gedichte ohne Zweifel die Autobiographie eines Herzens darstellen. Selbst in ihrem ziemlich fragmentarischen Zustand bilden sie ein solches Buch, wenn auch mit verwirrenden Wendungen und mit Lücken, die einen zur Verzweiflung bringen. Die erste Gruppe enthält 56 Gedichte, einige haben nicht mehr als vier Zeilen, das längste hat 126 Zeilen; der Durchschnitt liegt etwa bei rund 50 Zeilen. Den Anfang macht ein Gedicht über das Thema schicksalhafter Liebe auf den ersten Blick; die folgenden erzählen von den Qualen heimlicher Leidenschaft, sodann vom Geständnis dieser Leidenschaft, fahren fort mit einer wichtigen Teilgruppe über die geistige Bedeutung des Physischen, wenden sich danach der in der Geliebten verkörperten Majestät der Liebe zu, verfechten voller Inbrunst die Sache des Liebenden in einer Verinnerlichung des Carpe-diem-Motivs, erzählen in einem Sonett vom heimlichen Verlöbnis des Liebespaars, singen von der Treue als demjenigen, das der Liebe ewige Bedeutung verleihen kann, sprechen sodann von Untreue und Eifersucht, um mit einer Reihe sehr ergreifender Gedichte über das Thema des Abschieds zu schließen. Hierauf folgt eine Art Epilog mit Gedichten, die nach der Trennung der Liebenden entstanden. Sie sprechen vom Bewahren der Treue, von seiner Sehnsucht (dem wichtigsten Thema) und enden mit einem Schreiben, in dem er sich gegen den Vorwurf der Untreue verteidigt und ihr gemeinsames künftiges Glück ausmalt. Der hier gegebene Überblick folgt der Anordnung bei Krämer, der sich um eine streng chronologische Abfolge bemüht. Mit anderen Worten, das in diesen Gedichten reflektierte Leben selbst ordnet diese in eine Art Zyklus ein. Sie bilden, wie Goethe in seinem

Kommentar über Günthers Werk als Ganzem es ausdrückt, ›im Leben ein zweites Leben durch Poesie‹. Es entzieht sich unserer genauen Kenntnis, welche Reihenfolge der Dichter selbst gewählt hätte, wenn er lang genug gelebt hätte, um eine Ausgabe des eigenen Werks herauszubringen, man kann jedoch mit einigermaßen begründeter psychologischer Wahrscheinlichkeit vermuten, daß seine fanatische ›Redligkeit‹ ihn veranlaßt hätte, einem ähnlichen, wenn auch zweifellos weniger fragmentarischen Plan zu folgen.

Diese Gedichte an Leonore aus früherer Zeit zeigen noch immer zahlreiche Spuren eines veräußerlichten metaphorischen Gebrauchs im konventionellen Barockstil, so zum Beispiel (I, 26):

> Gewis, die Lippe führt ein reiches Kaufmannsgut,
> Und das Gesichte zeigt ein Meer voll Milch und Blut,
> Allwo die Gratien am Ufer deiner Wangen
> So Perlen suchen gehn als Purpurschnecken fangen.

Trotz des einschmeichelnd Spielerischen, dem wir unsere Zustimmung nicht versagen können, fällt es uns vielleicht doch etwas schwer, uns die Grazien vorzustellen, wie sie am Ufer der Wangen voll Milch und Blut Schnecken fangen. Der Zweck einer solchen Bildersprache ist rein dekorativ, die Bilder sollen gedanklich nicht nachvollzogen werden. Wir können uns vielleicht kaum vorstellen, daß der Dichter dies als ›ernsthafte‹ Dichtung versteht. Es besteht jedoch kein triftiger Grund anzunehmen, er habe es nicht so verstanden. Das Bestürzende ist, daß eine solche Stelle neben so entzückend direkten und lebendigen Versen wie den folgenden (I, 47) steht, in denen der Liebhaber schelmisch um Verzeihung dafür bittet, daß er sich gewisse Freiheiten erlaubt habe (ein häufiges Motiv):

> Schau nur selbst, die zarten Brüste
> Blicken mich so liebreich an,
> Daß ich nach der Milch gelüste
> Und mich kaum enthalten kan,
> Bey so wohlbestellten Sachen
> Dich noch einmal roth zu machen.

Oder man denke an die folgende Strophe aus einem der glühendsten und am stärksten verinnerlichten Carpe-diem-Gedichte Günthers (I, 52):

Eröfne mir das Feld der Brüste,
Entschleus die wollustschwangre Schoos,
Gieb mir die schönen Lenden blos,
Bis sich des Monden Neid entrüste!
Die Nacht ist unsrer Lust bequem,
Die Sternen schimmern angenehm
Und buhlen uns nur zum Exempel;
Drum gieb mir der Verliebten Kost,
Ich schencke dir der Wollust Most
Zum Opfer in der Keuschheit Tempel.

Auf den ersten Blick könnte man diese Zeilen für eine direkte Nachahmung Hofmannswaldaus halten. Das Bild des Opfers in den beiden letzten Zeilen erinnert besonders an den großen Erotiker, und eine Wendung wie ›der Wollust Most‹ (für Samen) ist sehr typisch. Doch bald erkennt man hier ein Element, das den Carpe-diem-Gedichten vor Günther fremd ist, und das ist der Begriff der *Gegenseitigkeit*. Die stürmisch-imperativische Aufforderung zur Hingabe erhält ein Gegengewicht durch die Idee der Gegengabe (›Ich schencke dir ...‹). Die Gegenseitigkeit wird auch in dem Adjektiv *wollustschwanger* betont, das in seiner Bedeutungsverdichtung durchaus Goethisches Format besitzt: ›Entschleus die wollustschwangre Schoos‹. Sein Begehren und die Erfüllung gelten auch für sie, und das macht den Liebesakt *keusch* und die ›Schoos‹ (hier natürlich *sexus, pudendum*) zu ›der Keuschheit Tempel‹. Das Argument des Liebhabers wächst über die faunische Scheinlogik des Sklaven der Lust hinaus und wird zum Ausdruck der Hingabe an wahre Liebe. Es hat seinen guten Grund, daß das Gedicht mit dem Motiv der Treue bis zum Tode schließt. Beachtlich ist auch, daß diese Zeilen keine rein dekorativen Bilder enthalten. Die auffallende Metapher das ›*Feld* der Brüste‹ könnte man beinahe ›organisch‹ nennen – auf dieses ›Feld‹ läßt Günther den neidischen Mond scheinen; die Geliebte wird zum Teil des Kosmos, der Liebesakt selbst zu einem dazu passenden Ritus, der dem Beispiel der schimmernden Sterne folgt.

Günther besitzt, wie jeder Betrachter seines Werks bald erkennt, eine tief religiöse Natur. Auch der Liebe verleiht er eine religiöse Bedeutung, wenn es auch falsch wäre zu sagen, er mache aus der Liebe eine Religion. Die Treue kann, Günther ist davon überzeugt, der zeitlichen Liebe ewige Bedeutung schenken. Dieses Thema gibt in dieser Gruppe von Gedichten den ethischen Grundton an. Das ist modern und problematisch zugleich. Es ist modern, weil das Zeitliche und Vergängliche so ernst genommen werden; es ist problematisch gerade wegen der Natur des Menschen: ›Der Menschen Herz verändert wunderlich‹. Günther kehrt immer wieder zurück zur Treue als einem Ideal und als dem Grundproblem der Liebesbeziehung (I, 56, Hervorhebung von mir; sowie I, 58):

MEIN Kind, was zweifelstu an meiner Redligkeit,
Die ihres gleichen doch in deiner Brust verspüret?
. . . .
Mein Sinnbild ist ein Ring, der Denckspruch: Sonder Ende;
Denn wer nicht ewig liebt, der liebet nimmermehr.
Drum liebe nur getrost; denn die Beständigkeit
Würckt mir den Hochzeitrock und auch das Leichenkleid.

Die Treue ist ein Aspekt der *Redligkeit*, die hier wie immer bei Günther den höchsten ethischen Wert darstellt. Das gleiche Ideal, das – ließe es sich verwirklichen – die zeitliche Liebe verewigen würde, ist auch das Ideal, das ihn zu einer neuen Art von Dichter macht, denn letzten Endes hat seine Abkehr von der rhetorischen Veräußerlichung des Barock zugunsten einer unmittelbareren und ›organischeren‹ Dichtungsart die gleiche Wurzel (I, 82):

WEINE nicht, mein Kind, ich bleibe
Dir bis in den Tod getreu.
Glaube, was ich denck und schreibe,
Ist und heist stets einerley,
Weil die Redligkeit zum Lieben
Mir Geseze vorgeschrieben.

Das Gedicht ›Als er sie seiner beständigen Liebe versicherte‹ (I, 59) könnte man das Programmstück zum Thema ›verweltlichter

Ewigkeit‹ nennen. Die Schlüsselstrophe ist Strophe zwei:

Glück und Zeit
Haßet die Beständigkeit;
Doch das Feuer, so ich fühle,
Hat die Ewigkeit zum Ziele
Und verblendet selbst den Neid.

Das die gleiche Strophenform[17] verwendende Begleitstück zu diesem Gedicht ist das bekannte ›Abschied von seiner ungetreuen Liebsten‹ (I, 70). Der Einsatz der gleichen Form für beide Gedichte zeigt die problematische Natur des Ideals:

WIE gedacht,
Vor geliebt, jezt ausgelacht.
Gestern in die Schoos gerißen,
Heute von der Brust geschmißen,
Morgen in die Gruft gebracht.
Wie gedacht,
Vor geliebt, jezt ausgelacht.

Das folgende wunderschöne Madrigal (I, 36) ist vom Standpunkt reiner Lyrik aus eines der besten Gedichte der ersten Gruppe von Leonore-Gedichten. Auch dieses Gedicht befaßt sich mit dem Thema verweltlichter Ewigkeit oder eines Himmels auf Erden:

O Liebe,
Was vor innig-süße Triebe
Hegstu nicht in deiner Brust!
Würden doch nur die Verächter
Einmahl unsrer Wollust Wächter,
Schwör ich bey Amoenens [der Muse] Gunst,
Daß sie erstlich selbst nicht wüsten,
Ob der Himmel zeitlich sey,
Und darnach vor Scham und Reu
Nur vom Zusehn sterben müsten.
Das thäten sie,
Das thäten deine Triebe,
O Liebe!

Bei solchen Versen denkt der Englischsprachige wohl leicht an die Lyriker des Zeitalters Elisabeths I. und Jakobs II. und die für ihre Dichtung so typische Verbindung von Scherz und Leidenschaft. Der Deutschsprachige wird wahrscheinlich an den frühen Goethe erinnert. Die hier vermittelte Überzeugungskraft und Inbrunst findet sich selten in der weltlichen deutschen Dichtung vor Günther. Für nachfolgende Generationen sollte sie zum Prüfstein der ›Echtheit‹ werden.

Eines der bekanntesten Gedichte Günthers kennzeichnet den Schluß des eigentlichen Zyklus – wenn man so sagen kann –, und es kennzeichnet gleichzeitig den Weggang des Dichters aus Schweidnitz. Es ist die sogenannte ›Abschiedsaria‹ (I, 84 – der Titel stammt anscheinend nicht von Günther selbst). Der Strophenbau ist einfach, aber wirkungsvoll: ein fünfzeiliger jambischer Pentameter plus eine zweihebige ›Echo‹-Zeile, die das Gefühl unvermeidlicher Tragik in der ersten Gedichthälfte und das Gefühl sicheren Trosts in der zweiten verstärkt. (Günther verwendete diese Strophenform dann nochmals und sogar noch wirkungsvoller in einem anderen Abschiedsgedicht: ›An Leonoren bey dem andern Abschiede‹, I, 201.[18]) Hier die erste Strophe der ›Abschiedsaria‹:

SCHWEIG du doch nur, du Hälfte meiner Brust;
Denn was du weinst, ist Blut aus meinem Herzen.[19]
Ich taumle so und hab an nichts mehr Lust
Als an der Angst und den getreuen Schmerzen,
Womit der Stern, der unsre Liebe trennt,
Die Augen brennt.

Wie können zwei, die von Rechts wegen und sogar nach göttlichem Willen eins sind (ihre Verbindung ist ›des Himmels Schluß‹), den Schmerz der Trennung überleben? Das ist das Thema des Gedichts, und das Gesamtschema gibt es genau wieder. Die Strophen 1 – 5 sprechen vom Abschiedsschmerz und fragen, wie er zu überwinden sei:

Welch Pflaster kan den tiefen Riß verbinden,
Den tiefen Riß, der mich und dich zulezt
In Kummer sezt?

Die Strophen 6–10 sprechen vom Einssein selbst in der Trennung – das ›Pflaster‹ zur Heilung der Wunde findet sich. Das wirksamste Heilmittel ist die Treue, was sonst?

> Wohin *ich* geh, begleitet mich *dein* Bild,
> Kein fremder Zug wird mir den Schaz entreißen ...
> . . . .
> Erinnre *dich* zum öftern *meiner* Huld
> Und nähre sie mit süßem Angedencken! ...

Am interessantesten ist in diesem Zusammenhang jedoch Strophe 7:

> Genung! Ich muß; die Marterglocke schlägt.
> Hier liegt mein Herz, da nimm es aus dem Munde
> Und heb es auf, die Früchte, so es trägt,
> Sind Ruh und Trost bey mancher bösen Stunde,
> Und lis, so oft dein Gram die Leute flieht,
> Mein Abschiedslied.

Die Erinnerung an vergangenes Einssein, das Thema der unmittelbar vorhergehenden Strophe, wird durchschnitten von der unerbittlichen Gegenwart: ›die Marterglocke schlägt‹. Der tiefe ›Riß‹ klafft. Und jetzt findet sich ein Heilmittel in dem, was er der Geliebten als wertvollsten Teil seiner selbst gibt: seiner Poesie. Die Liebste kann jederzeit Trost finden, indem sie sein ›Herz‹ liest, das Abschiedslied selbst: ›Hier liegt mein Herz, da nimm es aus dem Munde ...‹. Ein kühnes, aber passendes Bild, erstaunlich in seiner Verbindung des Physischen und Geistigen. Dieses Herz wird Früchte des Trostes tragen; der Abschiedsschmerz wird gelindert werden durch ebendie Worte, die ihn festhalten. Aus diesen Zeilen spricht eine Anschauung vom Wesen der Dichtung, die in der deutschen Sprache vor Günther ihresgleichen sucht. Ein derartiger Glaube an die Macht der Poesie ist nur möglich auf der Basis des Ethos der Aufrichtigkeit.

Dennoch muß die ›Abschiedsaria‹ trotz der glänzenden Stellen dem modernen Leser als nur bedingt gelungen erscheinen. Er wird stutzen, verwirrt, oder schlimmer noch, belustigt sein, wenn er eine emblematische Figur wie die folgende liest:

Es [dein Bild] macht mich treu und ist ein Hofnungsschild,
Wenn Neid und Noth Verfolgungssteine schmeißen ...

Ist er mit der Tradition vertraut, so wird er eine Wendung wie die folgende als Klischee erkennen:

So viel bisher dein Antliz Sonnen wies,
So mancher Bliz wird jezt mein Schröcken bleiben. ...

Und er wird die Verkettung von Bildern in den folgenden Zeilen, gelinde gesagt, disharmonisch finden:

Die Zärtligkeit der innerlichen Qual
Erlaubt mir kaum, ein ganzes Wort zu machen.
Was dem geschieht, um welchen Keil und Strahl
Bey heißer Luft in weitem Felde krachen,
Geschieht auch mir durch dieses Donnerwort:
Nun muß ich fort.

Wir dürfen nicht vergessen, daß dies noch immer die Verse eines Schülers sind, eines genialen Schülers zwar, der sich aber noch nicht völlig darüber im klaren war (wie sollte er auch?), welche Art Dichtung seine eigene Überzeugung verlangte. Es ist vielleicht nicht ganz unfair zu sagen, die gelungenen Zeilen in Günthers frühen Gedichten seien kaum mehr als Glückstreffer, wenn sie auch sein Genie beweisen und die Richtung angeben, in die er sich vortastete. In den Versen der meisten seiner Zeitgenossen werden wir vergeblich nach ähnlichen Glückstreffern suchen.

Zwischen die zwei Gruppen von Leonore-Gedichten fallen die in Leipzig verfaßten und an ›Rosette‹, ›Flavia‹ und die ›Leipziger Leonore‹ gerichteten Gedichte. In diese Periode gehören auch die Studentenlieder, darunter die berühmte Günthersche Fassung von ›Gaudeamus igitur‹ (›Brüder, last uns lustig seyn‹), sowie die glänzend gelungene Ode an Prinz Eugen[20]. Auf die Leipziger Liebesdichtung und Vagantenlieder müssen wir hier verzichten. So interessant sie als solche sind, so sind sie doch keineswegs so zentral wie die Gedichte an Leonore. Nur ein Gedicht aus dieser Gruppe (I, 109) darf nicht übergangen werden. Krämer reiht es unter die Gedichte an Rosette ein, mit denen es anscheinend wenig gemein hat, abgesehen vom Motiv der Liebessehnsucht selbst, das diese Gruppe durchzieht:

WAS war das vor ein göttlich Paar?
Wo hat die Welt dergleichen Lüste?
So lacht' ihr Mund, so flog das Haar,
So hüpften die gefüllten Brüste.
Die Sehnsucht schilt den leeren Raum,
Ich weis nicht, was ich selbst begehre.
Der Menschen Leben heist ein Traum,
O wenn doch meins ein solcher wäre!

Das metrische Schema und das Reimschema sind recht einfach: Achtzeiligkeit, jambischer Tetrameter mit alternierendem Reim; ungerade Zeilen enden männlich, gerade weiblich. Einfach ist auch die Syntax, die normaler Prosastellung keineswegs zuwiderläuft. Schmückende Adjektive werden sparsam, aber treffend verwendet: *göttlich* in Zeile 1 kontrastiert sogleich mit *Welt* in Zeile 2; die ›*gefüllten* Brüste‹ in Zeile 4 machen den ›*leeren* Raum‹ in Zeile 5 noch leerer. Dieses kontrastive Schema spiegelt den Aufbau des Gedichts: die ersten vier Zeilen enthalten das hinreißende Wunschbild, die letzten vier die nüchterne Wirklichkeit – Fülle gegenüber Leere, Vergangenheit gegenüber Gegenwart. Was war das vom Sprecher erhaschte Wunschbild? Was war das ›göttlich Paar‹? Es ist nicht leicht, das mit Sicherheit zu sagen. War es ein menschliches Paar, ein glückseliges Paar, das am einsamen Fenster des Dichters vorbeiging? Oder waren es vielmehr die ›gefüllten Brüste‹ irgendeiner weiblichen Gestalt, die durch seine Träume lief? Vielleicht ist das auch unerheblich. Die letzten zwei Zeilen sprechen anscheinend für die erste Interpretation, weil er sich in seinem Wunschtraum nicht gut in ein Brüstepaar verwandeln, sondern viel eher in einer Adam-und-Eva-Situation die Stelle des Mannes einnehmen könnte[21]. Rhythmisch gesehen ist das Gedicht ein kleines Meisterwerk. Auch in dieser Hinsicht besteht ein deutlicher Kontrast zwischen der ersten und der zweiten Hälfte, wie man am leichtesten in der Bewegung in Zeile 3 und 4 und deren Kontrast zu Zeile 5 erkennt:

3) x x̎ x x́ x x̎ x x́
4) x x̎ x x̀ x x́ x x́ x
5) x x́ x̀ x́ x x́ x x́

Insgesamt könnte man das Gedicht durchaus als Symbol für die existenzielle Situation Günthers verstehen, die des Außenstehenden. Ich habe bereits angedeutet, daß das Eintreten dieser Situation anscheinend seine beste Dichtung zur Folge hat. An diesem Gedicht ist nichts, was man ›barock‹ nennen könnte, es sei denn vielleicht die Personifizierung der ›Sehnsucht‹. Es ist eine perfekte Veräußerlichung eines innerlichen Zustands und mit Sicherheit so ›modern‹ wie irgend etwas im 18. Jahrhundert Geschriebenes. Es ist höchst unwahrscheinlich, daß jemand das Gedicht historisch einordnen könnte, wenn er es hört, ohne den Verfasser zu kennen, besonders wenn man *für* statt *vor* setzte. Es ist jedoch nicht wirklich typisch für das Werk Günthers, weder damals noch später. Wie gewisse Stellen in seinen längeren Gedichten bleibt es ein Glückstreffer.

Die zweite Gruppe der Gedichte an Leonore Jachmann, die Krämer vom August 1719–Herbst 1720 datiert, bildet das Herzstück der Liebesdichtung Günthers und seine hervorragendste Leistung als Sänger der Liebe. Wir erinnern uns: Günther kehrte nach Schlesien zurück, als Gescheiterter, wenn auch als ziemlich bekannter Dichter. Seine Leipziger Leonore hatte einen anderen geheiratet, es war ihm nicht gelungen, eine Stellung als Hofpoet in Dresden zu erhalten, sein Medizinstudium war noch immer nicht abgeschlossen, er hatte keine sichere Einnahmequelle und war großenteils auf Almosen angewiesen, er war zerstritten mit seinem Vater und auch mit einem großen und einflußreichen Teil der Gesellschaft, der ihn als einen liederlichen und betrunkenen Kerl mit ätzend scharfer Feder betrachtete. Sein dichterischer Ruhm, besonders der Ruhm seiner glänzenden Ode an Prinz Eugen, konnte das alles nicht wettmachen. Außerdem hatte man am Wiener Hof ihn und seine Ode ignoriert. Aber je stärker das Schicksal auf ihn einschlug, desto besser wurde er als Dichter. Sein geistiges Exil in Tomi hatte seine ergreifendsten *Tristia* zur Folge.

Die zweite Gruppe der Gedichte an Leonore beginnt mit einem *Auftakt*, der einige Zeit vor Günthers tatsächlicher Rückkehr in die Heimat entstand, jedoch nach seinem Bruch mit der Leipziger Leonore. Diese ›Ode an sein Lenchen‹ (I, 167) spricht von seiner Einsamkeit und Liebessehnsucht (niemals war jemand verliebter in die Liebe!) und von seinem Schuldgefühl wegen seiner Untreue gegen die ›wahre‹ Leonore, zu der er sich nun zurücksehnt:

> Ja, ja ich fühle schon die Rückkunft erster Triebe,
> Mein Blut erinnert sich der damahls reinen Treu...

Aber liebt sie ihn denn noch? Es kann nicht anders sein:

> Die Neigung gleicher Art verband uns gar zu scharf.

Der eigentliche ›Zyklus‹ beginnt dann mit seiner Rückkehr. Eine Übersicht über das Themenmaterial dieser Gedichtgruppe (nach Krämers Einteilung) ergibt ungefähr folgendes Schema:

Rückkehr nach Schlesien – seine Hoffnungen, Vorbereitung des Wiedersehens.

Wieder in Schweidnitz – Leonore nicht mehr dort; Treue als höchste Tugend und Basis der Hoffnung.

Wiedersehen – ein Gedicht von nur sechs Zeilen!

Erinnerung an das Wiedersehen – Hochzeit im Gedicht.

Elegische Klagen – Einssein auch in der Trennung; Abschiedsgedicht; Gedicht des Trostes im Gedenken.

›An Leonoren bey dem andern Abschiede‹ – Einssein in der Trennung, das überragende Thema dieser Gruppe.

Leonore von jedem Versprechen befreit; ihre Ablehnung solcher Freiheit.

Erinnerung an Vergangenes – das Leben in der Erinnerung.

Bitterer Abschied – Vorwurf der Untreue.

Überwindung der Bitterkeit – Treue im und durchs Gedenken, Besitz der Geliebten im Geiste.

Diese schematische Übersicht macht ziemlich deutlich, daß das ›Problem‹ dieser Gedichte das elegische Grundproblem ist: Wie findet man einen positiven Sinn in einer negativen Situation, wie überwindet man innerlich ein bitteres Schicksal. Günthers ethische Lösung besteht in einer Mystik der Treue, seine Lösung als Künstler liegt in der Dichtung selbst, das heißt darin, daß er sein Leid in Dichtung umsetzt, daß er *sagt*, wie er leidet. Viel deutlicher als in der ersten Gruppe der Leonore-Gedichte werden in der zweiten Gruppe größere gesellschaftliche Aspekte angesprochen. Tatsächlich wird zwar in der zweiten Gruppe eine vergeistigte (aber doch ausgesprochen physisch orientierte!) Lösung als letzte Rettung, als *pis-aller*, akzeptiert; es ist aber deutlich zu erkennen, daß eigentlich eine bürgerliche Lösung, Heirat und Aufnahme in die Gesellschaft, ersehnt wird. Das ist der bittere Kontrapunkt, die mehrstimmige Melodie, die diese ganze Gruppe durchzieht. Nichts erinnert hier an romantische Idealisierung ›freier‹ Liebe. Und es gibt auch keine Vergeistigung im Sinn Dantes und Petrarcas.

Verglichen mit der ersten Gruppe von Leonore-Gedichten zeigt die zweite eine größere dichterische Reife, was gewiß nicht überrascht angesichts dessen, daß Günther seinen ›Phoebus‹ inzwischen geheilt und lange und gründlich über das Wesen der Dichtkunst nachgedacht hat. Der Eindruck größerer Reife beruht jedoch nicht ausschließlich – und nicht einmal primär – auf dem Verzicht auf rein dekorative Metaphern. Der Verzicht auf solche Metaphern deutet vielmehr auf etwas anderes hin: Günther hat seine eigene Stimme gefunden bzw. findet sie wenigstens mehr und mehr. Das heißt, er lernt allmählich, im Einklang mit seinem ständig wiederholten Ethos der ›Redligkeit‹ zu schreiben[22]. Und so stehen wir einer verwirrend reichen Auswahl gegenüber und nicht hier und da einem Gedicht oder einer Strophe, die etwa eine eigene Betrachtung lohnten. Die lyrische Dichte dieser Gedichte ist allerdings gewöhnlich nicht groß, besonders wenn wir Klopstock, Goethe oder Mörike zum Vergleich heranziehen, wenn auch an einem Gedicht wie ›Was war das vor ein göttlich Paar?‹ deutlich wird, daß Günther echter lyrischer Dichte fähig ist. Wie kommt es dann, wenn ihm doch anscheinend die Gefühlsqualität nicht mangelt, die zur Umwandlung des Äußerlichen in ein Korrelat des Innerlichen nötig ist, daß seine Dichtung in dieser Hinsicht nicht selten versagt? Wie mir scheint, liegt der Grund darin, daß seine typischste Dichtung weithin autobiographisch ist (auch das ist ein Aspekt der ›Redligkeit‹) und daher dazu neigt, mehr äußerliche Details aufzunehmen, als sie erfolgreich verarbeiten kann. Das Detail bleibt in den Gedichten zuweilen in der Schwebe, anstatt in einer lyrischen Lösung aufzugehen. Oder, um das Bild leicht abzuwandeln: Die Lösung ist übersättigt.

Günthers Ziel – dem Anschein nach ein bewußtes Ziel – war es, die inneren und die äußeren Ereignisse des eigenen Lebens in Dichtung umzusetzen. Nichts könnte unbarocker sein, nichts deutlicher hinweisen auf seinen neuen Begriff von der Aufgabe der Dichtung. Dennoch bleibt er der Dichter ›zwischen den Zeiten‹, wie wir auch die Termini festlegen. Er kann ein vollkommenes Meisterwerk lyrischer Redekunst im emblematischen Stil verfassen, etwa das mit dem Titel ›An seine Leonore die immer grünende Hofnung‹ (I, 189), dessen erste Strophe so lautet:

> STÜRMT, reißt und rast, ihr Unglückswinde,
> Zeigt eure ganze Tyranney!
> Verdreht, zerschlizt so Zweig als Rinde
> Und brecht den Hofnungsbaum entzwey!
> Dies Hagelwetter
> Trift Stamm und Blätter,
> Die Wurzel bleibt,
> Bis Sturm und Regen
> Ihr Wüten legen,
> Da sie von neuem grünt und Äste treibt.

Wendet man sich jedoch den Gedichten zu, die seinen eigenen und besonderen Beitrag zur deutschen Dichtung ausmachen, also denen, die persönliches Erleben in Poesie umsetzen, ohne dieses erst emblematisch zu verwandeln, dann erkennt man in ihm einen Pfadfinder, der noch immer – bildlich gesprochen – eine *terra incognita* erforscht. Es versteht sich von selbst, daß Gedichte der letzteren Art trotz aller etwaigen Mängel die bedeutenderen sind. Hier ist Günther wahrlich ein *Neutöner*.

Eines der erfolgreicheren Gedichte der autobiographischen Art, in dem die Umsetzung der äußeren Welt in gestaltetes Gefühl (d. h. in Poesie) nahezu völlig gelungen ist, trägt den Titel ›Als er 1719. D. 25. September wieder nach Schweidnitz kam‹ (I, 188). Hinter dem modern Anmutenden dieses Gedichts entdeckt man die Konvention des Schäferlieds, besonders in den Zeilen, in denen die Dinge der Natur unmittelbar angesprochen und als Zeugen vergangenen Glücks aufgerufen werden. Aber auch das Schäferlied ist umgewandelt; der Tonfall der Verse Günthers läßt es nicht zu, daß wir sie im spielerischen Geist der echten Hirtendichtung verstehen: Das Leben mag sich in der Virtualität der Kunst spiegeln, ist aber dennoch ›real‹. Wenn man vielleicht auch sogar hier einen geringen Rest unverarbeiteter Äußerlichkeit zu erkennen vermeint, so wird doch viel wiedergutgemacht durch das Traumbild von Schweidnitz in der letzten Zeile als einem der Vergänglichkeit entzogenen Ort, einem himmlisch-irdischen Jerusalem. Das Schlußbild hebt alle vorangegangenen topographischen Angaben ins Geistige. Die kontrastierende vierhebige Zeile am Ende jeder Strophe wird äußerst wirkungsvoll verwendet; sie symbolisiert die Zerstörung des Traums und das unaufhaltsame Weiterschreiten der Zeit. Sinngemäß drückt sie aus: Nur die Erinnerung ist geblieben – was läßt sich mit ihr anfangen?

Günthers ›Schreiben an seine Leonore. Von Breßlau A. 1719. den 22. Decembr.‹ (I, 193) ist fast in jeder Hinsicht typisch für die neue Art von Dichtung, die er nun erstrebte. Es entstand wenige Zeit nach seinem kurzen Wiedersehen mit Leonore und feiert in der Virtualität der Kunst die Hochzeit eines Dichters. Aber es feiert sie nur im Virtuellen. So kostbar ihre unkonventionelle Verbindung auch sein mag, so fehlt ihr doch die letzte Vollendung und sie bleibt doch nur auf der Stufe eines ›Als ob‹, solange ihr die gesellschaftliche Anerkennung fehlt. Gerade diese Erkenntnis führt zur Entstehung des Gedichts und verleiht ihm seine Intensität, denn das Gedicht ist praktisch ein Versuch, das Virtuelle für das Reale zu setzen. Der Dichter bemüht sich darum, ihre flüchtige Verbindung dichterisch auf eine höhere, beständigere Ebene zu heben und sie für künftige Liebespaare beispielhaft zu machen, genau wie er in ihrer eigenen Liebe eine Wiederholung – oder vielleicht besser gesagt, ein Zitat – berühmter Liebschaften der Vergangenheit sieht:

Ich thu, so viel ich kan, dein Denckmahl auszubreiten,
Um bey der späten Welt durch deinen Ruhm zu blühn;
Wie mancher wird noch Trost aus meinen Liedern ziehn,
Wie manchen wird mein Vers zur süßen Regung leiten!
So merck ich, wenn mein Mund der Alten Arbeit list,
Daß unsre Liebe schon vordem gewesen ist.

Aber in der folgenden und letzten Strophe deckt Günther die Karten auf – die Virtualität reicht nicht aus (Hervorhebung von mir):

Was hat wohl unser Wuntsch mehr auf der Welt zu suchen,
Und welches Glück ist noch wohl unsers Neides werth?
Wenn mir des Himmels Huld dich vollends ganz gewährt,

So wüte Feind und Groll, so mag der Spötter fluchen;
Drey Dinge sind mein Trost: Gott, Wißenschaft und du;
Bey diesen seh ich stets den Stürmen ruhig zu.

Wenn das Virtuelle nicht ausreicht und wenn eine gesellschaftliche Lösung versagt wird, dann bleibt nichts als die Erinnerung. Günther versucht die petrarkistische Lösung hinzunehmen, die Umwandlung und Verehrung des Andenkens an die Geliebte als Ersatz für den Besitz, aber er tut es nur *contre cœur.* Der Versuch der Hinnahme führt nichtsdestoweniger zur Entstehung seiner ergreifendsten und tragischsten Liebesgedichte.

Das Gedicht ›An Leonoren bey dem andern Abschiede‹ (I, 201) behandelt wie die erste ›Abschiedsaria‹ und die drei unmittelbar vorangehenden bzw. die zwei unmittelbar folgenden Gedichte das Thema des Einsseins in der Trennung:

Die lange Noth ist dennoch nicht so starck,
Uns, werther Schaz, dem Geiste nach zu trennen.

Trotz seiner Abstimmung auf das Thema des ›Dennoch‹ ist dieses Gedicht pessimistischer als alle vorangegangenen. Die ersten und letzten Worte lauten ›Du daurest mich‹; die ersten sind an sie gerichtet, die letzten an ihn. Auf dem Ganzen liegt ein Ton der Verzweiflung. Es ist ein Gedicht, das direkt aus dem Zentrum der existenziellen Situation Günthers hervorgeht. Wiederum ist das ewig wiederkehrende Schema seines Lebens in seiner ganzen Grausamkeit deutlich geworden, wiederum ist ihm der Eintritt in die Welt normaler gesellschaftlicher Riten versagt worden. Die zentrale Erkenntnis wird in den folgenden Zeilen formuliert:

Viel auszustehn und gleichwohl frey zu seyn,
Vermag kein Geist, den Lieb und Ruhm nicht stärcken.

Dies ist sein Lebewohl an die Geliebte. Der Ruhm ist höchst ungewiß. Die einzige Zuflucht ist nun die Pflege des Andenkens an ihre Liebe und die Hoffnung, der Ruhm werde am Ende vielleicht doch erlangt:

Wohin mich auch mein hart Verhängnüß jagt,
Da bleibest du ein Trostbild der Gedancken . . .

Und:

Mein Vaterland versagt mir Glück und Stern,
Dies blüht vielleicht in unbekandten Ländern.

Von diesem Punkt an sprechen Günthers Leonore-Gedichte nur mehr vom Andenken an ihre beiderseitige Liebe. Sowenig petrarkistisch er im Innersten ist, so ist er doch zur Annahme der petrarkistischen Lösung gezwungen (I, 203):

Nichts ergözt mich mehr auf Erden
Als das Weinen in der Nacht,
Wenn es unter viel Beschwerden
Dein Gedächtnüß munter macht.

Die stärksten Gedichte aus der Reihe derer, die das Andenken an die beiderseitige Liebe zum Heiligtum erheben, sind ›Bey der Wiederkunft der Nacht auf den 2. April. 1720. in Lauban‹ (I, 205), das die Wiederkehr ihrer ersten Liebesnacht feiert, sowie ›Auf die Morgenzeit bey Erinnerung Leonorens Den 10. Jul. 1720.‹ (I, 218). Beide entstanden am Tiefpunkt der Existenz Günthers, der gleichzeitig den Höhepunkt seiner dichterischen Kraft darstellt. Zur gleichen Periode gehören das schmerzerfüllte Entsagungsgedicht ›An Leonoren‹ (›Mein Kummer weint allein um dich‹) (I, 209), in dem er die Geliebte jeder Treuepflicht entbindet, sowie das dazugehörige Gedicht ›Leonorens Antwort‹ (I, 212), in dem sie die angebotene Freiheit ausschlägt.

Ich sprach von der ›petrarkistischen Lösung‹. Vielleicht ist es nicht unangebracht, einiges Beweismaterial anzuführen. Petrarcas *Canzoniere* 61–62 mag dazu beitragen, sowohl die Ähnlichkeit zwischen den zwei Dichtern als auch den gewaltigen Unterschied aufzuzeigen:

(61) Benedetto sia 'l giorno e 'l mese e l'anno
e la stagione e 'l tempo e l'ora e 'l punto
e 'l bel paese e 'l loco ov'io fui giunto
da' duo begli occhi che legato m'ànno;

e benedetto il primo dolce affanno
ch'i' ebbi ad esser con Amor congiunto,
e l'arco e le saette ond'i' fui punto,
e le piaghe che 'nfin al cor mi vanno.

Benedette le voci tante ch'io
chiamando il nome de mia Donna ò sparte,
e i sospiri e le lagrime e 'l desio;

e benedette sian tutte le carte
ov'io fama l'acquisto, e 'l pensier mio,
ch'è sol di lei, sì ch'altra non v'à parte.

Gesegnet sei mir Jahr und Tag empfangen,
Und Mond und Jahreszeit, Minut' und Stunden,
Das schöne Land, der Ort, wo mich gefunden
Die schönen Augen, welche mich gefangen!

Gesegnet sei das erste süße Bangen,
Mit dem ich einst an Amor mich verbunden,
Und Pfeil und Bogen, die mir schlugen Wunden,
Und Wunden, die mir bis zum Herzen drangen!

Gesegnet auch die vielen Wort', in denen
Ich meiner Herrin Namen rings geehret!
Und alle Seufzer, alle Wünsch' und Thränen!
Gesegnet alle Blätter, die gemehret
Der Theuren Ruhm! gesegnet all mein Sehnen,
Das ihr nur, keiner Andern angehöret!

(62) Padre del ciel, dopo i perduti giorni,
dopo le notti vaneggiando spese
con quel fero desio ch'al cor s'accese,
mirando gli atti per mio mal sì adorni,

piacciati omai, col tuo lume, ch'io torni
ad altra vita et a più belle imprese,
sì ch'avendo le reti indarno tese,
il mio duro adversario se ne scorni.

Or volge, Signor mio, l'undecimo anno
ch'i' fui sommesso al dispietato giogo
che sopra i più soggetti è più feroce:

miserere del mio non degno affanno:

reduci i pensier vaghi a miglior luogo:
rammenta lor come oggi fusti in croce.

Vater der Höhn, nach manch' verlornem Tage,
Nach Nächten, voll der Thorheit hingegangen,
Im Herzen drin ein glühend wild Verlangen,
So zierlich Wesen sehend mir zur Plage;

Gib nun, daß ich mit deinem Licht mich schlage
Auf bessern Weg, zu schönerm Unterfangen,
Daß, der umsonst die Netze ausgehangen,
Mein harter Gegner [der Satan], drob sich schäm' und klage.

Das eilfte Jahr, o Herr, ist schon im Scheiden,
Seit ich das harte Joch auf mich geladen,
Das auf dem Duldsamsten am schwersten lieget.

Wend' ach! von mir mein unverschuldet Leiden!
Den irren Geist, führ' ihn zu bessern Pfaden;
Erinnr' ihn, wie du heut am Kreuz gesieget!

(Dt. Fassung v. K. Förster.)

Es fällt auf, daß Günthers erotischer Dichtung im Unterschied zu der von Petrarca die Dialektik der Schuld fehlt, die in den zitierten Sonetten so klar zum Ausdruck kommt. Das ist die erste Beobachtung. Die zweite ist die, daß Petrarcas Liebe von Anfang an ein Kult der Erinnerung ist. Sie strebt nicht nach Erfüllung; Erfüllung würde sogar ihr Ende bedeuten. Die Unmöglichkeit der Erfüllung ist ihre Bedingung. Bei Günther ist das ganz anders. Ihn verlangt leidenschaftlich nach Erfüllung in jedem Sinn: im physischen, gesellschaftlichen und geistigen. Nur wenn ihm eine solche Befriedigung versagt wird, greift er zur ›petrarkistischen Lösung‹, dem Kult der Erinnerung, die für ihn lediglich ein *pis-aller* ist. Anders als Petrarca bemüht er sich darum, der Erinnerung lebenspendende Kraft zu verleihen, ihr Bedeutung für die Zukunft zu geben. Dem italienischen Dichter ist das nicht möglich, weil er seine Liebe als sündhaft betrachtet. Ein typisches Beispiel ist das Gedicht zur Wiederkunft der Nacht auf den 2. April, als Leonore sich ihm erstmals hingab, eine Nacht, die für Günther an Heiligkeit nur von der Nacht der Geburt des Erlösers übertroffen wird. Er möchte diese Nacht den Herzen *aller* Liebenden einprägen als den Beginn (›April‹ bedeutet soviel wie ›Eröffner‹) eines neuen Jahrs der Seele, damit sie universelle Bedeutung erlange und in ihrem Namen eine neue Religion der Liebe gegründet werde. Das ganze Gedicht (I, 205 ff.), aus dem ich nur zwanzig der achtzig Zeilen zitiere, ist ein treffendes Beispiel für die Verbindung von Physischem und Geistigem, die Günthers erotische Dichtung kennzeichnet. Die Anspielung auf die Inkarnation ist nicht blasphemisch gemeint (wie das bei Hofmannswaldau der Fall wäre), sondern als das höchste Symbol der erstrebten Vereinigung. Sie wirft schlagartig ein Licht auf die Tiefe der Verehrung des Dichters und die Ernsthaftigkeit seiner Intention:

O seegensvolle Nacht, nun zieh ich dir zu Ehren
Den Mond der Sonne vor, so blaß er immer scheint;
Dein Schatten müße nichts von Mord und Schröcken hören
Und was gebohren wird, das sey dem Glück vereint!

Dein helles Abendroth begleit' ein froher Morgen,
Dein Thau sey Engelbrodt, dein Einfluß Fruchtbarkeit;
Es schände dich kein Geiz mit ungerechten Sorgen,
Dein Denckmahl dringe sich durch aller Zeiten Zeit!

Dein freundlicher April sey Herr von seines gleichen!
Verliebte, zehlt von ihm des Jahres Circkellauf!
Er las ihm Herbst und Lenz Geschmack und Farben reichen
Und thu dem Nahmen nach des Jahres Vorrath auf!

Nach jener, die vordem das Licht der Welt gegeben,
Bist du mir allemahl die schönste Finsternüß;
O warum fing ich doch in dir nicht an zu leben!
Es war ein kurzer Raum, der diesen Wuntsch zerriß.[23]

Ich feyre Jahr vor Jahr in dir das Fest des Bundes
Und opfre, was und wie Gelübd und Recht versprach,
Mit Bechern auf das Heil des allerliebsten Mundes,
Aus dem das freye Ja mit keuschem Zittern brach.

Im Ton verzweifelter und im Ausdruck ergreifender ist ›Auf die Morgenzeit bey Erinnerung Leonorens‹, das ebenfalls Trost in der Erinnerung zu finden sucht. Hier hat die Erinnerung an vergangenes Glück bei gegenwärtigem Leid das Maß des Erträglichen überschritten, und der Dichter muß schließlich darum flehen, daß sich die Erinnerungen verflüchtigen möchten, die er, um ihnen den Stachel zu nehmen, als ›angenehme(n) Grillen‹ bezeichnet (I, 219):

> Verliert euch nur, ihr angenehmen Grillen,
> Verliert euch, bis mir einst ein beßrer Glücksstern
> scheint.

In diesem Gedicht wird fast überall und im echten Sinne Erlebtes in Form verwandelt. Spuren barocker Metaphorik sind nicht selten, gehen jedoch großenteils auf in der unmittelbareren Sprache des Herzens, wie etwa in den folgenden Zeilen von Strophe 1 (I, 218):

> Denn wenn bey deinem [des Morgens] Blick mir ins Gedächtnüß fällt,
> Wie oft dein holder Stern auf Leonorens Wangen
> Durch seinen Widerschein mir doppelt aufgegangen,
> So fühl ich einen Trost, der Noth und Kummer hält.

Das barocke Kompliment vom Stern der Liebe (die Venus ist der Morgenstern), der doppelt so schön ist als Spiegelbild auf den Wangen der Geliebten, ist ins ›Organische‹ verwandelt worden: Leonore ist der auf eine höhere Ebene gehobene Morgenstern. Der Strophenbau ist symbolisch; wir haben das Reimschema abba/cddc und die Akzentzählung 5445/6666 (Strophe 5 hat 5446/6666). Die *Trennung* der Strophen in deutliche Hälften spiegelt den Riß zwischen Vergangenheit und Gegenwart, die *Verbindung* dieser Hälften zu einer Strophe die Gegenwärtigkeit des Vergangenen in der Gegenwart. Es ist die in der Dichtung so häufige Situation des ›Nicht nur, sondern auch‹. Das ganze Gedicht ist schematisch so aufgebaut:

Strophe 1: Das Erlebnis der Betrachtung des gegenwärtigen Morgens ruft die Erinnerung wach an andere, mit Leonore erlebte Morgen und lindert vorübergehend das gegenwärtige Leid.

Strophe 2–4: Erinnerungen fluten zurück: bis ins einzelne gehende Erinnerungen an Schweidnitzer Morgen mit der Geliebten – eine Insel zeitlosen Glücks: ›ein Rest der ehmals güldnen Zeiten‹.

Strophe 5: Klage um das verlorene Jerusalem: Erkenntnis der gegenwärtigen Situation – das in Strophe 1 hergestellte labile Gleichgewicht, der ›Trost, der Noth und Kummer hält‹ (d.h. lindert bzw. ausgleicht), wird umgestoßen.

Strophe 6: Was bleibt: nur die Wollust der Verzweiflung, die die Entschlußkraft zerstört und aufzugeben ist, wenn das Leben weitergehen soll.

Der Verlauf des Gedichts zeigt, wie entschieden Günther auf der Seite des Lebens steht. Selbst das Andenken an seine Liebe zu Leonore, seinen kostbarsten Besitz, wird er zu opfern bestrebt sein, wenn es den Weg zum Lebenspendenden versperren sollte. Anders jedoch als Petrarca, der gleichfalls dem Andenken an seine Liebe zu entsagen sucht, verleugnet Günther nicht die Liebe selbst. Nie könnte sie für ihn ein ›dispietato giogo‹ (›das harte Joch‹) oder ein vom Satan ausgehangenes Netz sein, das seine Seele einfangen soll. Sogar hier ist sie das beste und höchste und aufrichtigste Erlebnis, das er erhoffen kann. Hier haben wir das Mittelalter, das im ganzen 17. Jahrhundert – wo eine Kehrtwendung wie die bei Petrarca in der Liebesdichtung fast die Regel ist – noch immer dicht unter der Oberfläche schlummert, weit hinter uns gelassen. Das Leben hat jetzt seinen eigenen Sinn und nicht nur den eines Zeichens. Das ist natürlich der tiefere Grund dafür, daß Günther, anders als seine unmittelbaren Vorgänger, so festgelegt ist auf das persönliche Erlebnis als Thema seines Lieds. Die Kehrseite der Medaille ist allerdings, daß ein als Eigenwert zu verstehendes ›Er-Leben‹ auch zu einer Quelle der Verzweiflung werden kann, *eben weil* es sich nicht zu einem bloßen Zeichen reduzieren läßt. Dieser Aspekt wird ganz besonders deutlich in der fünften Strophe mit ihrer intensiven Verweltlichung religiöser Werte (I, 219):

> Ach Schweidnitz, ach du Bild von Salems Thoren,
> Du Lustplatz meiner jungen Zeit,
> Die sich den Musen ganz geweiht,
> Was hab ich nicht mit dir vor Fried und Heil verloren!
> Ich seh durch Thrän und Angst, und sieh, du bist nicht da,
> Des Tages tausendmahl mit größrer Angst zurücke
> Als jen gefangnes Volck, das mit betrübtem Blicke
> Die Gegend Canaans aus Babels Fenstern sah.

Man hat gesagt, daß Schubert in der Lage war, zu jedem beliebigen Thema eine Melodie zu komponieren. Günther ist ein Genie ähnlicher Art. Als Prototyp des Gelegenheitsdichters kann er jedes Erlebnis in Dichtung umsetzen. Die Qualität des Erlebten steht jedoch anscheinend im direkten Verhältnis zur Qualität – auf jeden Fall zur Intensität – der Dichtung, die das Erlebnis feiert. Ein gutes Beispiel sind die Gedichte an ›Phillis‹, die kluge und verständige Tochter eines Landpfarrers, in deren Arme Günther sich als letzte Rettung warf. Ihre Bedeutung liegt vergleichsweise mehr darin, daß sie ein Licht auf Günthers tiefe Sehnsucht werfen, in der gesellschaftlichen Ordnung Einlaß zu finden und ›als ein nützlich Glied der Republic zu dienen‹ (I, 244), und weniger in ihrer Eigenschaft als Gedichte. Es fehlt diesen Gedichten das die Umwandlung bewirkende Feuer, das die Leonore-Gedichte charakterisiert. Dies scheint ein weiteres Anzeichen für die entscheidende Rolle der ›Redligkeit‹ im Werk Günthers zu sein. ›Redligkeit‹ bezieht sich für ihn nicht nur auf die Treue und auf das Ideal der Treue, sondern auch auf die Wahrscheinlichkeit. Auch mit dieser Eigenschaft rückt er ab vom Barock. Wäre er ein typischer Barockdichter, so könnte man seine Geliebten vermutlich nicht einmal äußerlich unterscheiden (außer vielleicht nach der Haarfarbe), und noch viel weniger könnte man im Ton der an sie gerichteten Gedichte einen deutlichen Unterschied feststellen. Sogar Fleming konnte sich von Elsabe ab- und Anna zuwenden, ohne die Tonhöhe erkennbar zu verändern! Günthers Geliebte werden in unmißverständlicher Weise individualisiert.

Als Ganzes gesehen bilden Günthers *Klagelieder* das erschütterndste lyrische Werk deutscher Sprache in der Zeit zwischen Greiffenberg und Klopstock. Man kann sogar sagen, daß sie für den modernen Leser mit ihrer Geist und Herz fesselnden Kraft wahrscheinlich alles übertreffen, was Klopstock zu bieten hat. Es gereicht der Güntherforschung zum Schaden, daß sie diese Gedichte noch nicht gründlich und mit einfühlendem Verständnis untersucht hat. Es kann hier nicht meine Aufgabe sein, sie eingehend und genau zu untersuchen.

Wie die Leonore-Gedichte bilden die Klagelieder eine Art Zyklus. Sie zeichnen den Verlauf der religiösen Erfahrung Günthers nach. ›Drey Dinge sind mein Trost: Gott, Wißenschaft und du: ...‹. Das ›Du‹ ist die Liebe, die Beziehung zum Du, und die Verbindung des Geistigen und des Leiblichen. Die ›Wißenschaft‹ ist die Gelehrsamkeit, für Günther primär die Philosophie und die Medizin, aber auch die Dichtkunst, die ›Wissenschaft‹ vom Wort. Gott ist für ihn vor allem das Erlebnis der Vater-Sohn-Beziehung im Sinne der menschlichen Beziehung zum Göttlichen.

Günthers religiöse Erfahrung trägt alle Züge einer akuten Krise. Sie ist ein aus dem Leiden hervorgehendes Bekehrungserlebnis. Das Problem der Klagelieder liegt darin, den Sinn des Leidens – oder genauer gesagt, den Sinn von Günthers persönlichem Leiden – zu finden. Als ein zweiter Hiob verlangt er von Gott eine Rechtfertigung. Die Lösung ist so alt wie das Problem: Durch das Leid wird sich der Mensch Gottes und Seiner Liebe bewußt. Sie ist eine Weise, in der Er zum Menschen spricht. Das Beharren auf dem Besonderen bzw. auf der persönlichen Bekehrung und die Ablehnung gebrauchsfertiger Antworten ließe sich als pietistischer Zug erklären, kann aber wahrscheinlich ebensogut als Luthertum der älteren Schule gesehen werden.

Führende Vertreter der Güntherforschung haben sich der zentralen Bedeutung der Religion im Schaffen Günthers entweder verschlossen oder haben versucht, sie abzuwerten. Krämer tut Günthers Religiosität in einem Übermaß an kritischer Blindheit, die einen zweifeln läßt, ob er den Dichter überhaupt versteht, als konventionelle Frömmigkeit ab (Vorwort, *Werk* II). Für Krämer ist die Philosophie von Leibniz und Wolff ›der Sinn seines [G.s] Lebens‹ (II, xi), und Günther ist ›der dichterische Verkünder des Leibniz-Wolffschen Weltbildes‹ (II, xx). Dahlkes Auffassung ist fast ebenso verzerrt und vielleicht noch irreführender in ihrer ziemlich zynischen Geringschätzung der Ernsthaftigkeit von Günthers religiöser Erfahrung. Für Dahlke kommt es bei dem Dichter nach der positiven Beeinflussung durch die Aufklärung unter dem Druck seines Leidens zu einem ›Rückfall‹ ins Luthertum, was natürlich sehr schade ist (*Entwicklung*, S. 155 und *passim*). Delbonos Ausführungen über die Religiosität Günthers (*Umanità*, S. 158 ff.) liefern zwar kein so verzerrtes Bild, verfolgen aber die Krise des Dichters nicht bis ans Ende, sondern lassen ihn wie die von Günther verworfene Theodizee ›mit den Beinen in der Luft‹ (S. 159) hängen. Diese Ansichten sind, das muß bemerkt werden, nicht unwidersprochen geblieben. Krämers Ansicht ist von Israel Stamm in einer der besten bisher erschienenen Arbeiten zur Güntherforschung sogar gründlich widerlegt worden[24]. Dahlke wird durch Winkler in dessen Princetoner Dissertation (S. 54) in die Defensive gedrängt.

Es ist nicht leicht, einen Überblick über die Klagelieder zu geben. Sie folgen den tatsächlichen Erlebnissen des Dichters und neigen daher dazu, von einer Position zur andern überzuwechseln bzw. diese und jene Lösung zu versuchen in dem verzweifelten Bemühen, einen Sinn zu erkennen. Nichtsdestoweniger erreichen die Klagelieder doch einen Höhepunkt, und dieser Höhepunkt läßt sich am besten als Bekehrung beschreiben. Hat Günther einmal diese höhere Ebene erreicht, so zieht er sich, soweit ich das beurteilen kann, nie mehr völlig zurück. Von da an sieht er das Erlebte, besonders das entscheidende Erlebnis des Leidens, in einem neuen Licht.

Diese Gedichte enthalten eine deutliche Dialektik, die wir vielleicht als die Dialektik zwischen Aufklärung und offenbarter Religion bezeichnen können, allerdings mit folgendem Vorbehalt: Die Gültigkeit der offenbarten Religion wird nicht allein auf der Basis der Autorität anerkannt; ihr Standpunkt wird vielmehr auf existenziellem Wege erreicht, durch persönliches Leid. Diese Dialektik ist bereits erkennbar – wenn auch noch nicht in intensiver Form – in ›Lezte Gedancken‹ (II, 35), einem thematisch wichtigen Gedicht aus der Leipziger Zeit (1718), das Günther zu einem Zeitpunkt schrieb, als er den Tod praktisch schon vor Augen hatte. Zu Beginn des Gedichts scheint der Dichter entschlossen, den Tod mit aufgeklärtem Stoizismus hinzunehmen; nichts deutet auf ein ›christliches‹ Sterben:

> Also schlies ich meinen Tod aus den innerlichen Zeichen
> Und so mach ich mich gefast, ihm getrost die Hand zu reichen,
> Nicht aus Ungedult im Jammer, sondern mit Gelaßenheit,
> Weil mich dies die Weißheit lehret, jenes die Vernunft verbeuth.
> . . . .
> Und das alte Muß erklingt, nehm ich unter Scherz und Lachen

Meinen Abschied von der Erde, wie ein Gast bey später Zeit
Lustig von dem Schmause wandert und noch mancher [sic] Jauchzer schreyt.

In diesem Gedicht kann man kaum von einem Kampf sprechen. Es gibt keine wirkliche Auseinandersetzung mit der Gottheit, kein bitteres Fragen nach dem Sinn des Leidens, das höchstens als sinnlose göttliche Grausamkeit gesehen wird (II, 37):

Was mein Herz und Leib gelidten, ist nur jenem recht bekand,
Der mich etwa nur zur Plage in dies Marterhaus gesand.

Dankbarkeit angesichts der Befreiung vom Leiden, nicht der Sinn des Leidens selbst, ist das vorherrschende Motiv:

...da die Menge der Beschwerden
Mit der morschen Hütte sincket, den gefangnen Geist erlöst
Und ihn aus dem Sclavenhause in das Land der Freyheit stößt.

Gegen Gedichtende (das Gedicht ist 228 Zeilen lang) verspricht er beim Abschied von der Geliebten – ›O was braucht es, dich zu laßen, vor so große Sterbenskunst!‹ – zunächst, auf den elysischen Gefilden in Gesellschaft Petrarcas und Lauras auf sie zu warten (aus Petrarca ist anscheinend plötzlich ein Heide geworden!); das wird dann als ›bethörtes Fabelwerck‹ abgetan und das Wiedersehen unter die Heiligen ›Vor des Lammes Gnadenstuhle‹ verlegt. Dies führt zu einer das Wesen der Seele anzweifelnden Stelle (II, 42):

Seele, fort, du hast nun Zeit, deinen Frieden zu bedencken;
Aber welch ein Zweifelmuth mehrt dein innerliches Kräncken?
Wirstu durch dies Ganze wandern? Bistu etwas oder nichts?
Oder ein getrennter Funcke von dem Wesen jenes Lichts?

Am Ende akzeptiert er die Verheißung der offenbarten Religion:

> Du mein gütiger Erlöser, Heil der Welt und Lebensfürst,
> . . . .
> Ich ergreife dein Verdienst, ich vertraue deinen Wunden,
> . . . .
> Ich gesteh, ich bin ein Sünder, doch du bist auch Gottes Sohn,
> Und verspreche mir das Leben so gewis, als hätt ich's schon.

Die Annahme der Verheißung des Kreuzes wird zwar als feste Überzeugung formuliert, erscheint aber doch fast wie nachträglich eingeschoben, oder schlimmer noch, wie eine Annahme des Christentums nach dem Motto: sicher ist sicher. Das Gedicht als Ganzes hat etwas seltsam Unschlüssiges: Aufklärung, Heidentum, Christentum; die Süße des Lebens und die Entschlossenheit, nicht mit Bitterkeit daraus zu scheiden, Dankbarkeit angesichts der Befreiung von unerträglichem Leid, Annahme der göttlichen Verheißung. All das steht nebeneinander, ohne wirklich ineinanderzugreifen. Gewiß hat die christliche Auffassung das letzte Wort und wird als letzte Antwort akzeptiert, aber der Sinn des Leidens – hier gleichbedeutend mit dem Sinn des Lebens selbst – wird nicht ergründet. Die christliche Antwort wird nicht in der Deutung persönlicher Erfahrung gefunden. Das eigentliche Ringen um den Sinn des Leidens und die wahre Auseinandersetzung mit der Gottheit stehen noch aus. Dieses Ringen erreicht seinen Höhepunkt in den Laubaner Gedichten.

Ein gewaltiger Ruf aus der Tiefe, doch schon jetzt, auf dieser Welt, die göttliche Liebe erfahren zu dürfen, ist das wie ein Kirchenlied anmutende ›Als er Gottes Liebe um Barmherzigkeit anflehte‹ (II, 73; Hervorhebung von mir):

> Denn ob ich gleich vor Liebe brenne,
> So ist doch alles blind gezielt,
> Wenn nicht mein eußerstes Verlangen,
> Dich zu umfangen,
> *Schon auf der Welt* den Himmel fühlt.

Gequält von einem Gefühl der Entfremdung vom Göttlichen, fleht er um eine dem Menschen verständliche Liebe. Diese jedoch sollte ihm der himmlische Vater ebensowenig gewähren wie der irdische. Das Leiden – nicht die Ekstase – war Günthers Schicksal, und er stand weiterhin vor dem Problem, wie er Gottes Liebe im Leiden selbst finden könne. Es war fast unumgänglich, daß er sich auf der Suche nach einer Antwort der Leibnizschen Theodizee zuwandte, und eine Reihe von Werkstellen sind nichts anderes als Leibniz in Versen – wenn dies auch etwas ganz anderes ist, als Leibniz' Philosophie ›zum Sinn seines Lebens‹ zu erheben. In einem Brief an einen jungen Dichter namens Markhard von Riedenhausen, den er in direkt rührender Weise als ›Von meiner Poesie der erstgebohrne Sohn‹ (II, 89) anredet und den er ausführlich und väterlich berät, finden wir die folgende gereimte Theodizee (II, 93):

> Gott lege, was er will und was mir zukommt, auf.
> Er wird und darf auch nicht den wohlbestellten Lauf
> Der großen Creatur [des Makrokosmos] erst mir zu
> Liebe stören.
> Sein Zweck ist überhaupt des Weltgebäudes Heil;
> Wir, ich und auch mein Creuz, sind davon nur ein Theil
> Und müßen auch den Schmuck der ganzen Ordnung mehren.

Auch die folgenden Zeilen entstanden in Lauban, inmitten größter Armut und physischen Leids, als er sich von allen verlassen fühlte; wahrhaftig eine Grenzsituation (II, 93):

> Kein Freund, kein Mensch, kein Hund erfährt mein
> Ungemach;
> Dies kan ich auch sogar im Schlafe nicht vergeßen.

Es gibt wohl keine Veranlassung, daran zu zweifeln, daß Günther hoffte, der Trost der Philosophie werde ihm durchhelfen. Es kam jedoch anders. Ein solcher Trost war zu gering für jemanden, der das Verlangen hatte, die göttliche Liebe schon ›auf der Welt‹ zu umfangen. Die unmittelbar auf den Brief an Riedenhausen folgenden Gedichte sind direkte Auseinandersetzungen mit der Gottheit. Sie handeln von der Bekehrung.

Wenn man auch kaum behaupten kann, die Leibnizsche Erklärung für den Sinn des (scheinbaren) Bösen und des (wirklichen) Leidens schließe die streng christliche Deutung aus, so besteht doch für das leidende Individuum ein gewaltiger Unterschied. Das eine ist völlig unpersönlich, das andere ganz persönlich; beim einen geht es um die Verteidigung der besten aller möglichen Welten, beim andern um die Rettung der individuellen Seele. Die Wende von der Philosophie zur Religion zeigt sich in Gedichten wie ›Um Beständigkeit‹ (II, 95), ›Dancksagung vor göttliche Züchtigung und Langmuth‹ (II, 97) und ›Als er sein festes Vertrauen auf Gott sezte‹ (II, 99). Gesucht und gefunden wird der Sinn des Leidens jetzt nicht ›in des Weltgebäudes Heil‹, sondern im Seelenheil Johann Christian Günthers. In ›Um Beständigkeit‹ wird die raffinierteste Versuchung Satans, die Versuchung der Verzweiflung, überwunden, und in ›Dancksagung vor göttliche Züchtigung ...‹ wird das Negative ins Positive gewendet (II, 97):

Ich dancke dir vor meine Zähren
Und vor der Seelen Angst und Leid,
Ihr Ernst entdecket mein Bekehren
Und würcket mir zur Seeligkeit.
Verschonen war die gröste Strafe,
Ich hätte bey dem Lasterschlafe
Gewis den lezten Tod erlebt.
Die Noth erscheint zur rechten Stunde
So wie ein Arzt durch Blut und Wunde
Die eußerste Gefahr mit kleinen Schmerzen hebt.

Dieser Sieg fordert seinen Preis. Es ist unbestreitbar, daß das Bekehrungserlebnis wenigstens vorübergehend einen gewissen *contemptus mundi* mit sich bringt, den wir vielleicht als eigenhändige psychologische Verstärkung der neuen Position interpretieren können. Auf jeden Fall klingen Zeilen wie die folgenden mehr wie Gryphius als wie Günther (II, 99f.):

Wie können doch die eitlen Sachen,
Die wilde Lust, die Pracht der Welt,
Dich gar so blind und hizig machen,
Da doch ihr Schein wie Glas zerfällt!

Der Eckel kommt von geilen Küßen,
Die Ehrsucht füllt ihr weit Gewißen
Mit später Reu, die Hand mit Wind...

Günther beläßt es nicht bei der eigenen Bekehrung, sondern macht sich an die Bekehrung seiner Zeitgenossen und verallgemeinert dabei, so scheint es, auf der Basis der eigenen Erfahrung. Die ›Bußgedancken über den Zustand der Welt. Den 9. April. 1720.‹ (II, 103–5) sind eine flammende Jeremiade, ein gewaltiges Zeitgedicht, das die zeitgenössische Gesellschaft geißelt und die Botschaft der Buße und der Annahme des Heilands predigt:

O Mensch, so gieb doch Gott die Ehre
Und hör einmahl sein Wort aus mir;
Damit er dich auch wieder höre,
Steht jezt die Rache vor der Thür.
Dein Vorwiz dürfte fragen müßen:
Du laufst, wer schickt dich? Mein Gewißen,
Das andre gern ermahnen soll.
Ich beßre die verfluchten Triebe
Und werd auch jezo dir zu Liebe
Aus hoher Gnade gabenvoll.

Eine höhere Warte ist erreicht; jetzt beginnt der Kampf um ihre Behauptung. Mit diesen Gedichten intensiven Ringens hat sich die Forschung am meisten befaßt, und nicht ohne Grund; wir sollten uns aber doch vergegenwärtigen, welchen *Platz* sie in der religiösen Entwicklung Günthers einnehmen, daß sie nämlich *nach* dem Bekehrungserlebnis kommen und den erkämpften Boden behaupten wollen. Und darin sind sie letzten Endes erfolgreich. Es ist abwegig und wissenschaftlich unverantwortlich, diese Gedichte, die neben ihrer entscheidenden Bedeutung für unser Verständnis Günthers zu den erschütterndsten Gedichten deutscher Sprache zählen, als konventionelle Frömmigkeit oder willensschwachen ›Rückfall‹ ins Luthertum abzuwerten. Wenn es überhaupt einen Rückfall gab, dann trat er vor diesen Gedichten ein. Das berühmteste ist natürlich ›Als er durch innerlichen Trost bey der Ungedult gestärcket wurde‹ (›Gedult, Gelaßenheit...‹; II, 123).

›Gedult, Gelaßenheit . . .‹ stellt den höchsten (bzw. tiefsten) Punkt dar in Günthers umfangreicher Klagedichtung, stellt jedoch nicht seine letzte religiöse Position dar. Die sieben zehnzeiligen Strophen mit dem Reimschema ababccdeed sind thematisch wie folgt verteilt:

1–3: Es gibt tatsächlich einen Gott, aber Er ist ein böswilliges Wesen, das Seine eigenen Geschöpfe quält; es ist daher unsinnig, sich in Tugenden zu üben, die eine gnädige Gottheit prädizieren.

4–6: Gott Selbst, nach dessen obersten Gesetzen (wie man sie mir zu verstehen gab) ich mein Leben zu führen versucht habe, trägt die Schuld an meinem Elend und Unglück; folglich leugne ich ganz und gar den Wert des Lebens, das Er mir gab.

7: Der Fluch wird aufgehoben, wenn er am stärksten ist; der Sprecher fühlt plötzlich die Gegenwart des Göttlichen und erkennt, daß seine Verzweiflung die größte aller Sünden ist; er sinkt erschöpft in die Arme des Erlösers.

Das Gedicht ist ein Versuch, die Antiwerte des Nihilismus an die Stelle der Werte des Christentums und der Aufklärung zu setzen. Der Versuch scheitert. Er scheitert, weil das ›Ich‹ des Gedichts selbst in tiefster Verzweiflung der leisen, schwachen Stimme der Liebe Gottes nicht entrinnen kann. Noch in seinem Toben scheint ihm diese Stimme Worte ins Ohr zu flüstern, die etwas anderes besagen als die Tirade. Dies erweist sich, wie sich zeigen wird, in der eigentümlichen, sich selbst widersprechenden Art der Beweisführung. Die Haltung des ›Ich‹ ist jedoch nicht atheistisch und läuft auch nie Gefahr, es zu werden. Sie *ist* gotteslästerlich. Durch die Gotteslästerung bleiben die Verdammten mit dem Göttlichen in Berührung. Ein solches Verhältnis ist unmöglich ohne den Glauben[25].

Der in diesem Gedicht gepredigte Nihilismus ist extrem, die Gotteslästerung ungeheuerlich. Die Entschlossenheit, den Abgrund des Nichts zu erforschen, scheint keine Grenzen zu kennen. Die christlichen Tugenden – und diejenigen der Aufklärung – werden verworfen; Gott erfüllt Seine Verheißung nicht (vielleicht kann Er es nicht); Er Selbst führt mich in die Irre; Menschen sind für Ihn ›as flies to wanton boys‹ (Shakespeare, *King Lear*, IV, 1. Szene: ›was Fliegen sind den müß'gen Knaben‹). Er tötet sie zum Spaß; diejenigen, die Ihm zu folgen vorgeben, sind Heuchler, die den Ehrlichen verlachen und ihn aus dem Hause jagen; das Leben selbst ist etwas Negatives, es wäre besser gewesen, nie geboren zu sein. Kurz gesagt, im Einklang mit den christlichen Tugenden zu leben bedeutet unerträgliches Leiden. Und doch gibt Günther (oder genauer gesagt, die Stimme des Gedichts) noch in seinem Rasen ständig zu verstehen, daß all das, was geleugnet wird, höchsten Wert hat. Das zeigt sich in der seltsamen Logik des Arguments, besonders in Strophe 1, 3 und 5. Man achte hier auf die Formulierung (II, 123):

> GEDULT, Gelaßenheit, treu, fromm und redlich seyn,
> Und wie ihr Tugenden euch sonst noch alle nennet,
> Verzeiht es, doch nicht mir, nein, sondern meiner Pein,
> Die unaufhörlich tobt und bis zum Marcke brennet,
> Ich geb euch mit Vernunft und reifem Wohlbedacht,
> Merckt dieses Wort nur wohl, von nun an gute Nacht;
> Und daß ich euch gedient, das nenn ich eine Sünde...

Die Tugenden werden verworfen, werden jedoch in einem Atemzug gebeten zu verzeihen – nicht dem sie Verwerfenden, sondern seiner Pein. Nichtsdestoweniger wird behauptet, sie würden ›mit Vernunft und Wohlbedacht‹ verschmäht – eine wohlüberlegte, auf der Folter getroffene Entscheidung! Solchen Tugenden gedient zu haben, wird nun als Sünde bezeichnet. Eine Sünde wogegen? Gegen den Hedonismus? Alle Werte scheinen verkehrt, und doch existiert kein Fundament, auf das sich entgegengesetzte Werte stützen können. In Strophe 3 wird Gott beschuldigt, Er lasse ihn dem Guten widerstehen, ›Damit die frömmste Welt das Ärgste von mir meine‹, und davon (Strophe 4) leite sich sein ganzes Elend ab. Das grenzt schon an Verfolgungswahn. Und welchem Guten hat er sich widersetzt, wenn das Gute nicht darin besteht, sich an die eben noch verworfenen Tugenden zu halten? In Strophe 5 wird die charakteristische Pose des Gotteslästerers eingenommen: Ich weiß, daß ich gerecht und menschenfreundlich bin und meinen Nächsten liebe, sonst mögen alle bösen Geister – die nichts als christliche Lügen sind! – über mich herfallen. ›Was wird mir nun davor? Ein Leben voller Noth.‹ Deshalb wäre das Nichts vorzuziehen (II, 124):

O daß doch nicht das Ey, in dem mein Bildnüß hing,
Durch Feulung oder Brand der Mutter Schoos entgieng,
Bevor mein armer Geist dies Angsthaus eingenommen!
Jezt läg ich in der Ruh bey denen, die nicht sind...

Als Schrei der Verzweiflung ist das Gedicht mitleiderregend und ergreifend. Dieses wüste, vernunftwidrige Aufschreien gibt recht glaubwürdig die Seelenqual eines über das Erträgliche hinaus Gemarterten wieder. Als ›Philosophie‹ ist es kindisch, es sei denn, wir interpretieren es existenzialistisch als Erkenntnis der Krise, als Einsicht in die Unvermeidlichkeit des ›Scheiterns‹.

In Strophe 2 (II, 123) fragt das ›Ich‹ in einer Stelle voll blasphemischer Bitterkeit:

Wo steckt denn nun der Gott, der helfen will und kan?
Er nimmt ja, wie ihr sprecht, die gröbsten Sünder an:
Ich will der gröbste seyn, ich warthe, schrey und leide;
Wo bleibt denn auch sein Sohn? Wo ist der Geist der Ruh?
Langt jenes Unschuldskleid und dieses Kraft nicht zu,
Daß beider Liebe mich vor Gottes Zorn bekleide?

In der Schlußstrophe (II, 124) bekundet sich die Liebe dieses dreieinigen Gottes in seiner Langmut. Die Wende von der Empörung und Gotteslästerung zur Unterwerfung und Reue kommt plötzlich und ist im Grunde unerklärlich. Sie ist ein Geschenk der Gnade, unverdient, aus Gottes freiem Willen gegeben, ganz wie bei Luther:

Verflucht sey Stell und Licht! – Ach, ewige Gedult,
Was war das vor ein Ruck von deinem Liebesschlage!
Ach, fahre weiter fort, damit die große Schuld
Verzweiflungsvoller Angst mich nicht zu Boden schlage.

Die Geduld des Ewigen hat ihn nicht beim Wort genommen, sondern seine Lästerung so verstanden, wie auch wir sie verstehen sollen und wie es die Unlogik seines Arguments impliziert hatte: als einen Ausdruck des Leidens und der Sehnsucht nach einer Welt, in der Gottes Gesetze befolgt werden und in der ›Gedult, Gelaßenheit, treu, fromm und redlich seyn‹ Tugenden sind, die wirklich belohnt werden. Auf eine solche Welt setzt das ›Ich‹ dieses Gedichts keine Hoffnung, und auch der spätere Günther tut das nicht. Es ist zweifelhaft, ob er jemals zu der Erkenntnis in Matthäus 6 gelangt, derzufolge diejenigen ›ihren Lohn dahin‹ haben, die ihre guten Werke ausposaunen. Nichtsdestoweniger ist der ›Liebesschlag‹ die Belohnung des Vaters, ›der in das Verborgene sieht‹.

In den letzten sechs Zeilen wendet sich der Dichter Jesus zu, indem er dessen Leiden mit seinem eigenen identifiziert. Das Leiden führt hin zum Kreuz, das gleichzeitig das Zeichen alles Leids und der Überwindung des Leids ist. Für Dahlke (*Entwicklung*, S. 170) ist das ein ›Rückfall in die Theologie des 17. Jahrhunderts‹. Für Günther ist es ein Weg – und letztlich der einzige Weg – dazu, im Leiden einen Sinn zu erkennen. Der Tod ist einerseits die einzige Befreiung vom Leiden, andererseits ist er das Tor zum ewigen Leben: ›Die Rettung ist allein mein Tod *und* dein Erbarmen.‹ Man mag einwenden, daß der Sinn des Leidens hier nicht so klar ausgedrückt ist wie in dem früheren, oben besprochenen Gedicht ›Dancksagung vor göttliche Züchtigung ...‹. Es ist richtig, daß dieser Sinn nur impliziert ist, doch ist die Implikation deutlich genug. Der nihilistische Antiwert kann letzten Endes die von einem Gott der Liebe prädizierten Werte nicht verdrängen, und das Leiden erweist sich als der Fels, auf den der Glaube und nicht der Unglaube gebaut ist. Die gesamte christliche Erfahrung weist in die gleiche Richtung, nicht nur ›die Theologie des 17. Jahrhunderts‹.

In den unmittelbar auf ›Gedult, Gelaßenheit ...‹ folgenden Gedichten wird der unentschiedene Kampf noch immer mit großer Heftigkeit geführt, wenn auch kein neuer Versuch zur Wiederaufnahme der nihilistischen Haltung unternommen wird. In ›Er klaget in der Einsamkeit‹ (II, 130) greift Günther seine verzweifelte Situation von neuem auf und schließt mit einer flehentlichen Bitte an den Himmlischen Vater, um seinetwillen ein Wunder zu wirken. Das nächste Gedicht, ›An Gott‹ (II, 133–34) setzt dieses Thema fort. Nun wird wiederum fester Boden gewonnen, auch wenn noch kein äußerliches Wunder geschehen ist. Ein innerliches hat sich jedoch ereignet: Er hat gelernt zu sagen, ›Dein Wille geschehe‹:

Getrost, mein Herz, so muß es seyn,
Wir sollen blos den Höchsten loben.

Zuletzt schließt sich in ›Die Zuversicht des Geistes zu Gott‹ (II, 135) der Kreis des ›Ich‹ in den Klageliedern und der implizierte Sinn von ›Gedult, Gelaßenheit: . . .‹ wird klar ausgesprochen. Ich zitiere das ganze Gedicht:

ES kommt mir sauer an, ich zitter wie ein Rohr
Und bin mehr Schein als Mensch. Allein wer kan davor?
Du, Herr, verstellst dich mir und magst dich auch verstellen.
Ich ehre deinen Grimm bey noch so schweren Fällen;
Vermehr auch Schlag und Zorn, du strafst mich nie zu hart,
Ich seh gleichwohl daraus des Vaters Gegenwart,
Des Vaters, der mich nicht aus blindem Eifer schläget,
Nein, sondern nur dadurch zu Reu und Leid beweget.
Wer weis, zu was es dient! Ich bitte dich um nichts
Als dann und wann um Trost des holden Angesichts.
Sonst gieb mir, was du wilst, ich bin zu blind zum Wehlen;
Du, Vater, wirst mich doch nicht über Kräfte quälen.
Spott, Hunger, Fluch und Neid und gar verächtlich seyn
Geht freylich, wer es fühlt, dem Fleische bitter ein:
Doch wenn mich auch dein Zorn bis in die Hölle triebe,
So predigt ich auch dort die Wollust deiner Liebe.

In diesem Zyklus wird Gott fast ausschließlich in Seinem Zorn erfahren. Dieser Zorn ist jedoch, das ist die letzte Erkenntnis, ein Zeichen von Liebe, ein ›Liebesschlag‹. Für den in Sünde verstrickten Menschen ist es die einzige Weise, in der Gott Sich offenbaren kann.

Man darf vielleicht die Vermutung äußern, daß Günthers grundsätzliches und nur zur Hälfte erkanntes Problem in der Unfähigkeit besteht, seine Sündhaftigkeit zu bekennen, das heißt, sie sich uneingeschränkt einzugestehen. Sein Werk bezieht unablässig eine Position der Selbstverteidigung und ist voller Entschuldigungen für sein gesellschaftlich unhaltbares Verhalten. Auf der gesellschaftlichen Ebene mag jugendlicher Überschwang, in einem tieferen Sinn mag die ›Redligkeit‹ tatsächlich eine ausreichende Entschuldigung sein. Auf jeden Fall scheint die Strafe in gar keinem Verhältnis zur Schuld zu stehen. Das ist sein

Argument in den Gedichten an seinen Vater (vgl. z. B. II, 198 ff., Zeile 45–74). Auf religiöser Ebene wird die gleiche Haltung jedoch eine Haltung der Empörung und der Blindheit gegenüber der Sünde. Hier stilisiert sich der Dichter zu einem zweiten Hiob. Aber ist das nicht eine Schutzmaßnahme gegen das Sündenbekenntnis? Es erscheint durchaus möglich, daß er vor zwei nicht miteinander zu vereinbarenden Haltungen stand; die eine leitete sich ab vom neuen Ideal der ›Redligkeit‹ und dem Recht des einzelnen, sich entsprechend seinen angeborenen Neigungen zu entwickeln, die andere entsprach der christlichen, insbesondere der lutherischen Lehre. Nichts fällt Günther schwerer, als die eigene Sündhaftigkeit einzugestehen, weil ein solches Eingeständnis auf religiöser Ebene seiner Sache auf der gesellschaftlichen Ebene schadet. Sein Versuch, den Standpunkt des Pelagianismus einzunehmen, ist schließlich zum Scheitern verurteilt. Der gefallene Mensch kann seine Erlösung nicht allein zustande bringen. Die Gnade muß dazukommen. Vielleicht kann man in diesem Ringen ein weiteres Beispiel für Günthers ›Zwischen-den-Zeiten-Stehen‹ erkennen – zwischen Pascal und Gryphius auf der einen und Goethe auf der anderen Seite. Seine endgültige Position steht der ersteren näher als der letzteren. Dieser ganze Komplex im Werk Günthers ist immer noch nicht erforscht.

Günthers religiöse Entwicklung endet nicht mit dem oben zitierten letzten Gedicht, aber wir können hier nicht weiter darauf eingehen. Es muß der Hinweis genügen, daß Günther nach der Feuerprobe des Leidens und der Bekehrung ungefähr den Standpunkt Hamanns nach dessen Bekehrungserlebnis einnimmt, und zwar den des ›*Est*, ergo cogito‹, Gott ist, also denke ich (bzw. kann ich denken) oder einfach: Er ist, also bin ich. Gottes Allgegenwart und Liebe offenbarten sich Günther vor allem durch sein eigenes Leid. Sie offenbarten sich aber auch, so glaubte er, in seiner Befreiung vom Leid, die er als ein echtes Wunder betrachtete (II, 143 f. – Auslassungszeichen in Zeile 2–4 im Gedichtabdruck):

GOTT zürnt und bleibt doch Gott, das ist voll Lieb und Treu,
. . . .
. . . .
. . . .

Drum spreche doch kein Mensch: Nun bin ich hingebracht,
. . . .
Ich war schon im Begriff und wollte – – [mich umbringen]
(hier folgt ein versteckter Hinweis auf seine Errettung)
. . . .
Man meint, es hätten längst die Wunder aufgehört;
Ihr Thoren böser Art, wie seichte steht der Glauben!
. . . .
Durchgeht den Lebenslauf bald von den ersten Jahren:
Je mehr ihr Stunden zehlt, je mehr ich Wunder seh,
Die ihr so gut als ich von Gottes Huld erfahren.
. . . .
Ich wende kaum die Hand, so folgt ein beßer Ende: ...

Die göttliche Vorsehung ist überall; alles, was geschieht, ist Gottes Wille, welcher allgütig ist. Wiederum Leibniz? Viel eher Matthäus 10, 29ff.: ›Kauft man nicht zwei Sperlinge um einen Pfennig? Dennoch fällt deren keiner auf die Erde ohne euren Vater. Nun aber sind auch eure Haare auf dem Haupt alle gezählt. So fürchtet euch denn nicht ...‹. Kurzum, *alles* ist ein ›Wunder‹, Zeugnis für Gottes *persönlichen* Willen im Verhältnis zum einzelnen, nicht nur im Verhältnis zu ›des Weltgebäudes Heil‹. Man muß nur zu sagen lernen: ›Dein Wille geschehe‹. Im deutschen Barock ist der sublimste Ausdruck dieses Gefühls für Gottes Allgegenwart in der Dichtung Catharina Regina von Greiffenbergs zu finden. Im 18. Jahrhundert findet es seine tiefgründigste Formulierung in den Werken Johann Georg Hamanns. Zwischen Hamann und Catharina steht Johann Christian Günther.

Wir haben Günther unverhältnismäßig viel Platz eingeräumt. Das war zum Teil deshalb nötig, weil die Güntherforschung dem Literarhistoriker noch immer keine ohne weiteres brauchbaren Unterlagen zu liefern vermag, an denen sich die Entwicklung des Dichters aufzeigen ließe. Zum Teil war es auch nötig wegen der erstaunlichen Fülle seines Werks, eine Fülle, die sich in erster Linie von seiner neuen Einstellung zur Funktion der Dichtung als persönlichem Bekenntnis ableitet. Selbst damit haben wir nur zwei seiner zentralen Themen behandelt, und auch diese nur oberflächlich: die Liebe bzw. das Verhältnis des Mannes zur Frau, und die Religion bzw. das Verhältnis des Menschen zum Göttlichen. Das wichtige Verhältnis des einzelnen zur Gesellschaft, insbesondere natürlich das Verhältnis des Dichters zur Gesellschaft, haben wir nur beiläufig erwähnt. Im Grunde fordert Günthers Werk uns noch immer zu Fragen heraus.

ANMERKUNGEN

I OPITZ UND DIE LYRIK DER RENAISSANCE

1 Die januskopfige Natur des Luthertums zeigt sich besonders deutlich in der Geschichte der lutherischen Universitäten, insbesondere in der allmählichen Verdrängung Wittenbergs, der scholastisch ausgerichteten Verfechterin des ›Altluthertums‹, durch Jena, wo der Humanismus um die Mitte des 17. Jahrhunderts festen Fuß zu fassen begann. Vgl. Herbert Schöffler, *Deutscher Osten im deutschen Geist*, Frankfurt a. M. 1940, 156–76, ›Jena als Einbruchstor des neuen westeuropäischen Denkens in das Luthertum‹. (2. Aufl. 1956 m. d. Titel: *Deutsches Geistesleben zwischen Reformation und Aufklärung*.)

2 Eingehend untersucht wird diese komplizierte Frage in: Karl Otto Conrady, *Lateinische Dichtungstradition und die deutsche Lyrik des 17. Jahrhunderts*, Bonn 1962.

3 Vgl. Walter Brauer, Jakob Regnart, Johann Hermann Schein und die Anfänge der deutschen Barocklyrik, *DVjs* XVII, 1939, 371–404.

4 Gesammelte Werke: *G. R. Weckherlins Gedichte*, hrsg. v. H. Fischer, 3 Bde., Tübingen 1894–95, 1907. (Nachdr. Darmstadt 1968.) Auswahl in: *Deutsche Literatur in Entwicklungsreihen, Reihe Barock, Barocklyrik 1*, hrsg. v. H. Cysarz, Leipzig 1937; *Das Zeitalter des Barock, Texte und Zeugnisse*, hrsg. v. A. Schöne, München 1963, [2]1968; sowie weitere Anthologien. *Gedichte*, ausgew. u. hrsg. v. Chr. Wagenknecht, Stuttgart 1972.

5 Eine großartige Interpretation dieses Sonetts bietet Walter Naumann in: *Traum und Tradition in der deutschen Lyrik*, Stuttgart 1966, 103–09.

6 Opitz wurde 1597 im schlesischen Bunzlau am Bober (daher der Name ›Boberschwan‹) als Sohn einer wohlhabenden Bürgerfamilie geboren; der Vater war Metzger. Noch während seiner Schulzeit am Breslauer Gymnasium veröffentlichte er eine ›Verteidigung‹ der deutschen Sprache: *Aristarchus sive de contemptu linguae teutonicae* (1617). Als Student in Heidelberg stand er im Bund mit jungen Humanisten, die für eine Sprachreform eintraten. Von 1619–21 war er in Holland, danach in Dänemark. Besonders beeinflußt wurde er durch den holländischen Dichter und Gelehrten Daniel Heinsius. Im Jahr 1622 wurde O. Professor an einem neugegründeten Gymnasium zu Weißenburg in Siebenbürgen, wo er sich nebenbei mit Ausgrabungen aus der Römerzeit abgab. Nach seiner Rückkehr nach Schlesien schrieb er (in fünf Tagen) sein *Buch von der Deutschen Poeterey* (1624) und brachte ein Jahr darauf eine verbesserte Ausgabe seiner *Teutschen Poemata* heraus, die bereits ein Jahr zuvor ohne O.s ausdrückliche Zustimmung von seinem Heidelberger Freund Wilhelm Zincgref veröffentlicht worden waren. Von Kaiser Ferdinand II. wurde er zum *poeta laureatus* gekrönt. Obwohl O. Protestant war, stand er 1626–32 als Sekretär im Dienst des übereifrigen Gegenreformators Karl Hannibal von Dohna, des Kaiserlichen Kammerpräsidenten in Breslau; 1629 wurde er geadelt. Im Jahr 1630 war er in geheimer Mission in Paris. Nach der Vertreibung Dohnas trat O. in den Dienst

der protestantischen Herzöge von Schlesien. Beim Wiedereinmarsch kaiserlicher Truppen in Schlesien floh er nach Thorn in Westpreußen und ließ sich schließlich in Danzig nieder, wo er vom polnischen Monarchen Wladislaw IV. 1637 zum Hofhistoriographen ernannt wurde. Er starb am 20. August 1639 in Danzig an der Pest.
Eine moderne kritische Ausgabe der Werke O.s ist in Vorbereitung. In diesem Zusammenhang seien die folgenden Ausgaben genannt: *Teutsche Poemata,* 1624, hrsg. v. G. Witkowski, Halle 1902 (*Neudrucke deutscher Literaturwerke des 16. und 17. Jahrhunderts,* Nr. 189–92); *Buch von der deutschen Poeterey,* hrsg. v. W. Braune, Halle 1882 (*Neudr.,* Nr. 1); *Geistliche Poemata,* 1638, hrsg. v. E. Trunz, Tübingen 1966 (*Deutsche Neudrucke, Reihe Barock 1*); *Weltliche Poemata,* 1644, 1. Teil, hrsg. v. E. Trunz, Tübingen 1967 (*Deutsche Neudrucke, Reihe Barock 2*); *Weltliche und Geistliche Poemata,* hrsg. v. H. Oesterley, Berlin und Stuttgart o. J. (Kürschner's *Deutsche National-Litteratur,* Bd. 27); Auswahl in: *Deutsche Literatur in Entwicklungsreihen, Reihe Barock, Barocklyrik 1,* hrsg. v. H. Cysarz, Leipzig 1937; *Das Zeitalter des Barock, Texte und Zeugnisse,* hrsg. v. A. Schöne, München 1963, [2]1968; sowie weitere Anthologien.

7 Bruno Markwardts *Geschichte der deutschen Poetik,* Bd. 1, Berlin und Leipzig 1937, liefert erschöpfende Auskunft.

8 Vgl. Paul Böckmann, *Formgeschichte der deutschen Dichtung,* Bd. I, Hamburg 1949, 318ff.

9 Vgl. Joachim Dyck, *Ticht-Kunst: Deutsche Barocklyrik und rhetorische Tradition,* Bad Homburg vor der Höhe 1966, eine ausführliche Untersuchung, auf die ich mich weitgehend stütze.

10 Günther Müller, *Geschichte des deutschen Liedes,* München 1925. (Nachdr. Darmstadt 1959.)

11 Wie z.B. bei Günther Weydt, Nachahmung und Schöpfung bei Opitz: Die frühen Sonette und das Werk der Veronica Gambara, *Euphorion* L, 1956, 1–26.

12 Müller, *Lied,* 52ff.; Gundolf in: *Deutsche Barockforschung: Dokumentation einer Epoche,* hrsg. v. R. Alewyn, Köln und Berlin, 4. Aufl. 1970, 107ff. (Gundolfs Aufsatz erschien erstmals 1923).

13 Martin Opitz, *Teutsche Poemata,* hrsg. v. G. Witkowski, Halle 1902, 8.

14 *Ibid.,* 7f.; Hervorhebung von mir. ›... im Heldenbuch vnnd sonsten dergleichen‹ bezieht sich auf die deutsche Dichtung des Mittelalters.

15 Fleming wurde 1609 in Hartenstein im Erzgebirge (Sachsen) als Sohn eines wohlhabenden lutherischen Pfarrers geboren. Er besuchte die berühmte Thomasschule zu Leipzig, wo der Musikerdichter Johann Hermann Schein sein Lehrer war (F. war sehr musikalisch), später die Universität Leipzig, wo er Medizin studierte und einer Gruppe dichterisch tätiger Studenten angehörte, die den anfangs lateinisch Dichtenden mit der neuen Dichtung Opitzscher Prägung vertraut machten. F. erblickte zeit seines Lebens in O. seinen idealen Mentor. Er wurde 1633 Mitglied einer Expedition, die im Auftrag Herzog Friedrichs III. von Holstein-Gottorp zur Anknüpfung von Handelsbeziehungen zum russischen Zaren reiste. Dieses Unternehmen führte zu einem zweiten und viel gefährlicheren in Gestalt einer Expedition nach Isfahan zu einer Unterredung mit dem Schah von Persien. Zwischen den zwei Expeditionen wurden F. und verschiedene Begleiter in Reval an der Ostsee festgehalten. Dort verliebte sich der Dichter in

Elsabe Niehus, die Tochter eines reichen Kaufmanns, und verlobte sich (anscheinend nicht offiziell) mit ihr. Gegen Elsabes Wunsch bestand er auf der Teilnahme an der persischen Expedition. So verbrachte er insgesamt rund sechs Jahre seines Lebens in fernen Ländern und war bis auf gelegentliche Briefe von der Familie und der Verlobten abgeschnitten. Nach der Rückkehr in den Westen (Elsabe hatte inzwischen einen anderen geheiratet und F. war zum Schluß gekommen, er liebe ihre Schwester) schloß er sein Medizinstudium in Leiden ab und wollte sich gerade als Arzt in Hamburg niederlassen, als er plötzlich erkrankte und starb. Seine *Teutschen Poemata* erschienen 1642 posthum. Moderne Ausgabe: *Paul Flemings Deutsche Gedichte*, hrsg. v. J. M. Lappenberg, 2 Bde., Stuttgart 1865. (Nachdr. Darmstadt 1965.) Auswahl in allen Anthologien; ausführliche Auswahl in Kürschner's *Deutsche National-Litteratur*, Bd. 28.

16 *Gedichte* I, 460, hrsg. v. Lappenberg. Meine Bemerkungen zu diesem Sonett sind im wesentlichen Naumann, *Traum und Tradition*, 110–18 verpflichtet.

17 Zum Thema Fleming und die petrarkistische Tradition siehe Hans Pyritz, *Paul Flemings deutsche Liebeslyrik*, Leipzig 1932.

18 Pyritz, *Liebeslyrik*, 208 ff.

19 Der in Memel als Sohn eines Gerichtsdolmetschers geborene Dach besuchte zunächst die Domschule zu Königsberg, danach die Stadtschule in Wittenberg und das Magdeburger Gymnasium. Ab 1626 studierte er in Königsberg Theologie und Philosophie; sein besonderes Interesse galt der lateinischen und griechischen Poesie. Er wurde 1633 Kollaborator der Domschule und war von 1636–39 deren Konrektor; 1639 erhielt er eine Professur für Poesie an der Königsberger Universität. Seine letzten Lebensjahre waren von einem schweren Lungenleiden überschattet.
Gesammelte Werke: *Simon Dach, Gedichte*, hrsg. v. W. Ziesemer, 4 Bde., Halle 1936–38; ausführliche Auswahl: *Gedichte von Simon Dach*, hrsg. v. H. Oesterley, Leipzig 1876 (*Deutsche Dichter des 17. Jahrhunderts*, Bd. 9); charakteristische Beispiele in Schöne, *Barock* und Cysarz, *Entwicklungsreihen*.

20 Kaspar Stieler, *Teutsche Sekretariat-Kunst ...*, Nürnberg 1673. Zitiert nach Dyck, *Ticht-Kunst*, 97.

21 Vgl. Ivar Ljungerud, Ehren-Rettung M. Simonis Dachii, *Euphorion* LXI, 1967, 36–83.

22 Rist wurde als ältester Sohn des protestantischen Predigers Kaspar Rist in Ottensen/Holstein geboren. In Rinteln und Rostock studierte er Theologie, daneben auch Jura, Philosophie, Medizin und Mathematik. Ab 1635 war R. Pfarrer in Wedel bei Hamburg. Seine literarische Anerkennung zeigt die Dichterkrönung durch Ferdinand III. sowie die Aufnahme bei den Pegnizschäfern (1646) und ein Jahr später in der Fruchtbringenden Gesellschaft (als ›Der Rüstige‹). R. schrieb auch rund 30 Bühnenstücke, von denen aber nur etwa die Hälfte erhalten ist. Charakteristische Auswahl: *Dichtungen von Johann Rist*, hrsg. v. K. Goedeke und E. Goetze, Leipzig 1885 (*Deutsche Dichter des 17. Jahrhunderts*, Bd. 15).

23 Der auf dem Stammgut der Familie (Brockut bei Nimptsch/Schlesien) geborene Logau besuchte das Gymnasium in Brieg und studierte ab 1625 Rechtswissenschaft in Frankfurt/Oder. Anschließend übernahm er die Verwaltung des im Krieg verwüsteten väterlichen Gutes. Ab 1644 stand er im Dienst des Herzogs

Ludwig IV. von Brieg, mit dem er ein Jahr vor seinem Tod nach Liegnitz umzog. Seit 1648 war L. als ›Der Verkleinernde‹ Mitglied der Fruchtbringenden Gesellschaft. Eine reiche Auswahl aus Logaus Werk enthält *Sinngedichte von Friedrich von Logau*, hrsg. v. G. Eitner, Leipzig 1870 (*Deutsche Dichter des 17. Jahrhunderts*, Bd. 3).

II KIRCHENLIEDDICHTER, MYSTIKER UND DIE MEDITATIVE LYRIK

1 Die Ausführungen über das Kirchenlied sind besonders den folgenden Quellen verpflichtet: Waltraut-Ingeborg Geppert, Kirchenlied. In: Merker-Stammler, *Reallexikon der deutschen Literaturgeschichte*, 2. Aufl., Berlin 1958. Hermann Hering, Kirchenlied, III, deutsches, in: *Realencyklopädie für protestantische Theologie und Kirche*, hrsg. v. A. Hauck, 3. Aufl., Bd. 10, Leipzig 1901. *A Dictionary of Hymnology*, hrsg. v. John Julian, 2 Bde., Dover Publications, Inc., New York 1957 (Unv. Nachdr. d. 2., rev. Ausg. v. 1907). G. Pfannmüller, Einleitung, in: *Lied-, Spruch- und Fabeldichtung im Dienste der Reformation*, Leipzig 1938 (*Entwicklungsreihen, Reihe Reformation*, Bd. 4). Martin Schmidt, Evangelische Kirchengeschichte Deutschlands von der Reformation bis zur Gegenwart, in: *Deutsche Philologie im Aufriß*, hrsg. v. W. Stammler, Bd. III, Berlin 1957.
Standardausgaben deutscher Kirchenlieder sind: *Das deutsche Kirchenlied von der ältesten Zeit bis zu Anfang des 17. Jahrhunderts*, hrsg. v. Philipp Wackernagel, 5 Bde., Leipzig 1864–77. *Das deutsche evangelische Kirchenlied des 17. Jahrhunderts*, hrsg. v. Albert Fischer und W. Tümpel, 6 Bde., Gütersloh 1904–16. Nützlich und leicht greifbar sind: *Das deutsche Kirchenlied des 16. und 17. Jahrhunderts*, hrsg. v. Eugen Wolff, Stuttgart (1894) (Kürschner's *Deutsche National-Litteratur*, Bd. 31); der oben erwähnte Band in den *Entwicklungsreihen*; die drei von H. Cysarz hrsg. Bände ›Barocklyrik‹ in derselben Reihe, bes. Bd. 3; jedes Gesangbuch der Evangelischen Kirche.

2 Der aus Hersbruck in Franken stammende, musikalisch hochbegabte Selnecker war als Student in Wittenberg Schüler von Melanchthon. Ab 1558 war er zunächst Hofprediger in Dresden, hatte dann eine Professur in Jena und wurde 1568 Professor in Leipzig, von wo er vorübergehend nach Wolfenbüttel (1571, als Generalsuperintendent) und Oldenburg (1573) ging. Wegen der Herrschaft des Kryptocalvinismus in Sachsen wich S. zeitweise nach Magdeburg und Hildesheim aus, kehrte jedoch kurz vor seinem Tod nach Leipzig zurück. S. gehört zu den geistigen Vätern der Konkordienformel.

3 Nicolai ist in Mengeringhausen/Waldeck geboren und studierte 1575 in Erfurt, ab 1576 in Wittenberg. (Dort promovierte er 1594 zum Doktor der Theologie, nachdem der Landgraf von Hessen seine Promotion in Marburg seines Auftretens gegen die Calvinisten wegen untersagt hatte.) Er war zeitweise Prediger in Herdecke/Westfalen (ab 1583), ab 1587 Prediger in Niederwildungen bei Waldeck; Ende 1588 wurde er Hauptpastor in Altwildungen. Als Prediger in Unna/Westfalen (ab 1596) wurde er wie schon in Wildungen in Streitigkeiten mit den Calvinisten verwickelt. Von 1601 an wirkte N. bis zu seinem Tod als Hauptpastor an der Katharinenkirche in Hamburg.

4 Heermann war Sohn eines Kürschnermeisters in Raudten/Niederschlesien. Raudten, Wohlau, Fraustadt und Breslau (Elisabeth-Gymnasium) sind die ersten Stationen seiner Schulbildung; von 1604–09 besuchte er die Fürstenschule in Brieg. Seit 1605 veröffentlichte er Reden und Gedichte in lateinischer Sprache; 1608 wurde er zum Dichter gekrönt. Als Hofmeister unternahm H. 1609 eine Bildungsreise über Leipzig und Jena nach Straßburg, kehrte jedoch wegen eines Augenleidens schon 1610 zurück. Ab 1611 bekleidete er das Pfarramt in Köben, das er 1639 krankheitshalber schließlich aufgeben mußte. Seine letzten Lebensjahre verbrachte der von den Verheerungen des Dreißigjährigen Kriegs wiederholt Heimgesuchte in Lissa. Zahlreiche Lieder von H. fanden Aufnahme in Kantaten, Oratorien und Passionen.

5 Gerhardt, der Sohn eines Bürgermeisters in Gräfenhaynichen bei Wittenberg, hat sich anscheinend ungewöhnlich lang an dieser Stätte lutherischer Gelehrsamkeit aufgehalten. Er immatrikulierte sich 1628 und wurde noch 1641 als ›studiosus‹ geführt. Nach seinem Weggang von Wittenberg (1642–43) wandte er sich nach Berlin, wo er Privatunterricht erteilte und predigte. Als Diakon der Nikolaikirche wurde er in den Streit zwischen der lutherischen Geistlichkeit und dem Großen Kurfürsten Friedrich Wilhelm verwickelt; dieser forderte als Anhänger der Reformierten (Calvinistischen) Kirche von den lutherischen Pfarrern die Unterzeichnung eines Übereinkommens, diese Kirche nicht von der Kanzel aus anzugreifen. G. betrachtete das als eine Verletzung seines Rechts der Lehre und Predigt, verweigerte seine Unterschrift und wurde darauf seines Amtes enthoben. Er fand später eine Anstellung in Lübben im Spreewald, wo er bis zu seinem Tode blieb. Die äußeren Umstände seines Lebens waren größtenteils bedrückend. Seine Jugend fiel zusammen mit den Schrecken des Dreißigjährigen Kriegs; er fand erst als Vierundvierzigjähriger eine feste Stellung und konnte erst mit achtundvierzig heiraten. Seine Frau starb jung, und nur eins seiner fünf Kinder überlebte das Kindesalter.
Seine letzten Jahre verbrachte er unter rohen und unfreundlichen Menschen. Ein Bildnis von ihm trägt das Motto: ›Theologus in cribro Satanae versatus‹ (Ein im Sieb des Satans durchgeschüttelter Theologe). Eine Sammlung der Lieder G.s erschien erst 1667. Die innerliche Leuchtkraft dieser Lieder steht in starkem Gegensatz zur Trübseligkeit seines äußerlichen Lebens.

6 Wilhelm Wackernagel, *Geschichte der deutschen Literatur*, 2. Aufl., Basel 1894, 241.

7 *Deutsche Gegenreformation und deutsches Barock*, Stuttgart 1935, 257.

8 Friedrich Spee (von Langenfeld) wurde in Kaiserswerth bei Düsseldorf geboren. Er entstammt einem alten rheinischen Adelsgeschlecht und war Zögling eines Jesuitengymnasiums zu Köln. Im Jahr 1610 trat er in den Jesuitenorden ein und wurde nach dem Erwerb seines *magister artium* als Lehrer in verschiedene Städte im Rheinland gesandt. Als sein Ordensgeneral seinen Wunsch nach einem Missionarsdienst in Indien abschlug (S. hatte das Vorbild des Hl. Franz Xaver vor Augen), absolvierte er ein vierjähriges Theologiestudium in Mainz und lehrte anschließend an mehreren jesuitischen Schulen und Universitäten. Seine Priesterweihe erhielt er 1622. Um 1627 schrieb er eines der mutigsten Bücher des Jahrhunderts, die *Cautio criminalis* bzw. Strafrechtliche Warnung (an Richter, Inquisitoren usw.), die 1630 anonym erschien. S.s Autorschaft wurde rasch

bekannt und machte ihn sogleich zum Mittelpunkt heftiger Auseinandersetzungen. Dieses epochemachende Werk ist in seiner Wirkung vergleichbar mit dem Roman *Uncle Tom's Cabin* [d. Amerikanerin H. B. Stowe; scharfer Angriff gegen d. Sklaverei d. Südstaaten; 1852 als Buch ersch.; dt.: *Onkel Toms Hütte*] und richtete sich gegen eins der verbreitetsten und schlimmsten Übel des 17. Jahrhunderts, die gerichtliche Untersuchung und Verurteilung von Personen jedes Alters und Standes wegen Hexerei. Indem S. die bei diesen Justizmorden angewandten unmenschlichen Praktiken offenkundig machte, trug er zu ihrer Abschaffung bei. Die oft wiederholte Legende, S. habe persönlich ›über 200‹ Opfer zum Scheiterhaufen begleitet, entspricht anscheinend nicht den Tatsachen, wenn er auch gelegentlich der Hexerei Beschuldigten als Beichtvater diente. Als Missionar in der protestantischen Enklave Peine bei Hildesheim wäre er 1629 beinahe das Opfer eines Mordanschlags geworden. Der Überlieferung nach verfaßte er einen Großteil seines poetischen Hauptwerks *Trutznachtigall*, während er sich in ländlicher Zurückgezogenheit von seinen Verletzungen erholte. Der letzte Akt im Leben S.s spielte sich in Trier ab, wo er *Trutznachtigall* abschloß und dem Zensor ein mit größter Sorgfalt geschriebenes Manuskript vorlegte. Die Wechselfälle des Krieges bewirkten, daß das Werk erst viele Jahre später erschien. Im März 1635 wurde das damals von den Franzosen beherrschte Trier von kaiserlichen Truppen eingenommen. Beim unermüdlichen Einsatz für Kranke und Verwundete wurde S. ein Opfer der Pest und starb im August desselben Jahres. Man kann sich im Deutschland des 17. Jahrhunderts keine sympathischere Persönlichkeit denken als diesen warmherzigen Jesuitenpater. Die kritische Standardausgabe von *Trutznachtigall* stammt von Gustave O. Arlt (Halle 1936, *Neudrucke deutscher Literaturwerke des 16. u. 17. Jahrhunderts*, Nr. 292–301). Ebenfalls sehr nützlich ist, besonders der Erläuterungen wegen, *Trutz-Nachtigal von Friedrich Spe*, hrsg. v. Gustav Balke, Leipzig 1879 (*Deutsche Dichter des 17. Jahrhunderts*, Bd. 13). S.s Leben und Werke behandelt ausführlich Emmy Rosenfeld, *Friedrich Spee von Langenfeld: Eine Stimme in der Wüste*, Berlin 1958; ihr Werk ist besonders wertvoll als Zeitbild. Eine neue kritische Ausgabe der Werke S.s erscheint gegenwärtig.

9 Eichendorff, *Werke und Schriften*, hrsg. v. G. Baumann und S. Grosse, Bd. 4, Darmstadt 1959, 477.

10 Der Frage nach dem Einfluß von Loyolas *Exercitia spiritualia* auf Spees Werk ging Warren R. Maurer nach in: Spee, Southwell, and the Poetry of Meditation, *Comparative Literature* XV, 1963, 15–22. Wer vertraut ist mit der ›meditation upon hell‹ im 3. Kapitel von James Joyce' *Portrait of the Artist*, weiß sicher, was mit einer jesuitischen ›Meditation‹ gemeint ist, wenn auch dies, also das fünfte Exerzitium Loyolas, in *TN* keine Rolle spielt.

11 Eric Jacobsen, in: *Die Metamorphosen der Liebe und Friedrich Spees ›Trutznachtigall‹*, Copenhagen 1954, 158. Jacobsens Monographie ist eine gründliche und wissenschaftlich fundierte Untersuchung von *TN* als Parodie weltlicher Liebespoesie.

12 Ausführlicher besprochen und belegt werden dieser Punkt und verschiedene andere, weiter unten erwähnte Punkte bei Robert M. Browning, On the Numerical Composition of Friedrich Spee's *TN*, in: *Festschrift für Detlev W. Schumann*, München 1970, 28–39.

13 Die kritische Ausgabe von G. O. Arlt, ein Nachdruck der editio princeps von 1649, enthält 52 Gedichte; das 52ste findet sich jedoch in keinem der drei erhaltenen Manuskripte und nimmt sich in der Struktur des Zyklus entschieden unorganisch aus.

14 Der Unterschied zwischen den zwei Arten von Liebe, der in der Struktur von *TN* eine erhebliche Rolle spielt, wird von Spee im *Güldenen Tugendbuch* entwickelt, und zwar besonders in der Einleitung. Zur Besprechung siehe F. W. C. Lieder, Friedrich Spee and the *Théodicée* of Leibniz, *Journal of English and Germanic Philology* XI, 1912, 146–72; 321–54; ebenso Browning, *Festschrift*, 35–37.

15 Scheffler ist im Dezember 1624 in Breslau geboren, und zwar als Sohn eines polnischen Edelmanns mit deutscher Bildung und lutherischen Glaubens. Seine deutsche Mutter war 35 Jahre jünger als ihr Mann; der Junge war mit vierzehn eine Waise. Er besuchte das berühmte Elisabeth-Gymnasium seiner Geburtsstadt, wo einer seiner Lehrer Christoph Köler (Colerus) war, der erste Biograph von Opitz und ein begeisterter Befürworter der neuen Dichtung. S. ging 1643 zum Medizinstudium nach Straßburg; im Sommer 1644 ging er nach Leiden. Holland war Zufluchtsort aller aus religiösen Gründen Verfolgten; überall im Land waren religiöse Sekten verschiedener Art. S. wurde später des Umgangs mit den Anabaptisten beschuldigt, ein schwerwiegendes Vergehen in den Augen der Lutheraner und Katholiken. Im September 1647 immatrikulierte er sich an der Universität Padua, einem berühmten Zentrum der Medizin, und erwarb 1648 einen philosophischen und medizinischen Grad. Im Jahr 1649 wurde er zum Hof- und Leibmedicus am protestantischen Hof zu Oels in Schlesien ernannt, wo er unter den Einfluß Abraham von Frankenbergs geriet, eines gelehrten Anhängers von Jakob Böhme (1574–1624), dem großen schlesischen Mystiker. Bei seinem Tod vermachte Frankenberg S. zumindest einen Teil seiner Sammlung mystischer und okkulter Schriften, und dieser verfaßte eine Trauerelegie für seinen Wohltäter. Durch Frankenberg lernte S. anscheinend die Schriften eines Mannes kennen, der dann Form und Inhalt seines eigenen Werks nachdrücklich beeinflußte: den Mystiker Daniel Czepko von Reigersfeld (1605–60). Kurz nach Frankenbergs Tod geriet S. in Schwierigkeiten mit der lutherischen Orthodoxie wegen der versuchten Veröffentlichung einer Sammlung von mystischen Gebeten. Er trat 1653 zum Katholizismus über, nachdem er einige Zeit vorher den Oelser Hof verlassen hatte. Unter dem Einfluß und Schutz Sebastians von Rostock, des Hauptverfechters der Gegenreformation in Breslau, wurde S. bald selbst zum fanatischen Gegenreformator. Seine zwei wichtigsten poetischen Werke erschienen 1657 unter dem Namen ›Angelus Silesius‹: *Cherubinischer Wandersmann* und *Heilige Seelenlust*. Über ihre Genese ist nichts bekannt, außer daß sie zwischen 1651 und 1657 entstanden sein müssen.

Nach seiner Priesterweihe 1661 wurde S. kein Ordensmitglied, obschon er enge Verbindungen zu den Franziskanern und den Jesuiten hatte. Von 1663 an trat er als Verfasser von polemischen Flugschriften der fanatischsten Art auf – er hat von 1663 bis 1675 nach eigenen Angaben 55 Traktate verfaßt. Davon wurden 39 unter dem Titel *Ecclesiologia* gesammelt, ein tatkräftiges Eintreten für die katholische Kirche. Im Jahre 1674 veröffentlichte der einstmals große Dichter des mystischen Wegs ein umfängliches, an Breughel erinnerndes Gedicht mit dem Titel *Sinnliche Beschreibung der vier letzten Dinge*, in dem das höllische Feuer und die ewige Verdammnis den Ton angeben. Er starb als Einsamer und Enttäuschter im Hospital der Breslauer St. Matthias-Kirche, in der er bekehrt worden war. Ein Jesuit hielt die Trauerrede für ihn.

Standardausgaben: Angelus Silesius, *Sämtliche poetische Werke und eine Auswahl aus seinen Streitschriften,* hrsg. v. G. Ellinger, Berlin 1923, 2 Bde.; von dieser Ausgabe sind *Heilige Seelenlust* und *Cherubinischer Wandersmann* auch in *Neudrucke des 16. und 17. Jahrhunderts* abgedruckt, und zwar als Nr. 177–81 und 135–38. *Sämtliche poetische Werke,* hrsg. v. H. L. Held, München 1952, 3 Bde. (mit ausführl. Einleitung u. sorgfältigen Belegen; der Text ist der modernen Rechtschreibung angepaßt). *CW* ist auch erhältlich in der *Sammlung Dieterich,* Bd. 64, hrsg. v. W.-E. Peuckert, dessen Kommentar den Einfluß Böhmes und pansophischen Denkens betont.

16 Ausführlich besprochen wird die Handhabung dieser Form bei Scheffler von Benno von Wiese, Die Antithetik in den Alexandrinern des Angelus Silesius, *Euphorion* XXIX, 1928, 503–22; abgedruckt in: *Deutsche Barockforschung,* hrsg. v. Alewyn, Köln/Berlin 1966, 260–83.

17 Vgl. Ellingers Ausgabe von *HS, Neudrucke* Nr. 177–81, Halle 1901, xx ff.

18 Hans-Joachim Frank, *Catharina Regina von Greiffenberg: Leben und Welt der barocken Dichterin,* Göttingen 1967, 133 (Hervorhebung von mir).

Die Dichterin wurde am 7. September 1633 auf Schloß Seisenegg bei Amstetten an der Ybbs in Niederösterreich geboren. Der Adelsstand der Familie ist jüngeren Datums; der bürgerliche Großvater Catharinas war von Kaiser Rudolf II. wegen seiner Verdienste um die Krone geadelt worden. Wie die meisten Österreicher ›ständischen Adels‹ – im Unterschied zum viel älteren Landadel – war die Familie lutherisch. Der Tod des Vaters (1641) brachte die Mutter und die beiden Töchter in wirtschaftliche Bedrängnis. Hans Rudolph, Catharinas Onkel väterlicherseits, übernahm die Verwaltung des Besitzes und die Erziehung seiner Nichten. C. erhielt vorzüglichen Unterricht und erwarb ein selbst angesichts des hohen Bildungsideals ihrer Zeit beachtliches Wissen. Ihre besondere Liebe galt anscheinend lateinischen und italienischen Autoren sowie der französischen Renaissancedichtung (sie übersetzte später Du Bartas); dazu las sie mit großem Eifer religiöse Werke. Das *Restitutionsedikt* Kaiser Ferdinands II. zwang 1629 die gesamte protestantische Geistlichkeit und Lehrerschaft zum Verlassen Österreichs und nahm den lutherischen Einwohnern damit ihre kirchliche Organisation. Viele emigrierten nach Bayern, einige traten zum Katholizismus über. Gegen Ende des Jahrhunderts gab es in Österreich keinen lutherischen Adel mehr: die Gegenreformation war ein Erfolg.

Wie H.-J. Frank, der moderne Biograph C.s, berichtet, erlebte die Dichterin ihren religiösen Durchbruch im Alter von achtzehn, beim Tod ihrer jüngeren Schwester. Von da an war ihr Leben beherrscht von der Idee der ›Deogloria‹, worunter sie versteht, den Schöpfer für Seine Wohltaten zu preisen, Gott durch ihre Dichtung zurückzugeben, was Er uns gegeben hat. Als Sechsundzwanzigjährige hatte C. eine solche Meisterschaft im dichterischen Ausdruck erreicht, daß ihr Mentor *in poeticis,* Johann Wilhelm von Stubenberg (ein Kirchenlieddichter und Übersetzer, besonders aus dem Spanischen), es für richtig hielt, eine Probe ihres Werks Sigmund von Birken vorzulegen, dem Oberhaupt des sehr aktiven Nürnberger Dichterkreises. Birken war höchst erstaunt und entzückt; er

vermittelte einen Verleger für ihre *Geistlichen Sonette, Lieder und Gedichte* (Nürnberg 1662) und steuerte selbst eine ›Vor-Ansprache‹ bei.
Im Jahr 1663 floh C. vor der drohenden Gefahr eines Türkeneinfalls nach Bayern (Nürnberg). Inzwischen hatte ihr rund 30 Jahre älterer Onkel und Beschützer Hans Rudolph ihr einen Heiratsantrag gemacht, was C. in eine sehr unglückliche und peinliche Lage versetzte. Sie heiratete ihn aber dann doch, nachdem der protestantische Markgraf von Brandenburg-Bayreuth die Zustimmung erteilt hatte. Diese Ehe mit einem so nahe Verwandten war für sie die Quelle vieler späterer Bedrängnisse und Demütigungen.

Im Exil vollendete C. ihr langes und gelehrtes ›Helden-Gedicht‹ von über 7000 Alexandrinern. Es trägt den Titel *Sieges-Seule der Buße und Glaubens / wider den Erbfeind* (d.h. den Islam) *Christlichen Namens* und erzählt die Geschichte der Auseinandersetzung des Islams mit dem Christentum. Für C. ist es der Kampf des Prinzips des Bösen gegen das Gute. Mohammed wird als Geißel Gottes gesehen, die die Christen aufrütteln soll. Das Gedicht trägt die Widmung ›An mein werthes Teutsches Vaterland‹. Seine Botschaft ist ökumenischer Art: ein Ruf an alle Christen, sich unter der Hegemonie des Hauses Habsburg zusammenzuschließen und das Werk der Kreuzzüge durch die Christianisierung des Ostens zu vollenden. C.s erfolgreichstes Werk in Hinsicht auf öffentliche Anerkennung war *Nichts als Jesus* (1672), eine Serie von zwölf größtenteils in Prosa abgefaßten Betrachtungen.
Zur Regelung ihrer Besitzverhältnisse kehrten Hans Rudolph und seine Frau 1665 nach Österreich zurück. Er wurde sogleich wegen der Eheschließung mit seiner Nichte in Haft gesetzt und gezwungen, den Umgang mit ihr aufzugeben. Man trat aber anscheinend an hoher Stelle für ihn ein, und er erhielt schließlich völlige Freiheit; das Ehepaar blieb dann über zehn Jahre auf Seisenegg. Über diesen Zeitraum (1665–79) sind wir ungewöhnlich gut unterrichtet aufgrund einer Reihe von Briefen, die C. an ihren Dichterfreund S. von Birken schrieb. Die Dichterin bezeichnet ihr Leben unter den ungebildeten niederösterreichischen *Krautjunkern* und deren Familien als ›das Unruhigste‹ und gleichzeitig ›langweiligste Leben, V(on) der Welt‹. Erholung fand sie hauptsächlich bei der Jagd, die sie leidenschaftlich betrieb. Konfessionelle Gegensätze und natürlich ihre ›eigenartige‹ Ehe trugen dazu bei, ihr Leben unglücklich zu machen. Zu alledem war sie kränklich und hatte ein Augenleiden. Als Hans Rudolph 1676 starb, wurde sie sofort von gierigen Gläubigern bedrängt, die sie dann auch um den größten Teil ihrer Erbschaft betrogen. Mit dem sehnlichen Wunsch, ihres Kummers ledig zu sein, kehrte sie 1680 nach Nürnberg zurück, wo sie am 8. April 1694 starb.
Durch ihre Briefe an Birken erhaschen wir einen Blick auf die ›geheyme hoffnung‹ dieser erstaunlichen Frau. Das Anliegen ihres Herzens war – den Kaiser zum Luthertum zu bekehren! Das sollte der Schlüssel zu ihrem utopischen Plan werden, einen Zusammenschluß aller Christen unter dem Haus Habsburg herbeizuführen. Und niemals scheint sie in ihrem Vorhaben schwankend geworden zu sein – wenn sie auch zeitweilig zutiefst entmutigt war –, und niemals erwog sie anscheinend eine Alternative. Ihre Haltung zum Herrscherhaus war die eines klugen, aber gehorsamen Kindes gegenüber eigensinnigen Eltern, die im Unrecht sind. Mindestens dreimal versuchte sie, den Kaiser persönlich zu sprechen, kam aber nie weiter als bis zu seinem Beichtvater (der *sie*

zu bekehren versuchte) und zum Hofbibliothekar. Sie stand natürlich gesellschaftlich viel zu tief, als daß man sie am Hof offiziell empfangen hätte. Ihre Schriften enthalten eine Reihe von versteckten Anspielungen auf dieses geheime ›Vorhaben‹, auf das sie viel Zeit und Energie verwendete.

Mag dieses Vorhaben auch utopisch gewesen sein, so war es doch weder ohne Beispiel noch ohne Nachfolge. Keinem Geringeren als Leibniz sollte kurz darauf etwas nicht viel anderes vorschweben, und ihr älterer Zeitgenosse Comenius, der große pädagogische Reformator, widmete sich ähnlichen irenischen Bestrebungen. C.s Religiosität war alles andere als eng und doktrinär, sicherlich auch deswegen, weil sie während ihrer Entwicklungsjahre von ihrer Kirche abgeschnitten gewesen war. Sie entwickelte vielmehr eine persönliche, nach innen gerichtete Leidenschaftlichkeit, die in auffälligem Gegensatz zu dem verknöcherten Luthertum ihrer Zeit stand. Damit hatte sie bereits selbst den ersten Schritt in Richtung auf eine *oikoumene* getan, das kommende Königreich. Hatte sie vielleicht das Gefühl, der Kaiser müsse nun den nächsten Schritt tun?

Gegenwärtig existiert noch immer keine kritische Ausgabe der Werke C. R. v. G. s. Ihre bedeutendste Gedichtsammlung, *Geistliche Sonette, Lieder und Gedichte* (1662), liegt vor als reprographischer Nachdruck, hrsg. v. d. Wissenschaftlichen Buchgesellschaft, Darmstadt 1967; *C. R. v. G. Gedichte*, ausgewählt u. mit einem Nachwort hrsg. v. Hubert Gersch, Berlin 1964, enthält 53 gut ausgewählte Einträge mit modernisierter Rechtschreibung und Interpunktion. Hans-Joachim Frank (siehe oben) verfaßte eine wichtige Arbeit über das Leben der Dichterin; darüber hinaus existieren zwei solide und nützliche Züricher Dissertationen: Leo Villiger, *C.R.v.G. – Zu Sprache und Welt der barocken Dichterin* (1952), und Peter Maurice Daly, *Die Metaphysik in den ›Sonetten‹ der C.R.v.G.* (1964).

19 Das Titelblatt von *G. S., L. u. G.* legt vielleicht nahe, die Anordnung der Gedichte stamme nicht von der Dichterin. Der volle Titel lautet: ›Geistliche Sonette / Lieder und Gedichte / zu Gottseeligem Zeitvertreib / erfunden und gesetzet durch Fräulein Catharina Regina / Fräulein von Greiffenberg / geb. Freyherrin von Seißenegg: Nunmehr Ihr zu Ehren und Gedächtniß / zwar ohne ihr Wissen / zum Druck gefördert / durch ihren Vettern (!) Hanns Rudolf von Greiffenberg / Freyherrn zu Seyßenegg. Das Schlüsselwort ist jedoch ›gesetzet‹. Der Aufbau des Zyklus ist noch nicht im einzelnen untersucht worden.

20 Dieses Sakrament hatte eine so unwiderstehliche Anziehungskraft auf sie, daß sie lange und beschwerliche Reisen nach Bayern und Ungarn unternahm, um in ihrer Kirche das Abendmahl zu nehmen. Ja, sie warf sogar die heikle theologische Frage auf, ob sie sich das Abendmahl vielleicht nicht selber spenden könne! (Vgl. Daly, 146, Anmerk. 203.)

21 Tithonus, der Gemahl (Geliebte) der Aurora, Göttin der Morgenröte.

22 D. h. die Wunden des Heilands.

23 Richard Newald, *Vom Späthumanismus zur Empfindsamkeit, 1570–1750*, München 1961, [6]1967, 250.

24 Kuhlmann wurde am 25. Februar 1651 in Breslau als Sohn eines lutherischen Bürgers geboren, der schon wenige Jahre später starb. Seine Ausbildung empfing er am Magdalenen-Gymnasium seiner Geburtsstadt, einer Schule mit erstklassiger humanistischer Tradition. Er scheint ein kränkliches Kind gewesen zu sein,

das an einem Sprachfehler litt, den Umgang mit Gleichaltrigen vermied und sich dafür in der Stadtbibliothek vergrub. Er eignete sich ein ganz gewaltiges Wissen an und veröffentlichte als Siebzehnjähriger seinen ersten Gedichtband, eine Sammlung von Grabschriften. Der Achtzehnjährige hatte 1669 während einer schweren Erkrankung eine ›Erleuchtung‹, die er später als entscheidend betrachtete. Mit neunzehn begann er an der Universität Jena ein Rechtsstudium, verbrachte aber anscheinend seine Zeit größtenteils mit dem Abfassen von Gedichten und anderen Werken anstatt beim Besuch von Vorlesungen. Seine Jenaer Publikationstätigkeit ist umfangreich; er ließ einen Zyklus von 50 Sonetten *(Himmlische Libes-Küsse)* und zwei Prosakompilationen von je rund 800 Seiten erscheinen, dazu eine zweite Ausgabe seiner Grabschriften. Es sah damals ganz so aus, als würde er sich zu einem typischen barocken Polyhistor entwickeln.

Im Jahr 1673 vertauschte K. Jena mit Leiden, dem intellektuellen Mekka der Schlesier, und Leiden stellt die Wende in seinem Leben und Denken dar. Hier las er erstmals die Werke Jakob Böhmes und bekehrte sich zum Chiliasmus, der Lehre vom (bevorstehenden) Ende der existierenden Weltordnung und dem Anbruch des Milleniums. Er entsagte aller Wissenschaft als einem Fallstrick des Satans und widmete sich völlig der Religion. Die erste Frucht seiner intensiven Beschäftigung mit Böhme war ein erstaunliches Buch mit dem Titel *Neubegeisterter Böhme* (Leiden 1674), in dem das kommende tausendjährige Königreich prophezeit und ein Zusammenschluß aller Protestanten gefordert wurde. K.s Rolle im Heilsplan zeichnet sich hier bereits ab. Seine Dichtung tritt nun völlig in den Dienst seiner ›Mission‹, wird zum Werkzeug seiner Religion. Nicht zufällig nahm K.s Chiliasmus eine so ausgeprägte Form gerade in Holland an. Die Niederlande wimmelten von allen möglichen ›Propheten‹, und Amsterdam, das Los Angeles des 17. Jahrhunderts, war das Zentrum eines *outré*-Sektenwesens. Von etwa 1675 an begegnet uns K. einmal in Amsterdam und anderen holländischen Städten, einmal in Lübeck, einmal in oder bei London, im Nahen Osten, in Paris, Genf, Berlin und schließlich in Moskau, wo er sein tragisches Ende finden sollte. Er macht den Eindruck eines Gehetzten. Obwohl er fast ständig von religiösen Enthusiasten umgeben war, akzeptierten doch nur wenige die von ihm als ›Kühlmannstum‹ bezeichnete besondere Art des Chiliasmus. Er führte das vereinsamte Leben eines von seiner Zwangsvorstellung Beherrschten, bemüht um die Rettung einer Welt, der seine Botschaft gleichgültig war.
In groben Zügen läßt sich K.s Lehre in ihrer mehr oder weniger endgültigen Form wie folgt umreißen: Das Ende der jetzigen Weltordnung ist nahe (der genaue Zeitpunkt variiert), das Millenium wird (schon jetzt?) durch die Herrschaft Kuhlmanns eingeleitet, dem Sohn des Sohnes Gottes, Christi Regent und Vorläufer. (Die Vaterschaft Christi ist eine Eigentümlichkeit der Lehre K.s; er kommt damit, wenn auch nur mit knapper Not, an der messianischen Ketzerei vorbei.) K. ist der eigenen Überzeugung nach von bestimmten ›Propheten‹ vorhergesagt worden, zu denen ihm persönlich bekannte Personen zählen; zwei davon waren sogar seine Frauen. Dem ›Kühlreich‹ werden diejenigen angehören, die K.s Lehre angenommen haben. Die gesamte Vorstellung beruht auf dem Begriff des Dritten Bundes (K. spricht von einem ›Kühlbund‹) bzw. dem Reich des Heiligen Geistes nach der Ablösung des Reiches des Vaters und des Sohnes, eine

Lehre, die zumindest bis auf den Zisterzienserabt Joachim von Fiore (gest. 1201) zurückgeht. Die Herrschaft des Heiligen Geistes (›Kühlzeit‹) mit K. als Regenten dauert bis zum Anbruch des eigentlichen tausendjährigen Reiches, wenn Christus mit den Heiligen regieren wird. Bis dahin bleibt viel zu tun: die Bekehrung aller, die für die Lehre vom Kühlmannstum gewonnen werden können. Besonders zur Bekehrung ausersehen sind die Inhaber hoher Ämter, Fürsten und Potentaten, an die K. ›Sendschreiben‹ richtet; der Papst als der Antichrist soll natürlich sehen, wo er bleibt. (K.s Antikatholizismus ist beinahe der einzige Berührungspunkt mit Luther.) Notwendig für den Heilsplan ist ebenso die Bekehrung der Türken (des Islam) und der Juden.
Mit finanzieller Unterstützung eines englischen Quäkers namens Bathurst machte sich K. 1677 auf den Weg nach Konstantinopel zur Erlösung der Türken. Mit sich nahm er seine erste Frau, die doppelt so alt war wie er und die sich als seine ›geistliche Mutter‹ ausgab, dazu deren drei Kinder. K.s Unterredung mit dem Sultan, der gerade einen Feldzug außer Landes führte, kam nicht zustande. Das ganze Unternehmen war ein klägliches Fiasko. Trotzdem machte K. sich glauben, die Türken seien ›im Geiste‹ bekehrt worden. Dieser psychologische Trick kam ihm auch später zustatten, als er wegen Geldmangels nicht nach Jerusalem weiterreisen konnte, um die Juden zu bekehren. Dieses Mal kam er nicht weiter als bis Genf, verfaßte dort aber eine Serie von 21 ›Jerusalemgesängen‹, die das physische Scheitern als geistigen Sieg deuten. Das war die berühmte ›Geistreise‹ nach Jerusalem, und es war nicht die letzte derartige geistige Reise, die er vorhatte. Unterdessen hatte K. mit der Herausgabe des Werks begonnen, das ihm einen Platz in der deutschen Literatur sicherte, des *Kühlpsalters* (Amsterdam 1684–86). Ohne dieses Werk würden wir ihn vielleicht lediglich als psychopathischen Ketzer abtun; so aber müssen wir uns mit ihm als Dichter befassen.

Der letzte, katastrophale Akt in K.s Leben spielte in Rußland, dem Rußland des Zaren Peter I. und seiner Schwester Sophia, wohin er sich 1689 begab, um die griechisch-orthodoxe Welt zum Kühlmannstum zu bekehren, denn Moskau war das ›dritte Rom‹. Kurz nach der Ankunft in Moskau wurde er festgenommen und einige Monate später (am 3. Oktober 1689) zusammen mit seinem letzten Jünger, einem gewissen Nordermann, lebendig verbrannt, wahrscheinlich am Ufer der Moskwa. Aus dem Prozeßprotokoll geht deutlich hervor, daß K. weniger wegen Ketzerei als vielmehr wegen Verschwörung mit dem Tod bestraft wurde. Das in allen Heilsplänen des Dritten Bundes enthaltene politische Element spielte wegen der damaligen Zustände in Rußland eine besonders wichtige Rolle. Die Zaren nahmen K. unglücklicherweise ernst.

Die bereits 1962 angekündigte Ausgabe des *Kühlpsalters* mit Robert L. Beare als Hrsg. ist inzwischen erschienen: *Der Kühlpsalter*, 2 Bde., Tübingen 1971 *(Neudrucke deutscher Literaturwerke, Neue Folge 3 u. 4)*. Die bislang gründlichste Studie über K., besonders hinsichtlich des Standpunkts der Lehre, des Lebens und des historischen Hintergrunds, ist die 600 Seiten lange Monographie eines Vertreters der marxistischen Schule: Walter Dietze, *Quirinus Kuhlmann: Ketzer und Poet*, Berlin 1963. Als Einführung nützlich ist der Aufsatz von R. L. Beare, Quirinus Kuhlmann: The Religious Apprenticeship, *PMLA* LXVII, Sept. 1953, 828–62. Werner Vordtriedes Auswahl *Quirinus Kuhlmann: Aus dem Kühlpsalter*, Berlin (1966), enthält ein ausgezeichnetes Nachwort; das Buch selbst vermittelt jedoch kaum ein genaues Bild von K.s Werk, das sich als eine Einheit anthologisch nicht fassen läßt. Die Arbeit von Claus Victor Bock, *Quirinus Kuhlmann als Dichter, Ein Beitrag zur Charakteristik des Ekstatikers*, Bern 1957, enthält zwar scharfsinnige stilistische Beobachtungen, gibt sich aber zuviel mit dem Aufstellen von Thesen ab (K. als Schamane). Das beste mir bekannte Werk über K.s Sprache ist die Dissertation von Heinrich Erk, *Offenbarung und heilige Sprache im ›Kühlpsalter‹ Quirin Kuhlmanns*, Göttingen 1953 (Mikrofilm). Wertvoll sind in diesem Zusammenhang auch die folgenden Aufsätze: Leonard Forster und A. A. Parker, Quirinus Kuhlmann and the Poetry of St. John of the Cross, *Bulletin of Hispanic Studies* XXV, Jan. 1958, 1–23 (über den Ersten Teil des 62sten Kühlpsalms); Leonard Forster, Zu den Quellen des ›Kühlpsalters‹: Der 5. Kühlpsalm und der Jubilus des Pseudo-Bernhard, *Euphorion* LII, 1958, 256–71.

25 In neueren Arbeiten über den *Kühlpsalter* herrscht über diesen Punkt Einigkeit. Dagegen stößt man in Darstellungen, die sich auf eine ältere Ansicht von der Natur der Sprache K.s stützen, auf Formulierungen wie ›sein Sprachgefühl, das ans Expressionistische streift‹, ›Freiheit der Wortbildung, der metaphorischen Verschiebungen‹, ›halb bewußtloses Zungenreden‹, ›Zügellosigkeit des Ausdrucks, bei dem der einzige Willensrest der zur Hyperbel ist‹, usw. (Alle Zitate aus Werner Kohlschmidt, *Geschichte der deutschen Literatur vom Barock zur Klassik*, Stuttgart 1965, Bd. II, 104.

26 Vgl. Dietze, S. 239 ff., der sich ausführlich mit Kuhlmanns Erklärung seines eigenen Namens befaßt.

27 Vordtriede drückt das recht passend aus: ›Kuhlmann ist im »Kühlpsalter« nicht ein Prophet, der auch dichtet; er ist Dichter, weil er Prophet ist. Dichtung hat für ihn kein Eigenrecht als Werk, sie ist ihrem Wesen nach Prophetie...‹ (S. 91).

III ANDREAS GRYPHIUS

1 Gryphius (der Name ist eine latinisierte Form von Greif) wurde im Todesjahr Shakespeares im schlesischen Glogau geboren. Der Vater, ein lutherischer Pfarrer, starb, als der Junge erst vier Jahre alt war; als er elf war, starb seine Mutter, die wieder geheiratet hatte. Wegen der gespannten religiösen Situation – was damals das gleiche war wie die politische Situation – verließ der Zwölfjährige zusammen mit seinem Stiefvater Michael Eder Glogau und ging nach Driebitz, einer Kleinstadt in Polen. Eine Zeitlang bildete er sich selbst weiter, bis er schließlich das Gymnasium in Fraustadt (Polen) beziehen konnte, wo er ein ausgezeichneter Schüler war und durch Privatunterricht zu seinem Lebensunterhalt beitrug. Er verließ Fraustadt 1634, nachdem er sein erstes uns bekanntes Werk veröffentlicht hatte, ein lateinisches Epos über den Bethlehemitischen Kindermord. Wie viele Schlesier damals ging er dann in das kulturell und wirtschaftlich blühende Danzig, das abseits der Kriegswirren lag. Hier fand er Anstellung als Präzeptor im Haus des Admirals der polnischen Flotte, eines Schotten namens Seton, und setzte seine Schulbildung am städtischen Gymnasium fort, wo der Mathematiker und Astronom Peter Crüger (der auch Professor der Poesie war!) sowie Johann Mochinger, Professor der Beredsamkeit, besonde-

ren Einfluß auf ihn ausübten. Durch sie, die beide begeisterte Anhänger von Opitz waren, lernte G. die neue deutsche Dichtung kennen und verfaßte bald selber deutsche Sonette.

Im Jahr 1636 übernahm G. die Erziehung der Kinder eines reichen Fraustädter Juristen und Gelehrten namens Georg Schönborner, von dessen ausgezeichneter Bücherei er ausgiebigen Gebrauch machte. Sein erster Band deutscher Gedichte, die sogenannten ›Lissaer Sonette‹, erschien 1637 (im polnischen Lissa). Darunter befinden sich einige seiner bekanntesten Gedichte. Nach Schönborners Tod ging der damals 20jährige G. mit den Söhnen seines Gönners nach Holland, um mit diesen zusammen die Universität zu beziehen. Er schrieb sich in dem bei der damaligen schlesischen Oberschicht besonders beliebten Leiden ein und war bald in die verschiedensten Forschungen vertieft, von der Anatomie bis zur Jurisprudenz. Er las auch selbst über eine erstaunliche Zahl von Gegenständen – Geographie, Mathematik, Logik, Astronomie, Chiromantie (!) und Anatomie. Seine Vorlesungen waren sehr populär. Der damals schon Gelehrte (er beherrschte neun Sprachen und las deren Literatur) wurde gut bekannt mit den führenden Vertretern der intellektuellen Schicht Hollands, die im damaligen Europa vielleicht den ersten Platz einnahm. G. blieb sechs Jahre lang in Holland und veröffentlichte dort den größten Teil seiner früheren Werke.

Als Erzieher eines deutschen Kaufmannssohns und zusammen mit einer Gruppe junger Männer unternahm G. 1644 eine Reise durch Frankreich und Italien und hielt sich dabei längere Zeit in Paris, Angers, Florenz, Rom und Venedig auf. Als die Gruppe sich 1646 in Straßburg trennte, blieb G. ein weiteres Jahr in der elsässischen Stadt, wo er mit den dortigen Gelehrten verkehrte und an seinen Dichtungen arbeitete. Im Frühjahr 1647 trat er mit seinem Schüler die Heimreise an und reiste dabei durch das Rheinland und Holland. Im November war er nach neun Jahren im Ausland wieder bei seinem Stiefvater in Fraustadt. Es ist interessant festzustellen, wie sehr sich G. durch seine Aufenthalte in Polen, Danzig, Leiden, Frankreich, Italien und dem Rheinland (Straßburg war neutral!) aus dem Dreißigjährigen Krieg heraushielt. Tatsächlich erfuhr er den Krieg nur eine recht kurze Zeit während der Kindheit und frühen Jugend am eigenen Leib, wenn ihm auch vielleicht oft die grimmigen Zeichen seiner Folgen vor Augen standen. G. kehrte zurück als weithin bekannter, ja fast als berühmter Mann. Sein Ruf als Gelehrter und Dichter und seine vielen Verbindungen in der gelehrten Welt bewirkten, daß ihm nicht weniger als drei Universitäten einen Lehrstuhl antrugen: Frankfurt (Oder), Uppsala und Heidelberg. Er schlug alle Angebote aus zugunsten einer Tätigkeit im öffentlichen Leben und wurde 1650 zum Syndikus der Stände des Fürstentums Glogau gewählt, eine Stellung, die er bis zu seinem Tod innehatte. Im Jahr 1649 heiratete er. Von seinen sieben Kindern überlebte nur der älteste Sohn das Kindesalter; er gab später die gesammelten Werke des Vaters heraus. Als Rechtsvertreter Glogaus setzte sich G. mit viel Geschick und Energie für die Rechte des Fürstentums gegen die Forderungen der Habsburger ein. Er starb in einer Sitzung mit 48 Jahren an einem Herzanfall. Sein schriftstellerischer Ruhm unter den Zeitgenossen beruhte ebensosehr auf seinen Theaterstücken (Tragödien und Komödien) und seinen Trauerreden wie auf seiner lyrischen Dichtung; seine heutige wichtige Stellung in der Geschichte der deutschen Literatur verdankt er der letzteren.

Standardausgabe der Werke G.s: *Gesamtausgabe der deutschsprachigen Werke*, hrsg. v. Marian Szyrocki (Lyrik) und Hugh Powell (Dramen), Tübingen 1963– (*Neudrucke deutscher Literaturwerke*, Neue Folge 9 ff.); ebenfalls nützlich, wenn auch nicht immer genau: *Werke*, hrsg. v. Hermann Palm, Tübingen 1884. Palms Ausgabe basiert auf der durch G.s Sohn Christian besorgten Ausgabe von 1698; die von Szyrocki folgt ›dem frühesten vollständigen Druck‹ des jeweiligen Gedichts. G. ist der am meisten erforschte deutsche Barockdichter, und die Literatur über ihn ist entsprechend umfangreich. Besonders wichtige Studien: Gerhard Fricke, *Die Bildlichkeit in der Dichtung des Andreas Gryphius*, Berlin 1933; Erich Trunz, Fünf Sonette des Andreas Gryphius, in: *Vom Geist der Dichtung* (Festschrift R. Petsch), Hamburg 1949, 180 ff.; Marian Szyrocki, *A. G.: Sein Leben und Werk*, Tübingen 1964; Dietrich Walter Jöns, *Das ›Sinnen-Bild‹: Studien zur allegorischen Bildlichkeit bei A. G., Stuttgart* 1966. Eberhard Mannacks *Andreas Gryphius*, Stuttgart 1968, das die Literatur bespricht und ihre Ergebnisse zusammenfaßt, ist der beste Leitfaden für den Studenten.

2 ›dem ... lebt‹, d. h. dem menschlichen Geist (›Geist, in den Sinnen behaust‹).

3 Ein Punkt in G.s Zeichensetzung entspricht oft einem Komma im modernen Gebrauch.

4 Ziemlich ausführlich behandelt Karl Viëtor in seiner *Geschichte der deutschen Ode*, München 1923, G.s ›pindarische‹ Oden, von denen er eine hohe Meinung hat. V.s Begeisterung erklärt sich vielleicht zum Teil aus der Seltenheit seiner Freude, im Kontext der deutschen Dichtung des 17. Jahrhunderts respektable Verse im Odenstil zu finden.

5 Vgl. Victor Giraud, *Blaise Pascal: Etudes d'histoire morale*, Paris 1910, 314.

6 Vgl. zu dieser ganzen Frage Friedrich Ohli, Vom geistigen Sinn des Wortes im Mittelalter, *Zeitschrift für deutsches Altertum und deutsche Literatur*, Bd. 89, 1958/59, 1 ff.

7 Abgebildet in: Germain Bazin, *The Baroque: Principles, Styles, Modes, Themes*, Greenwich, Conn. 1968, Tafel 385.

8 Die nach dem ›Summationsschema‹ aufgebaute Schlußzeile ersetzt das übliche Envoi, das stets alle Schlußwörter aufnimmt.

9 Siehe *Der junge Gryphius*, Berlin 1959, 88 ff.

10 Die Angaben sind der Einleitung des Hrsgs. zu *Werke* I, ix ff. entnommen.

11 Vgl. M. Szyrocki, *Leben und Werk*, 48; ebenso Einführung zu *Werke* I, ix, und Gryphius: *Werke in einem Band*, Weimar 1963, 11.

12 Sonettenkunst des Barock: Zum Problem der Umarbeitung bei A. G., *Jahrbuch der deutschen Schillergesellschaft* IX, 1965, 1–32.

13 *Schwerdt* – ›planke an der seite des schiffs, bestimmt, dasselbe zu schützen gegen die neigung vor dem winde‹ (H. Palms Anmerkung, *Werke* III, 126).

14 Vgl. Victor Manheimer, *Die Lyrik des Andreas Gryphius*, Berlin 1904, 135. M. Szyrocki dagegen demonstriert in *Leben und Werke*, 62, zunächst das Prinzip der Zahlenkomposition in den Lissaer Sonetten, bezweifelt aber anscheinend das Bestehen eines besonderen Kompositionsprinzips für das erste und zweite Buch und sucht auch nicht danach. Szyrockis Ausführungen über die Lissaer Sonette sind kritisch untersucht worden von Hugo Bekker, Gryphius's Lissa-Sonnets, *Modern Language Review*, Bd. 63, 1968, 618–27, wenn auch B. das zahlenkompositorische Interesse G.s nicht in Zweifel zieht.

15 Soweit ich feststellen kann, sind die einzigen bislang genauer untersuchten Teilzyklen dieses Buches die ersten vier Sonette und Nr. 46–49, die vier Sonette über die Letzten Dinge. Vgl. A. G. de Capua, Two Quartets: Sonnet Cycles by A. G., *Monatshefte* LIX, 1967, 325–29.

16 Vgl. Buch Sirach 48, 1 ff.: ›Da trat Elias, der Prophet, wie Feuer auf, und sein Wort brannte wie eine Fackel.‹

IV MANIERISTEN UND EROTIKER

1 Harsdörffer war ein weitgereistes und vielseitig gebildetes Mitglied der Patriziergesellschaft der Freien Reichsstadt Nürnberg, die zusammen mit Hamburg, Danzig und Straßburg zu den Städten zählte, die sich durch eine geschickte und zuweilen fragwürdige Politik davor bewahrten, selber in den Dreißigjährigen Krieg hineingezogen zu werden. Die Kultur Nürnbergs war bürgerlich, nicht absolutistisch, und H. war einer ihrer führenden Köpfe. Zusammen mit Klaj gründete er den ›Pegnesischen Blumenorden‹ (zuweilen auch ›Pegnitz-Schäfer‹ genannt nach dem lieblichen Fluß, an dem die Stadt liegt). Der Blumenorden war eine der verschiedenen literarischen Gesellschaften, die im Barock eine prominente, wenn auch poetisch gesehen recht periphere Rolle spielten. Die berühmteste und geachtetste war die aristokratisch ausgerichtete ›Fruchtbringende Gesellschaft‹, die 1617 mit dem Ziel gegründet worden war, das Niveau der deutschen Sprache zu heben, sie ›rein‹ zu halten, ihren Einfluß auszudehnen und die Schaffung deutscher Literatur anzuregen. Eine Einladung zum Beitritt galt als außerordentliche Ehre. Die Mitglieder erhielten ›bedeutsame‹ Beinamen wie ›der Spielende‹ (Harsdörffer), ›der Schmackhafte‹ (Wilhelm von Weimar), ›der Gekrönte‹ (Opitz, der erst so spät aufgenommen wurde, daß es beleidigend wirken mußte), usw. Die Fruchtbringende Gesellschaft wurde dann mehr und mehr von der Aristokratie beherrscht und verlor damit immer mehr von ihrem Einfluß. Sie endete als eine von leerem Zeremoniell bestimmte Vereinigung. Der Pegnesische Blumenorden war bürgerlich ausgerichtet und trug die Maske des Schäferspiels. Seine Mitglieder waren nach klassischen Schäfern benannt: Harsdörffer war ›Strefon‹, Klaj war ›Clajus‹, Birken ›Floridan‹, und so fort. Jeder hatte eine ihm ›heilige‹ Blume. Als H. das Interesse an der Gesellschaft verlor, übernahm Birken sie und führte sie auf recht geschäftsmäßige Art. Sie existiert wenigstens dem Namen nach bis auf den heutigen Tag und besitzt in Nürnberg ein Archiv von hohem Wert für die Kulturgeschichte des 17. Jahrhunderts, ein Schatz, der erst jetzt allmählich systematisch erforscht wird.

H. war ein mittelmäßiger Dichter, aber ein Schriftsteller von ungeheurer Produktivität. Die deutsche Literatur kennt ihn mehr wegen seines Handbuchs der Poetik als wegen seiner Poesie, wenn er auch zusammen mit Klaj die beste deutsche Schäferdichtung schrieb, das *Pegnesische Schäfergedicht in den Berinorgischen Gefilden*, Nürnberg 1644. Seine Poetik, der berühmte ›Trichter‹, erschien von 1647 bis 1653 in drei Teilen. Der erste Teil trägt den Titel: *Poetischer Trichter, Die Teutsche Dicht- und Reimkunst, ohne Behuf der Lateinischen Sprache, in VI. Stunden* (d. h. Lektionen) *einzugießen*. Der Grundton ist der Kulturpatriotismus, das Hauptziel die Förderung der deutschen Sprache als

Medium der Literatur. (Man könnte mit derselben Formel die meisten damaligen Poetiken bestimmen.)
Johann Klaj stammt aus dem sächsischen Meißen. Er kam 1643 oder 1644 nach Nürnberg über Wittenberg, wo er Theologie studiert und zu Füßen August Buchners gesessen hatte, der den Mittellosen, aber Begabten anscheinend unter seine Fittiche nahm. K. blieb zwar über acht Jahre in Wittenberg, erwarb aber nie einen höheren Grad und scheint sich mehr im Wirtshaus als bei seinen Büchern aufgehalten zu haben; er galt später als Alkoholiker. Sein literarischer Erfolg in Nürnberg kam fast über Nacht, wenn er sich auch weiterhin als Privatlehrer mühsam über Wasser halten mußte. Seine Schaffensperiode fällt beinahe völlig in die Jahre 1644–50. Ab 1651 bis zu seinem Tod fünf Jahre später war er Pfarrer in Kitzingen, wo er in ständigem Streit mit seiner Gemeinde lebte.
Sigmund von Birken (Betulius) wurde als Sohn eines lutherischen Pfarrers in Wildenstein bei Eger (Sudetenland) geboren. Wie viele Protestanten suchte seine Familie im neutralen Nürnberg Zuflucht vor dem Krieg. Er studierte in Jena und erhielt eine Anstellung als Erzieher der jungen Herzöge Anton Ulrich (dem späteren Verfasser von Romanen) und Ferdinand Albrecht von Braunschweig; er blieb eine Zeitlang in Norddeutschland. Ab 1648 war B. in Nürnberg, wo er einen umfangreichen Schriftwechsel und ein interessantes Tagebuch führte. Zusammen mit Klaj verfaßte er eine *Fortsetzung der Pegnitz-Schäferey* (1645) und schrieb auch verschiedene andere Schäferdichtungen, die ihn als Dichter von beachtlichem Reiz ausweisen. Als Oberhirt des Blumenordens und als Literaturtheoretiker – auch er verfaßte eine Poetik – übte Birken ziemlich großen Einfluß aus. Sein Ruhm ruht jedoch am sichersten darauf, daß er sich C. von Greiffenbergs annahm und für ihre Werke warb.

Texte: Harsdörffer: Auswahl in A. Schöne, *Das Zeitalter des Barock*, und in Cysarz, *Entwicklungsreihen, Reihe Barock, Barocklyrik*, Bd. 2; *Pegnesisches Schäfergedicht* (Harsdörffer u. Klaj), hrsg. v. Klaus Garber, Tübingen 1966 (*Deutsche Neudrucke, Reihe Barock*, 8).
Klaj: Ausgezeichnete Proben in Cysarz; *Entwicklungsreihen, Reihe Barock, Barockdrama*, Bd. 6, hrsg. v. Willi Flemming, enthält das vollständige Oratorium *Geburt Jesu Christi*; Schöne enthält die vollständige *Höllen- und Himmelfahrt J. C.*, ohne Klajs Anmerkungen; *Redeoratorien und ›Lobrede der Teutschen Poeterey‹*, hrsg. v. Conrad Wiedemann, Tübingen 1965 (*Deutsche Neudrucke, Reihe Barock*, 4); *Friedensdichtungen und kleinere poetische Schriften*, hrsg. v. Wiedemann, Tübingen 1968 (*Dt. Neudrucke, Reihe Barock*, 10).
Birken: Knappe Auswahl in Cysarz; Schöne enthält eine vollständige Schäferdichtung; *Fortsetzung der Pegnitz-Schäferey* in *Dt. Neudrucke, Reihe Barock*, 8, wie oben zit.; in Fischer-Tümpel, *Das deutsche evangelische Kirchenlied des 17. Jahrhunderts*, Bd. 5, ist Birken 41mal, Harsdörffer 37mal und Klaj 5mal vertreten.
Sekundärliteratur: Einführungen von Flemming und Cysarz in den entsprechenden Bänden der *Entwicklungsreihen*; ›Nachworte‹ von Garber und Wiedemann in den angegebenen Editionen, die auch weiteres biographisches Material enthalten. Eine gründliche und äußerst nützliche Arbeit, der meine eigenen Ausführungen sehr verpflichtet sind, ist die von C. Wiedemann, *Johann Klaj und seine Redeoratorien*, Nürnberg 1966.

2 Wir wissen wenig über Zesens Leben. Er wurde als Sohn eines lutherischen Predigers in Priorau bei Dessau im Herzogtum Anhalt geboren und besuchte das Gymnasium in Halle, wo Christian Gueintz, ein Freund und Schüler August Buchners, sein Lehrer war. An der Universität Wittenberg studierte er unter Buchner selbst. Z. zog 1641 oder 1642 nach Hamburg, wo er seine eigene, ›Deutschgesinnte Genossenschaft‹ genannte, patriotische Literatur- und Sprachgesellschaft gründete; 1648 wurde er in die Fruchtbringende Gesellschaft aufgenommen. Z. war von unermüdlicher Aktivität und wechselte seinen Wohnsitz häufig, hielt sich jedoch hauptsächlich in Amsterdam und Hamburg auf und wurde schließlich ein Amsterdamer Bürger. Er stand zwar kurze Zeit im Dienst des Dessauer Hofs, lebte aber größtenteils als freier Schriftsteller vom Ertrag seiner Feder. Im Jahr 1653 wurde er geadelt; 1668, als Neunundvierzigjähriger, heiratete er. In seinen späteren Jahren war er anscheinend nie weit von der Armut entfernt.

Z. war ein vielseitiger Berufsschriftsteller. Neben lyrischer Dichtung und Romanen veröffentlichte er eine Reihe von wissenschaftlichen Abhandlungen (darunter einige Übersetzungen) und schrieb zahlreiche Andachtsbücher. Sein einflußreichstes Buch war jedoch der *Hoch-Deutsche Helikon,* eines der vielen barocken Poetiken, tatsächlich aber beinahe eine spezialisierte Abhandlung über die Lyrik und bemerkenswert wegen ihres reichhaltigen Anschauungsmaterials. Die Poetik fand weite Verbreitung und war das erste derartige Handbuch, das in wesentlichen Punkten über Opitzens *Poeterey* hinausging.

Eine Gesamtausgabe der Werke Z.s ist gegenwärtig im Entstehen, hrsg. v. Ferdinand van Ingen und unter Mitwirk. v. Ulrich Maché u. Volker Meid (Berlin 1970). In dieser Reihe erschien 1971 *Deutscher Helicon* (1641), bearb. v. U. Maché. Verschiedene Anthologien und Literaturgeschichten enthalten eine Auswahl; vgl. auch die Gedichte im Roman *Adriatische Rosemund* (*Neudrucke* Nr. 160–63; seit 1970 auch in der *Sammlung Dieterich,* Bd. 327, hrsg. v. Klaus Kaczerowsky). Ich hatte die Gelegenheit zu einer flüchtigen Durchsicht von *Dichterisches Rosen- und Liljenthal* (Hamburg 1670, Faber du Faur, Nr. 829) und *Filip Zesens Durch-aus vermehrter und zum viert- und letzten mahl in vier teilen ausgefärtigter Hoch-Deutscher Helikon...* (Jena 1656, Faber du Faur, Nr. 821) in der Beinecke-Library der Universität Yale.

Wichtige Sekundärliteratur: Renate Weber, *Die Lieder Philipp von Zesens,* Diss. Hamburg 1962; Ulrich F. J. Maché, Zesens *Hoch-Deutscher Helikon:* Poetik zwischen Opitz und Gottsched, Diss. Princeton 1963 (Mikrofilm). Rudolf Ibels Dissertation, *Die Lyrik Philipp von Zesens,* Würzburg 1922 (Maschinenschr.) ist zwar überholt in ihrem Barockbegriff und geht nicht ein auf Z. als weltlichen Lyriker, enthält jedoch nützliches Material.

3 Wie wenig Gefühl Z. für eine typische intellektuelle Renaissanceform besaß, erweist seine Nichtbeachtung der ›Gesetze‹ des Sonetts. Vgl. J. Minor, *Neuhochdeutsche Metrik,* 2. Aufl., Straßburg 1902, 488 f.

4 Goethe war noch aufs beste vertraut mit einer solchen Denkweise, wie die folgende Stelle aus *Faust* II zeigt. Mephisto hat soeben die Greife in der ›Klassischen Walpurgisnacht‹ als ›Greise‹ anstatt als ›Greife‹ angeredet; sie erwidern:

Nicht Greisen! Greifen! Niemand hört es gern,
Daß man ihn Greis nennt. Jedem Worte klingt
Der Ursprung nach, wo es sich her bedingt:
Grau, grämlich, griesgram, greulich, Gräber, grimmig,
Etymologisch gleicherweise stimmig,
Verstimmen uns. (Zeile 7793–98)

5 Schirmer, der Sohn eines lutherischen Pfarrers, studierte wie Zesen in Halle unter Gueintz. Von 1641–45 besuchte er die Universität Leipzig, wo er einem aktiven Kreis dichtender Studenten angehörte; von 1645–48 war er an der Universität Wittenberg, wo er mit A. Buchner in Verbindung trat, der ihm das Amt eines ›Hofpoeten‹ am Dresdener Hof verschaffte. Dort wurde er mit der Leitung des Theaters betraut, schrieb Singspiele, Ballette, offizielle Glückwunschgedichte usw. Später wurde er zum Hofbibliothekar ernannt. S. wurde das 41. Mitglied der ›Deutschgesinnten Genossenschaft‹ Zesens.
Abgesehen von einer Auswahl in Anthologien existiert kein moderner Nachdruck von S.s Werk. Ich arbeitete mit einer Xerox-Kopie von *David Schirmers Poetische Rosengepüsche ...*, Dresden 1657 (Faber du Faur, Nr. 338). S. ist noch wenig erforscht. Die Dissertation von Werner Sonnenberg, *Studien zur Lyrik David Schirmers*, Göttingen 1932, analysiert technische Aspekte in S.s Werk und befaßt sich mit seinen Themen, vermittelt jedoch in keiner Weise ein lebendiges Bild des Dichters, den Sonnenberg hauptsächlich als erfolgreichen Techniker sieht.

6 Wie Opitz und Gryphius betont Schirmer den Stamm der Verben mit trennbarer Vorsilbe. Das gilt jedoch nur für die Metrik; diese Verben wurden im 17. Jahrhundert gewöhnlich nicht so ausgesprochen.

7 Über Stielers Leben ist wenig bekannt. Er wurde in Erfurt geboren und studierte anscheinend an mehreren Universitäten, darunter Leipzig und Jena. Nach dreijähriger Soldatenzeit trat er in den Dienst verschiedener thüringischer Fürsten. Er schrieb Komödien und Singspiele, vor allem aber grammatische und rhetorische Abhandlungen. *Die geharnschte Venus oder Liebes-Lieder im Kriege gedichtet...* (Hamburg 1660), das Werk, auf dem sein Nachruhm beruht, erschien unter dem phantastischen Pseudonym ›Filidor der Dorfferer‹ und wurde lange Jacob Schwieger zugeschrieben, einem wenig bedeutenden Dichter, der sich ebenfalls ›Filidor‹ nannte (›Dorfferer‹ ist soviel wie ›Errforder‹, d.h. ›Erfurter‹). Diese Liedersammlung liegt seit langem als Nachdruck vor: Jacob Schwieger, *Geharnschte Venus 1660*, hrsg. v. Th. Raehse, Halle 1888 (*Neudrukke dt. Litteraturwerke des 16. u. 17. Jahrhunderts*, Nr. 74 u. 75).

8 Vgl. z.B. R. Newald, *Vom Späthumanismus zur Empfindsamkeit*, München 1951, 199: ›Soldaten- und Feldleben ist Selbstzweck ohne Beziehung zu einer Partei, zur Heimat oder zum Vaterland.‹ Ebenso: ›Zwölf Jahre nach dem Westfälischen Frieden versuchte man, das Soldatenleben wieder in Ehren zu bringen.‹ Man fragt sich, was diese Überlegungen mit der *G. V.* zu tun haben, die Newald doch angeblich bespricht.

9 Faber du Faur spricht in *German Baroque Poetry*, New Haven 1958, 91 von einer ›*Zugabe* unlösbarer Rätsel‹. Das ist irreführend in zweierlei Hinsicht: 1. Die Madrigale, nicht die ›Sinnreden‹, bilden die eigentliche *Zugabe*. 2. Die Rätsel sind für den ›geistig Unreinen‹ nicht unlösbar. Ich zitiere eins der interessantesten (S. 146):

Wir singen. Fillis spielt die Flöten,
den Schall merkt Sie und ich allein.
Laß, Fillis, laß dein Fingern seyn,
Sonst wirstu mich durch Sehn-sucht tödten.
Soll aber ich die Laute schlagen,
so wil ich wol ein Stükkgen wagen.

10 Selbst Stielers Bewunderer scheinen ihn nur flüchtig gelesen zu haben. H. Cysarz nennt in *Deutsche Barockdichtung*, Leipzig 1924, 149 die ersten zehn einen ›Ring von Liebesklagen‹. Soweit ich feststellen kann, ließe sich nur ein Lied aus der Gruppe (Nr. 8) dieser Kategorie zuordnen. ›Liebesklagen‹ finden sich besonders in der dritten Zehnergruppe.

11 Hofmannswaldau wurde am 25. Dezember 1617 in Breslau als einziges Kind einer einflußreichen Familie geboren. Sein Vater, ein kaiserlicher Kammerrat, war 1612 geadelt worden. Wir wissen wenig über H.s Kindheit und Jugend. Er scheint ein frühreifes und früh an Poesie interessiertes Kind gewesen zu sein, das ›lisp'd in numbers, for the numbers came‹. (Alexander Pope [1688–1744], *Epistle to Dr. Arbuthnot*, Z. 127)

Wie andere berühmte Schlesier, darunter Angelus Silesius, besuchte H. das St. Elisabeth-Gymnasium seiner Heimatstadt; dort genoß er den Unterricht und die Protektion des tatkräftigen Rektors Elias Major und des begeisterten Opitzanhängers Christoph Köler (Colerus), den wir in einem anderen Zusammenhang bereits erwähnten. In seinem ›Trauer-Gedicht bey Absterben eines vertrauten Freundes‹ (1676) erinnert sich der Dichter an die behütete Unschuld seiner Kindheit, in deren Zauberkreis selbst die Verheerungen der Pest und der Dreißigjährige Krieg nicht einbrechen konnten:

Es war der Glocken Klang bey etlich tausend Leichen
Uns ein gemeiner Schall, wir dachten, daß die Pest,
Wie grausam sie auch scheint, noch Menschen übrig laßt,
Daß Gluth und Kugel nicht durch iede Häuser streichen...

Für diese in der humanistischen Tradition erzogenen Knaben, deren tägliche Nahrung die Literatur Griechenlands und Roms war, war die klassische Welt eine Realität, weit realer als die Welt um sie herum:

Es war uns Troja mehr, als Mantua, bekannt,
Und mehr das alte Rom, als Eng- und Niederland,
Es war uns Elb und Rhein ein unbekanntes Wesen.
Was bildeten wir uns nicht von der Tiber ein,
Und was wir von Athen und von Corinth gelesen,
Hieß London und Paris geringe Flecken seyn.

Zwei Jahre lang (1636–38) besuchte H. das bekannte Gymnasium academicum in Danzig, in das er gerade einen Monat nach A. Gryphius' Weggang eintrat. Dort studierte er, um Lohensteins Trauerrede auf seinen Mitbürger zu zitieren, ›Weltweißheit und Staats-Wissenschaft‹ und ›begrief die Welsche (italienische) / Französche und Nieder-Deutsche (Holländische) Sprache gleichsam spielende‹. Ob er diese Sprachen nun ›spielende‹ lernte oder nicht, er wurde jedenfalls ein vorzüglicher Sprachenkenner. In Danzig machte er die persönliche Bekanntschaft von M. Opitz, den er schon lange bewundert hatte.

Im Herbst 1638 immatrikulierte sich H. wie so viele Angehörige der schlesischen Oberschicht vor ihm in Leiden, und zwar als Student der Rechte. Wir haben bereits hingewiesen auf die Bedeutung Hollands für die Entwicklung der deutschen Barockliteratur und darüber hinaus auf das intellektuelle Leben des 17. Jahrhunderts ganz allgemein. Fleming, Gryphius, Scheffler, Kuhlmann, Lohenstein und viele andere studierten in Leiden. Welche Vorlesungen H. im einzelnen besuchte, wissen wir nicht; manches deutet darauf hin, daß er sich mehr für Philologie und Geschichte als für Rechtswissenschaft interessierte.

Gegen Ende 1639 verließ H. Leiden in Gesellschaft eines Fürsten von Frémonville und trat eine Kavalierstour nach England und durch den Kontinent an. Es war dies keine Angelegenheit der Semesterferien, sondern ein ernsthaftes Bildungsunterfangen. Wie Boswell hundert Jahre später brannten H. und sein Begleiter darauf, die großen Männer ihrer Zeit zu besuchen und sich mit ihnen zu unterhalten. Zuerst ging es nach England (London, Oxford). Anscheinend verbrachte H. viel Zeit darauf, Englisch zu lernen und die englische Literatur etwas kennenzulernen. Er übertrug später ein Werk des Satirikers Joseph Hall ins Deutsche.

Mitte 1640 finden wir ihn in Paris, wo er eine Reihe von führenden Intellektuellen kennenlernte und vielleicht auch an Zusammenkünften im berühmten Hôtel (de Madame) de Rambouillet teilnahm, dem Brennpunkt der *précieux* und der von Dichtern wie Voiture und Benserade gepflegten *poésie précieuse* (vgl. Molières *Les précieuses ridicules*). Der mögliche Einfluß der *précieux* auf H. ist noch näher zu untersuchen. (Mindestens eins seiner Gedichte – ›Auf den mund‹ – ist eine Nachahmung von Benserades ›Bouche, merveille …‹.)

Nach sechs Monaten in Paris brachen die Reisenden nach Rom auf und nahmen den Weg über Lyon, Genua, Pisa und Siena, immer darauf bedacht, keine Chance einer Begegnung mit ›hochgelehrten Leuten‹ zu verpassen. Italien oder zumindest die italienische Literatur scheint auf H. eine starke natürliche Anziehungskraft ausgeübt zu haben. Er übersetzte später das lyrische Schäferspiel *Il pasto fido* (Der getreue Schäfer) von Giovanni Battista Guarini (1538–1612), eines der beliebtesten Werke der Weltliteratur bis ins 19. Jahrhundert, und hatte große Bewunderung für das Werk Giambattista Marinos (1569–1625), des berühmten Manieristen und Vaters der italienischen Barockliteratur und des wahrscheinlich einflußreichsten Dichters seiner Zeit.

H. wollte eigentlich nach Konstantinopel weiterreisen, kehrte jedoch auf Wunsch seines Vaters 1641 nach Breslau zurück, und zwar über Florenz, Bologna, Ferrara, Venedig und Wien. Fünf Jahre war er außer Landes gewesen. Als naiver Schüler war er aufgebrochen, um als weltmännisch Gebildeter heimzukehren: gelehrt, gewandt, welterfahren, elegant – und das ist auch der erste Eindruck, den seine Dichtung vermittelt.

Wiederum dem Wunsch seines Vaters folgend, heiratete H. 1643 eine Frau von Adel, die ihm vier Kinder schenkte. Im Jahr 1647 trat er in den Dienst der Stadt Breslau und wurde einer ihrer geachtetsten und geehrtesten Beamten. Er stieg rasch zum Rang eines ›Senators‹ auf, war Aufseher des Breslauer Schulwesens, unternahm diplomatische Missionen an den kaiserlichen Hof in Wien, wurde von Kaiser Leopold I. zum ›Kaiserlichen Rat‹ ernannt und war bei seinem Tod ›Praeses‹ des Breslauer Ratskollegiums.

Alle zu Lebzeiten des Dichters und mit dessen ausdrücklicher Billigung veröffentlichten Werke sind aufgenommen in *C. H. V. H. Deutsche Übersetzungen Und Getichte*, Breslau 1679 (siehe Faber du Faur, Nr. 1281, zur Beschreibung des Inhalts). Kürschner's *Dt. Nat.-Lit.*, Bd. 36, hrsg. v. F. Bobertag, widmet H. 107 Seiten; alles ausgewählte Material entstammt den *D. Ü. U. G.* Eine eigene Ausgabe der in *D. Ü. U. G.* enthaltenen *Heldenbriefe* ist vor einiger Zeit erschienen: *Herrn Christians von Hofmannswaldau sinnreiche Helden-Briefe verliebter Personen von Stande*, hrsg. v. F. Kemp, Frankfurt a. M. 1962.
Seine interessantesten Erotika überließ H. nicht dem Drucker, wenn sie auch anscheinend im Manuskript weite Verbreitung fanden. Im Vorwort zu *D. Ü. U. G.* schreibt er: ›Die andern Lust-Gedichte, so noch unter meinen Händen liegen, habe ich, zu ungleichem Urtheil nicht anlaß zugeben, mit fleiß zu rücke gehalten, maßen denn auch viel dergleichen meiner Poetischen Kleinigkeiten allbereit in unterschiedenen Händen seyn.‹ Viele dieser ›Lust-Gedichte‹ sind jedoch in einer berühmten zeitgenössischen Anthologiereihe zu finden, der sogenannten ›Neukirchschen Sammlung‹ – benannt nach dem ursprünglichen Herausgeber, Benjamin Neukirch (1665–1729), der selber ein Mitglied der Zweiten Schlesischen Schule war. Diese Anthologie erschien von 1695 bis 1727 in sieben Teilen unter dem Titel *Herrn von Hoffmannswaldau und andrer Deutschen auserlesener und bißher ungedruckter Gedichte.* Die ersten vier Teile sind jetzt neu erschienen in *Neudrucke dt. Literaturwerke*, Neue Folge 1, 16, 22, 24 (Bd. 1 u. 2 hrsg. v. A. G. de Capua u. E. A. Philippson, 1961, 1965; Bd. 3 u. 4 hrsg. v. de Capua u. Erika A. Metzger, 1970, 1975) [Letztere zus. m. Michael Metzger jetzt Hrsg.] Der erste Band enthält etwa 70 Gedichte von H., der zweite etwa 40 (bei verschiedenen Gedichten ist strittig, wem sie zuzuschreiben sind). Bd. 3 enthält 5, davon 2 vermutliche, Bd. 4 hat 11. Wegen der zugegebenen Eingriffe des Herausgebers Neukirch ist der Text dieser Gedichte nicht völlig zuverlässig, ist jedoch der beste gegenwärtig vorliegende.
Eine gute, repräsentative Auswahl des Gesamtwerkes von H. enthält der von M. Windfuhr hrsg. Reclamband UB 8889/90 (1964). Die von dem Dichter Helmut Heißenbüttel besorgte Auswahl (Fischer Bücherei 874, 1968 – in der Reihe ›Poetische Beispiele‹) konzentriert sich auf Erotika aus der Neukirchschen Sammlung; sie ist besonders interessant wegen des Vorworts. Den Stand der H.-Forschung bespricht Erwin Rotermund in *Christian Hofmann von Hofmannswaldau*, Stuttgart 1963 (Samml. Metzler), zusammen mit ausführlichen bibliographischen Angaben. Mein obiger biographischer Abriß stützt sich großenteils auf dieses Buch.

12 Der vorliegenden Darstellung geht es in erster Linie um eine Charakterisierung der *Dichter* der Zeit; traditionelle beschreibende Kategorien früherer Literarhistoriker bleiben weitgehend unberücksichtigt, so daß Anführungszeichen zu setzen sind. Das ›Hochbarock‹ ist die manieristische Schlußphase des Barock und geht dem Niedergang der herrschenden Stilhaltung – deren Exzesse zur Auflehnung und Neubewertung aufforderten – voraus bzw. leitet diesen ein. Greiffenberg und Kuhlmann sind zwei weitere Beispiele für Dichter des Hochbarock. Die ›Zweite Schlesische Schule‹, deren Vertreter zumeist in der hochbarocken Manier schrieben, trägt ihren Namen zur Abgrenzung von der ›Ersten Schlesischen Schule‹ (im wesentlichen diejenigen, die wir als ›Opitzianer‹

bezeichneten, die aber natürlich nicht alle aus Schlesien stammten). Die führenden Dichter der Zweiten Schlesischen Schule waren Hofmannswaldau und der Dramatiker Daniel Casper von Lohenstein (1635–83), dessen Stil sogar noch ›exzessiver‹ ist als der Hofmannswaldaus.

13 Aus der großen Zahl von Werken über dieses Thema seien zwei hervorragende Zusammenfassungen genannt: C. S. Lewis, *The Allegory of Love*, Oxford 1936, und Maurice Valency, *In Praise of Love*, New York 1958.

14 Vgl. C. S. Lewis, 15.

15 Vgl. Hermann J. Weigand, *Three Chapters on Courtly Love in Arthurian France and Germany*, Chapel Hill, N. C. 1956, 18 ff.

16 Fischer-Tümpel, *Das deutsche evangelische Kirchenlied*, Bd. 5, enthält drei Lieder von H., ein Zeichen dafür, wie akzeptabel er für die Orthodoxie war.

17 *H. v. H. – Studien zur Erkenntnis deutscher Barockdichtung*, Berlin 1928.

18 Es ist nicht uninteressant zu beobachten, daß das Gedicht vom Rhythmus und Reim her eine starke Ähnlichkeit mit Hofmannsthals ›Lebenslied‹ aufweist.

19 Arthur Hübscher bezweifelt von der ›Schallanalyse‹ her die Autorschaft H.s, doch hat seine Ansicht anscheinend wenig Anklang gefunden; vgl. A. H., Barock als Gestaltung antithetischen Lebensgefühls, *Euphorion* XXIV, 1922, 519, Anm. 4. Zur Theorie Hübschers schrieb mir A. George de Capua, Mitherausgeber des *Neudrucks* der Neukirchschen Sammlung, unter dem Datum des 17. Januar 1967: ›... it never sold, nor do I care to buy. It seems to me that we might as well accept CHvH's authorship until we get some hard proof to the contrary.‹ (›... sie hat sich nie durchgesetzt, und auch mich hat sie nicht überzeugt. Es scheint mir, wir sollten nun doch CHvH als Verfasser annehmen, bis man uns entschieden das Gegenteil beweist.‹) Persönlich kann ich nur sagen, wenn das Gedicht nicht von H. ist, dann sollte es von ihm sein.

20 Dem *Encyclopedia of Poetry and Poetics zufolge* wurde diese Gattung 1536 von Clément Marot eingeführt und wurde von französischen Dichtern des 16. Jahrhunderts weithin gepflegt. Bei den Deutschen übten sich darin hauptsächlich Fleming und H. – ein weiteres Beispiel für ›nachgeholte Renaissance‹.

21 Vgl. Hugo Friedrich, *Epochen der italienischen Lyrik*, Frankfurt 1964, 623 ff., bes. 631.

22 Alle Schlegelzitate nach René Wellek, *A History of Modern Criticism*, New Haven, Conn. 1955, II, 40 f., 48; Hervorhebung von mir.

23 *Geschichte des deutschen Verses*, Bern und München 1960, 39.

V GÜNTHER: EIN NEUES EMPFINDEN BAHNT SICH AN

1 Typische Beurteilungen des Fortschritts der deutschen Poesie durch im späteren 17. Jahrhundert Dichtende sind nachzulesen bei Chr. Hofm. v. Hofmannswaldau, ›Vorrede zu *Deutsche Übersetzungen und Getichte*‹, abgedruckt in *Poetica*, Bd. 2, Heft 4, Okt. 1968, 541–52, bes. 545 ff.; Benjamin Neukirch, ›Vorrede‹ zum ersten Bd. seiner Sammlung, *Neudrucke dt. Literaturwerke*, N. F., Bd. 1, 6–22, bes. 9 ff.; Joh. Chr. Günther, *Werke*, hrsg. v. Krämer, II, 90, Z. 37–54 u. III, 32 f., Z. 65–74.

2 Die mindere Qualität ihres Werks wird sogar von Erik Lunding zugestanden, der in der Antinomie von höfisch und gegenhöfisch ›the central axis of the baroque‹ sieht. Vgl. German Baroque Literature: A Synthetic View, *German Life & Letters*, Bd. 3, Okt. 1949, 1–12. Für den Soziologen ist diese Dichotomie zweifellos von größerem Interesse als für den Literarhistoriker.

3 Joachim Dyck, *Tichtkunst*, Homburg vor der Höhe 1966, 113.

4 Erika Vogt berichtet darüber in *Die gegenhöfische Strömung in der deutschen Barockliteratur*, Leipzig 1932. M. Windfuhr macht in *Die barocke Bildlichkeit*, Teil III, ›Die Kritik am barocken Bildstil‹, 339 ff. einleuchtende Ausführungen zum ganzen Problem der ›Opposition‹; ich stütze mich dankbar auf seine Besprechung. Eric A. Blackall bespricht in *The Emergence of German as a Literary Language*, Cambridge 1959, 211 ff. (dt.: *Die Entwicklung des Deutschen zur Literatursprache*, Stuttgart 1966) die Empörung gegen das Barock in den ersten Jahrzehnten des 18. Jahrhunderts.

5 Windfuhr, *Bildlichkeit*, 381.

6 Alle Boileau-Zitate nach F. Vial u. L. Denise, *Idées et doctrines littéraires du XVIIe siècle*, Paris 1939, 161 ff.

7 Leicht zugänglich in *Neudrucke dt. Lit. des 16. u. 17. Jahrhunderts*, Nr. 242–45, hrsg. v. Max v. Waldberg. Vgl. zur Bedeutung Weises neben Waldbergs Einleitung zum zit. Bd. auch P. Böckmann, *Formgeschichte*, Hamburg 1949, 488 ff.

8 Eine Auswahl des Werks von Canitz bietet Kürschner's *Deutsche National-Litteratur*, Bd. 39, hrsg. v. Ludwig Fulda. (*Nachdr.* Tokio/Tübingen 1974.)

9 Vgl. Windfuhr, *Bildlichkeit*, 412.

10 *Neudrucke dt. Literaturwerke*, N.F. 1 u. 16, hrsg. v. A. George de Capua u. E. A. Philippson, Tübingen 1961 bzw. 1965. Datum der Erstausgaben: 1695 u. 1697.

11 Vgl. Heinrich Kurz, *Geschichte der deutschen Literatur*, Leipzig 1888, II, 322.

12 Zitiert nach Blackall, *Emergence*, 225.

13 Mit Überraschung stellt man fest, daß die Forschung über einen der bedeutendsten Dichter zwischen Gryphius und Klopstock noch in den Anfängen steckt. Die Standardausgabe der Werke ist: *Johann Christian Günthers sämtliche Werke*, hrsg. v. Wilhelm Krämer, 6 Bde., Bibliothek d. Literarischen Vereins in Stuttgart, 1930–37 (*Nachdr.* Darmstadt 1964). Krämer ordnet die Gedichte in zeitlicher Folge und nach dem Gegenstand. Jedem Band ist ein Vorwort vorangestellt; ein Schlußband sollte Anmerkungen und einen kritischen Apparat zur Chronologie und Textauswahl aufnehmen. Diese Ausgabe hat den Nachteil, daß sie die Einträge nicht nach dem Titel, sondern nur nach der ersten Zeile angibt.

Eine Informationsquelle von unschätzbarem Wert ist Krämers Biographie, *Das Leben des schlesischen Dichters Johann Christian Günther, 1695–1723*, Bad Godesberg 1950, 360 S., auf die sich der obige biographische Abriß stützt. Eine unter Mitwirkung von R. Bölhoff erschienene Neuausgabe, Stuttgart 1980, 620 S., enthält den sehnlich erwarteten Anmerkungsteil (über 900 Anmerkungen!) und ein Register.

Das zweitwichtigste Werk über Günther ist Hans Dahlkes Monographie *Johann Christian Günther: Seine dichterische Entwicklung*, Berlin 1960 (*Neue Beiträge*

zur Literaturwissenschaft, Bd. 10), ein in vieler Hinsicht sehr nützliches Buch, wenn auch in einem Stil verfaßt, den man nur barbarisch nennen kann. Dahlkes Interpretationen ausgewählter Gedichte sind plump und ohne geistigen Schliff, die sachlichen Ausführungen sind jedoch höchst willkommen.
Die ausführliche Besprechung von Krämers Ausgabe der gesammelten Werke durch Hans Pyritz, abgedruckt in Pyritz' *Schriften zur deutschen Literaturgeschichte*, Köln/Graz 1962, 129–47, bietet eine höchst informative und stilistisch erfreuliche Einführung in G.s Œuvre.
Wohldurchdacht und mit sehr viel Einfühlungsvermögen geschrieben ist die Arbeit von Francesco Delbono, *Umanità e Poesia di Christian Günther*, Società Editrice Internazionale 1959.
Die Dissertation von Julius S. Winkler, *Johann Christian Günther – A Study in Contrasts and Controversy*, Princeton 1963, befaßt sich mit Problemen der Güntherforschung. Ihr Wert liegt hauptsächlich in der Betonung der Reichweite und Tiefe von Günthers Geist und Kunst, seiner ›relatively unknown richness‹. (In Vorbereitung ist eine Günther-Bibliographie, m. Rezeptions- u. Forschungsbericht u. textgeschichtl. Verzeichnis aller Günther-Schriften, v. Reiner Bölhoff. Siehe dazu Wolfenbütteler Barock-Nachrichten IV, Heft 2, Juli 1977, S. 60–61.)

14 Hier könnte man vielleicht erwähnen, daß der nachdrückliche Hinweis der meisten Dichter auf die periphere Natur ihrer Kunst wahrscheinlich großenteils eine Schutzmaßnahme war. Wenn die Gesellschaft die Dichtkunst nicht ernst nahm, dann konnten sie sich, indem sie das taten, nur lächerlich machen.

15 Krämers Ausgabe der Werke G.s enthält keine Lesarten, die ein Licht auf etwaige Revidierungen des Dichters werfen würden, und wir sind daher weitgehend auf Vermutungen angewiesen. Ich stütze mein Urteil hauptsächlich auf Krämer, *Leben*, 310 f.

16 Vgl. Blackall, *Emergence*, 236 ff.

17 Die Ehre der Erfindung dieser Strophenform gebührt anscheinend Christian Friedrich Hunold, der sie in einem 1702 veröffentlichten Gedicht mit den Anfangsworten ›Immer hin, Falsches Herze, leichter Sinn‹ verwendete. Sie wurde ungeheuer populär und fand in zahlreichen Variationen Verwendung in Kirchen- und Volksliedern. Wilhelm Hauffs ›Reiterlied‹ (›Morgenrot, Leuchtest mir zum frühen Tod?‹ – 1824) steht am Ende dieser Reihe. Vgl. Dahlke, *Entwicklung*, 50.

18 Auch hier ist der Strophenbau entliehen, diesmal von Erdmann Neumeister. Siehe Dahlke, *Entwicklung*, 233, Anm. 21.

19 Es ist sicherlich bemerkenswert – besonders, wenn wir bedenken, daß Ovid für Günther schlechthin das Urbild des Dichters war –, daß diese Zeile eine Übersetzung aus *Amores* I, 7, 60 ist: ›sanguis erat lacrimae quas dabat illa meus‹ (die Tränen, die sie vergoß, waren mein Blut), wo, vielleicht erstaunlich für einen Dichter der Antike, ›the identities of the two lovers have been merged in mystic union‹ (Hermann Fränkel, *Ovid: A Poet between two Worlds*, Berkeley, Calif. 1945, 21). Dahlke (S. 61) findet dieses Bild ›etwas gesucht und lyrisch verbraucht, wie alle ähnlichen Vergleichungen dieses Gedichts *oder des Güntherschen Gesamtwerks überhaupt*‹. (Hervorhebung von mir.)

20 Die Ode an Prinz Eugen bespricht ausführlich K. Viëtor, in *Geschichte der deutschen Ode*, München 1923, 85 ff.

21 Sowohl Winkler, der dieses Gedicht ausführlich bespricht (146–50), als auch Delbono (*Umanità*, 113) vertreten eine andere Auffassung.

22 Delbono sagt in *Umanità* (145) völlig zu Recht, die Entwicklung der Poesie Günthers habe vor allem in einer Bereicherung der Humanität des Dichters bestanden und sei nicht allein ein stilistisches Phänomen gewesen.

23 Günthers Geburtstag war der 8. April; das Gedicht feiert die Nacht zum 2. April.

24 In: Günther and Leibniz-Wolff, *Germanic Review* XXIII, Febr. 1948, 30–39.

25 Ich kann mich nicht der Ansicht Gerald Gillespies in seinem insgesamt ausgezeichneten Aufsatz ›Suffering in Günther's Poetry‹, *German Quarterly* XLI (Jan. 1968, 23–38) anschließen, das Gedicht sei ›ultimately metareligious, a sheer cry as in the primeval *planctus*‹ (36) (letztlich metareligiös, ein reiner Schrei wie im Ur-*planctus*).

LITERATURVERZEICHNIS

GEDICHTSAMMLUNGEN

Deutsche Lyrik des siebzehnten Jahrhunderts. In Auswahl hrsg. v. Paul Merker, Bonn 1913.

Die deutsche Lyrik des Barock. Ausgewählt u. eingeleitet v. Walther Unus (Pseud.), Berlin 1922.

Deutsche Barocklyrik. Nach Motiven ausgewählt und geordnet, hrsg. v. Martin Sommerfeld, Berlin ^{2}1934.

Deutsche Barocklyrik. Eine Auswahl aus der Zeit von 1620–1720, hrsg. v. Curt von Faber du Faur, Salzburg, Leipzig 1936.

Das Buch deutscher Dichtung, 3. Bd.: Von Luther bis Leibniz, hrsg. v. Friedrich von der Leyen, Leipzig 1942.

Deutscher Barock. Eine Anthologie, hrsg. v. Otto Heuschele, Hamburg 1946.

Dichter des deutschen Barock. Weltliche und geistliche Lieder des 17. Jahrhunderts, ausgewählt u. hrsg. v. Ernst Hauswedell, ^{2}1946.

Gedichte des deutschen Barock. Eine Auswahl, hrsg. u. eingeleitet v. Fritz Martini, Stuttgart 1948.

Deutsche Gedichte des 16. und 17. Jahrhunderts (Renaissance und Barock). Ausgewählt u. hrsg. v. Werner Milch, Heidelberg 1954.

Anthologie du Lyrisme Baroque en Allemagne. Textes avec introduction et traduction par André Moret, Paris 1957.

Deutsche Barockgedichte. Ausgewählt und interpretiert, hrsg. v. Albrecht Weber, Frankfurt a. M. 1960.

Frank J. Warnke, *European Metaphysical Poetry,* New Haven 1961.

George C. Schoolfield, *The German Lyric of the Baroque in English Translation,* Chapel Hill (The Univ. of North Carolina Press) 1961.

Tränen des Vaterlandes. Deutsche Dichtung aus dem 16. und 17. Jahrhundert, hrsg. v. Johannes R. Becher, Berlin 1963.

Barocklyrik, hrsg. v. Herbert Cysarz, 3 Bde. (1. Vor- u. Frühbarock, 2. Hoch- u. Spätbarock, 3. Schwund- u. Kirchenbarock), Hildesheim 1964 (Ndr. d. Ausg. Deutsche Literatur in Entwicklungsreihen, Reihe Barock, Barocklyrik, Leipzig 1937).

Das deutsche evanglische Kirchenlied des 17. Jahrhunderts, hrsg. v. A. F. W. Fischer u. W. Tümpel, 6 Bde., Hildesheim 1964 (Ndr. d. Ausg. Gütersloh 1904–16).

Liebeslyrik des deutschen Barock, hrsg. v. Curt Grützmacher, München 1965.

Die Pegnitz-Schäfer. Nürnberger Barockdichtung, hrsg. v. Eberhard Mannack, Stuttgart 1968 (Reclam UB 8545/48).

Das Zeitalter des Barock. Texte und Zeugnisse, hrsg. v. Albrecht Schöne, München ^{2}1968 (Die deutsche Literatur. Texte und Zeugnisse III).

Deutsche Barocklyrik, hrsg. u. eingeleitet v. Herbert Cysarz, Stuttgart ^{2}1970 (Reclam UB 7804/05).

Beispiele manieristischer Lyrik, hrsg. v. Gerd Henninger, München 1970 (dtv 82).
Deutsches Lesebuch. Bd. 1/1, *Das Zeitalter des Barock*, hrsg. v. Johannes Anderegg, Frankfurt a. M., Hamburg 1970 (Fischer Bücherei 990).
Anthologie du XVIIe siècle germanique, hrsg. v. J.-B. Neveux, Paris 1970.
Lyrik des Barock, hrsg. v. Marian Szyrocki, 2 Bde., Reinbek bei Hamburg 1971 (Rowohlts Klassiker 538, 539).
Harold B. Segel, *The Baroque Poem, A Comparative Survey*, Together with 150 Illustrated Texts from English, American, Dutch, German [...] in the Original Languages and Accompanying English Translations, New York 1974.
Das deutsche Kirchenlied des 16. und 17. Jahrhunderts, hrsg. v. Eugen Wolff, Tokyo, Tübingen 1974 (Ndr. d. Ausg. Stuttgart [1894], Deutsche National-Litteratur, Bd. 31).
Barock, hrsg. v. Renate Fischetti, Stuttgart 1975 (Die deutsche Literatur in Text und Darstellung 4 [Theorie, Lyrik, Drama u. Epik], Reclam UB 9613).
Baroque Poetry, Translated and Edited by J. P. Hill, London 1975.
80 Barockgedichte, hrsg. v. Herbert Heckmann, Berlin 1976.
Gedichte 1600–1700. Nach den Erstdrucken in zeitlicher Folge hrsg. v. Christian Wagenknecht, München ²1976 (dtv 4018).
Komm, Trost der Nacht, o Nachtigall. Deutsche Gedichte aus dem 17. Jahrhundert, hrsg. v. Horst Hartmann, Leipzig 1977 (UB 682).
Deutsche Barocklyrik, hrsg. v. Max Wehrli, Zürich 1977 (Neubearb. u. erweit. Ausg. d. gleichnam. Anthologie [4. Aufl. 1967]).
Deutsche Dichtung des Barock, hrsg. v. Edgar Hederer, 6. revid. u. erweit. Aufl. hrsg. v. K. Pörnbacher, München 1979.

AUTOREN

BIRKEN, SIGMUND VON: Teutsche Rede- bind- und Dicht-Kunst. Hildesheim 1973 (Nachdr. d. Ausg. Nürnberg 1679). – Die Tagebücher des Sigmund von Birken, bearb. v. Joachim Kröll, T. 1, 2. Würzburg 1971–74.

DACH, SIMON: Gedichte, hrsg. v. W. Ziesemer, 4 Bde., Halle 1936–38. – Poetische Werke. Bestehend in heroischen Gedichten, denen beygefüget zwei seiner verfertigten poetischen Schau-Spiele. Hildesheim 1970 (Nachdr. d. Ausg. Königsberg 1696). – Simon Dach, seine Freunde und Johann Röling, hrsg. v. H. Oesterley, Tokyo, Tübingen 1974 (Nachdr. d. Ausg. Kürschner's Deutsche National-Litteratur, Bd. 30, Berlin u. Stuttgart). – Werke, hrsg. v. Hermann Oesterley, Hildesheim 1977 (Nachdr. d. Ausg. Deutsche Dichter des 17. Jahrhunderts, Bd. 9, Leipzig 1876).

FLEMING, PAUL: Kein Landsmann sang mir gleich. Zwanzig seiner Gedichte, mit einem Geleitwort v. Edzard Schaper, Köln u. Olten 1959. – Deutsche Gedichte, 2 Bde., hrsg. v. J. M. Lappenberg, Darmstadt 1965 (Nachdr. d. Ausg. Stuttgart 1865). – Teutsche Poemata. Hildesheim 1969 (Nachdr. d. Ausg. Lübeck 1642). – Gedichte. Auswahl und Nachwort von Johannes Pfeiffer, Stuttgart 1967 (Reclam UB 2454). – Lateinische Gedichte, hrsg. v. J. M. Lappenberg, Amsterdam 1969 (Nachdr. d. Ausg. Stuttgart 1863). – Gedichte, ausgew. u. hrsg. v. Eberhard Haufe, Leipzig 1970. – Paul Fleming, Friedrich von Logau und Adam Olearius, hrsg. v. H. Oesterley, Tokyo, Tübingen 1974 (Nachdr. d. Ausg. Kürschner's Deutsche National-Litteratur, Bd. 28, Berlin u. Stuttgart). – Sei dennoch unverzagt. Eine Auswahl. Hrsg. v. Uwe Berger, Textrevision v. Erika Weber, Berlin 1977.

GERHARDT, PAUL: Dichtungen und Schriften, hrsg. u. textkritisch durchges. v. Eberhard von Cranach-Sichart, München 1957. – Gedichte, ausgew. v. Albrecht Goes, Frankfurt 1969. – Geistliche Lieder, getreu nach der bei seinen Lebzeiten erschienenen Ausgabe wiederabgedruckt, 2. Aufl., neuer Abdr., Bern 1974 (Nachdr. d. Ausg. Stuttgart 1853). – Geistliche Andachten [1667]. Samt den übrigen Liedern und den lateinischen Gedichten, hrsg. v. Friedhelm Kemp. Mit e. Beitrag v. Walter Blankenburg. 2 Bde. (2. Bd.: Ebeling, Johann Georg: Instrumentalstimmen zu den Geistlichen Andachten von Paul Gerhardt [1667]. Bern u. München 1975 (Nachdr. d. Ausg. Berlin 1667).

GREIFFENBERG, CATHARINA REGINA VON: Gedichte, ausgew. u. mit einem Nachwort hrsg. v. Hubert Gersch, Berlin 1964. – Geistliche Sonette, Lieder und Gedichte, hrsg. mit einem Nachw. z. Neudr. d. Originalausg. von Heinz-Otto Burger, Darmstadt 1967. – Gelegenheit und Geständnis. Unveröffentlichte Gelegenheitsgedichte als verschleierter Spiegel des Lebens und Wirkens der Catharina Regina von Greiffenberg, hrsg. u. mit einem Kommentar versehen v. Ingrid Black u. Peter M. Daly, Bern u. Frankfurt 1971 (Kanadische Studien zur deutschen Sprache und Literatur, Nr. 3).

GRYPHIUS, ANDREAS: Lyrische Gedichte, hrsg. v. Hermann Palm, Darmstadt 1961 (Nachdr. d. Ausg. Tübingen 1884). – Gesamtausgabe der deutschsprachigen Werke, Bd. 1–3, hrsg. v. Marian Szyrocki, Tübingen 1963–64 (1. Sonette, 2. Oden und Epigramme, 3. Vermischte Gedichte). (Neudrucke deutscher Literaturwerke, N. F. 9–11). – Frühe Sonette. Abdruck der Ausgaben von 1637, 1643 und 1650, hrsg. v. Marian Szyrocki, Tübingen 1964. (Neudrucke deutscher Literaturwerke, N. F. Sonderreihe 1.) – Nacht, mehr denn lichte Nacht. Geistliche Gedichte, hrsg. v. Heinz Ludwig Arnold, Witten u. Berlin 1965. – Werke in einem Band, ausgew. u. eingeleit. v. Marian Szyrocki, Weimar ^{3}1973. – Gedichte. Eine Auswahl. Text nach der Ausgabe letzter Hand von 1663, hrsg. v. Adalbert Elschenbroich, Stuttgart 1977 (Reclam UB 8799/8800, Nachdr. d. Ausg. 1968).

GÜNTHER, JOHANN CHRISTIAN: Sämtliche Werke. Historisch-kritische Gesamtausgabe, hrsg. v. Wilhelm Krämer, 6 Bde., Darmstadt 1964 (Nachdr. d. Ausg. Leipzig 1930–37). (Bd. 7, Die von Theodosio bereuete [...] Eifersucht, Nachdr. d. Ausg. 1733–35, 1968.) – Entdeckung des Herzens. Einführung und Auswahl v. Peter Hühnerfeld, München 1956. – Die Harfe der Liebe. Einleitung u. Auswahl v. Walter Bauer. München 1958. – Gedichte und Studentenlieder, hrsg. v. Hans Marquardt u. Horst Wandrey, Leipzig ^{4}1971. – Gedichte, Tokyo u. Tübingen 1974 (Nachdr. d. Ausg. Stuttgart u. Berlin 1883, Deutsche National-Litteratur Bd. 38). – Gedichte. Auswahl u. Nachwort v. Manfred Windfuhr, Stuttgart 1975 (Reclam UB 1295, Nachdr. d. Ausg. 1964). – Werke in einem Band, ausgew. u. eingeleit. v. Hans Dahlke, Berlin u. Weimar ^{5}1977.

HARSDÖRFFER, GEORG PHILIPP. Sigmund von Birken. Johann Klaj: Pegnesisches Schäfergedicht, 1644–1645, hrsg. v. Klaus Garber, Tübingen 1966 (Nachdr. d. Ausg. Nürnberg 1644, Deutsche Neudrucke, Reihe Barock 8). – Poetischer Trichter, Darmstadt 1969 u. 1975 (Nachdr. d. Originalausg. Nürnberg 1650–53, Teil 1–3). –

HOFMANN VON HOFMANNSWALDAU, CHRISTIAN VON: Sinnreiche Heldenbriefe verliebter Personen vom Stande, hrsg. v. Friedhelm Kemp, Frankfurt a. M. 1962. – Gedichte, ausgew. u. hrsg. v. Johannes Hübner, Berlin 1962. – Gedichte, ausgew. v. Helmut Heißenbüttel, Frankfurt a. M. 1968. – Gedichte. Auswahl u. Nachwort v. Manfred Windfuhr, Stuttgart 1969 (Reclam UB 8889/90, Nachdr. d. Ausg. 1964). – C. Hofmann von Hofmannswaldau, Daniel Casper von Lohenstein, Heinrich Anselm von Zigler und Kliphausen u. a., Tokyo u. Tübingen 1974 (Nachdr. d. Ausg. Stuttgart, Deutsche National-Litteratur Bd. 36). Enthält: Heldenbriefe, Gedichte. (Siehe auch: Neukirch, Benjamin.)

KLAJ, JOHANN: Redeoratorien und ›Lobrede der Teutschen Poeterey‹, hrsg. v. Conrad Wiedemann, Tübingen 1965 (Deutsche Neudrucke, Reihe Barock 4). – Friedensdichtungen und kleinere poetische Schriften, hrsg. v. Conrad Wiedemann, Tübingen 1968 (Deutsche Neudrucke, Reihe Barock 10). – Johann Klajs Weihnachtsdichtung. Das ›Freudengedichte‹ von 1650, mit einer Einführung seinen Quellen gegenübergesetzt u. kommentiert v. Martin Keller, Berlin 1971.

KUHLMANN, QUIRINUS: Aus dem Kühlpsalter, ausgewählt u. mit einem Nachwort hrsg. v. Werner Vordtriede, Berlin 1966. – Himmlische Libes-küsse, hrsg. v. Birgit Biehl-Werner, Tübingen 1971 (Nachdr. d. Ausg. v. 1671, Deutsche Neudrucke, Reihe Barock 23). – Der Kühlpsalter, hrsg. v. Robert L. Beare, 2 Bde., Tübingen 1971 (Bd. 1: Buch I–IV; Bd. 2: Buch V–VIII, Paralipomena; Neudrucke deutscher Literaturwerke, N. F. 3 u. 4). – Der Kühlpsalter, 1.–15. und 73.–93. Psalm. (Im Anh.: Photomechan. Nachdr. des ›Quinarius‹ von 1680.) Hrsg. v. Heinz Ludwig Arnold, Stuttgart 1973 (Reclam UB 9422/26).

LOGAU, FRIEDRICH VON: Sinngedichte. Eine Auswahl, hrsg. v. Uwe Berger, Berlin 1967. – Deutscher Sinn-Getichte Drey Tausend, 3 Bde. in ein. Bd., Hildesheim 1972 (Nachdr. d. Ausg. Breslau 1654). – Sämmtliche Sinngedichte, hrsg. v. G. Eitner, Hildesheim 1974 (Nachdr. d. Ausg. Stuttgart 1872). – Die tapfere Wahrheit. Sinngedichte, hrsg. v. W. Schubert, Leipzig 1978.

NEUKIRCH, BENJAMIN: Benjamin Neukirchs Anthologie. Herrn von Hoffmannswaldau und andrer Deutschen auserlesener und bißher ungedruckter Gedichte. Mit einer kritischen Einleitung und Lesarten, hrsg. v. Angelo George de Capua u. Ernst Alfred Philippson, T. 1–4, Tübingen 1961–75 (Neudrucke deutscher Literaturwerke, N. F. 1, 16, 22, 24). (T. 3 u. 4 hrsg. v. A. G. de Capua u. Erika Alma Metzger; T. 5 [im Druck] hrsg. v. E. A. Metzger u. Michael Metzger [neue Hrsg.].)

OPITZ, MARTIN: Buch von der Deutschen Poeterey (1624), nach der Edition v. Wilhelm Braune neu hrsg. v. Richard Alewyn, Tübingen ²1966 (Neudrucke deutscher Literaturwerke, N. F. 8). – Buch von der Deutschen Poeterey (1624), hrsg. v. Cornelius Sommer, Stuttgart 1977 (Reclam UB 8397/98). – Teutsche Poemata. Abdruck der Ausgabe von 1624 mit den Varianten der Einzeldrucke und der späteren Ausgaben, hrsg. v. G. Witkowski, Halle 1902 (Neudrucke deutscher Literaturwerke des 16. und 17. Jahrhunderts, Nr. 189–92; Halle 1967, Neudr. dt. Literaturwerke, 29). – Weltliche und geistliche Dichtung, hrsg. v. H. Oesterley, Tokyo u. Tübingen 1974 (Nachdr. d. Ausgabe Berlin u. Stuttgart, Kürschner's Deutsche National-Litteratur Bd. 27). – Teutsche Poemata und Aristarchus wider die Verachtung teutscher Sprache, Hildesheim 1975 (Nachdr. d. Ausg. Straßburg 1624). – Geistliche Poemata (1638), hrsg. v. Erich Trunz, Tübingen ²1975 (Deutsche Neudrucke, Reihe Barock 1). – Weltliche Poemata (1644), Erster Teil, unter Mitwirkung v. Christine Eisner hrsg. v. Erich Trunz, Tübingen ²1975 (Deutsche Neudrucke, Reihe Barock 2). – Weltliche Poemata (1644), Zweiter Teil, hrsg. v. E. Trunz, Tübingen 1975 (Deutsche Neudrucke, Reihe Barock 3). – Gesammelte Werke, kritische Ausgabe, hrsg. v. George Schulz-Behrend, Bd. II, 1 u. 2, Stuttgart 1978–79 (enthält u. a.: d. Übersetz. v. Heinsius' Lobgesang Bacchi, Lob des Feldlebens, Lobgesang über den Geburtstag Christi, Teutsche Poemata m. d. ›Anhang‹, d. Buch von der Deutschen Poeterey, d. Acht Bücher Deutscher Poematum, d. Klagelieder Jeremia sowie zahlreiche Gelegenheitsgedichte).

RIST, JOHANN: Dichtungen, hrsg. v. K. Goedeke u. E. Goetze, Leipzig 1885 (Deutsche Dichter des 17. Jahrhunderts, Bd. 15). – Sämtliche Werke, unter Mitwirk. v. Helga Mannack u. Klaus Reichelt hrsg. v. Eberhard Mannack, Berlin 1967 – (bisher erschienen Bd. 1–2, Dramat. Dichtungen, 4–6, Epische Dichtungen). – Himmlische Lieder, Johann Rist, Johann Schop, Hildesheim 1976 (Nachdr. d. Ausg. 1641–42, Dokumentation zur Geschichte des deutschen Liedes 2).

SCHEFFLER, JOHANNES: Sämtliche poetische Werke und eine Auswahl aus seinen Streitschriften, 2. Bde., hrsg. v. G. Ellinger, Berlin 1923. – Cherubinischer Wandersmann, eingeleit. u. erläutert v. W.-E. Peuckert, Wiesbaden 1948 (Sammlung Dieterich, Bd. 64). – Der Cherubinische Wandersmann, hrsg. u. m. einem Nachw. versehen v. W. Ziesemer, Krefeld 1948. – Cherubinischer Wandersmann, ausgewählt u. eingeleit. v. W. Dürig, München 1949. – Sämtliche poetische Werke in 3 Bänden, hrsg. u. eingeleit. v. H. L. Held, München ³1952. – Der Cherubinische Wandersmann, eingeleit. u. unter Berücksichtigung neuer Quellen erläutert v. W.-E. Peuckert, Bremen 1956. – Der Cherubinische Wandersmann. Mit einem Anhang: Heilige Seelenlust oder Geistliche Hirtenlieder, hrsg. u. eingeleit. v. Charles Waldemar, München 1960 (Goldmanns Gelbe Taschenb. Bd. 607). – Cherubinischer Wandersmann, ausgewählt u. eingeleit. v. W. Dürig (2. überarbeit. Aufl.), Sankt Ottilien 1975. – Vom Geheimnis Gottes und des Menschen. Sprüche aus dem Cherubinischen Wandersmann, ausgewählt u. eingeleit. v. Cornelia Glombik, Bergen-Enkheim bei Frankfurt a. M. 1976. – Der Cherubinische Wandersmann, hrsg. v. G. Wehr, Schaffhausen 1977. – Aus dem Cherubinischen Wandersmann und anderen geistlichen Dichtungen, Auswahl u. Einleitung v. Erich Haring (Nachdruck), Stuttgart 1977 (Reclam UB 7623).

SPEE, FRIEDRICH: Trutz-Nachtigal, hrsg. v. Gustav Balke, Leipzig 1879 (Deutsche Dichter des 17. Jahrhunderts, Bd. 13). – Lied und Leid. Auswahl aus ›Trutznachtigall‹, ›Güldenem Tugendbuch‹, Kirchenliedern und ›Cautio Criminalis‹, ausgew., m. Anmerkungen u. e. Nachw. versehen v. W. Bondzio, Berlin 1961. – Trutznachtigall, m. Einleitung u. krit. Apparat hrsg. v. G. O. Arlt, Halle 1967 (Neudrucke deutscher Literaturwerke d. 16. u. 17. Jahrhunderts, Nr. 292–301; unveränd. Nachdr. d. 1. Aufl. 1936). – Sämtliche Schriften. Hist.-krit. Ausg. in 3 Bänden, hrsg. v. Emmy Rosenfeld. Bd. 2: Güldenes Tugend-Buch, hrsg. v. Theo G. M. van Oorschot, München 1968. – Cautio criminalis, Frankfurt 1971 (Nachdr. d. Ausg. Rinteln 1631).

STIELER, KASPAR: Jacob Schwieger, Geharnschte Venus 1660, hrsg. v. Th. Raehse, Halle 1888 (Neudrucke deutscher Literaturwerke des 16. u. 17. Jahrhunderts, Nr. 74–75). – Die Geharnschte Venus, Hamburg 1660. Festgabe der Gesellschaft der Münchner Bücherfreunde, gedruckt in 2525 Stücken, München 1925. – Die Geharnschte Venus oder Liebes-Lieder im Kriege gedichtet. Nach d. Ausg. Hamburg 1660 neu hrsg. u. m. einem Nachwort u. Kommentar versehen v. H. Zeman, München 1968. – Die geharnschte Venus, hrsg. v. F. van Ingen, Stuttgart 1970 (Reclam UB 7932/34). – Die Dichtkunst des Spaten, 1685, hrsg. v. H. Zeman, Wien 1975. – Die geharnschte Venus, Neudruck nach d. Ausg. v. 1660, Selb 1976.

WECKHERLIN, GEORG RUDOLF: Gedichte, 3 Bde., hrsg. v. H. Fischer, Darmstadt 1968 (Nachdr. d. Ausg. 1894, 1895, 1907). – Gedichte, ausgewählt u. hrsg. v. Christian Wagenknecht, Stuttgart 1972 (Reclam UB 9358/60/60a).

ZESEN, PHILIPP VON: Sämtliche Werke, unter Mitw. v. U. Maché u. V. Meid hrsg. v. F. van Ingen, Berlin 1970 – (Ausgaben deutscher Literatur des XV. bis XVIII. Jahrhunderts). Bd. 9: Deutscher Helicon (1641), bearb. v. U. Maché, 1971. Bd. 10, 1. u. 2. Teil, Hoch-Deutscher Helikon (1656), bearb. v. U. Maché, 1977.

LITERATUR ZUR DEUTSCHEN BAROCKLYRIK

Albertsen, Leif Ludwig, ›Strophische Gedichte, die von einem Kollektiv gesungen wurden. Das Zersingen, analysiert am Schicksal einiger Lieder von Johann Rist‹, Deutsche Vierteljahrsschrift 50, 1976, S. 84–102.

Ambacher, Robert F., Paul Fleming and ›Erlebnisdichtung‹, Diss. Rutgers Univ. 1972.

Andel, Cornelis Pieter van, Paul Gerhardt, ein Mystiker zur Zeit des Barock, in: Traditio – Krisis – Renovatio aus theologischer Sicht. Festschrift Winfried Zeller [...], Marburg 1976, S. 172–84.

Angress, Ruth K., The early German epigram. A study in Baroque poetry, Lexington 1971 (Studies in the Germanic Languages and Literatures 2).

Beare, Robert L., ›Quirinus Kuhlmann: The Religious Apprenticeship‹, Publications of the Modern Language Association 67, Sept. 1953, S. 828–62. –, ›Hofmannswaldau and the problems of bibliographical evidence‹, Modern Language Notes 86, 1971, S. 625–48.

Becker-Cantarino, Bärbel, Chris L. Heesakkers, ›Ein unbekannter Günther-Autograph‹, Wolfenbütteler Barock-Nachrichten Jahrg. V, Heft 3, Dez. 1978, S. 222–25.

Bekker, Hugo, Andreas Gryphius: Poet between Epochs, Bern, Frankfurt 1973 (Canadian Studies in German Language and Literature 10).

Beckmann, Adelheid, Motive und Formen der deutschen Lyrik des 17. Jahrhunderts und ihre Entsprechungen in der französischen Lyrik seit Ronsard. Ein Beitrag zur vergleichenden Literaturgeschichte, Germanistische Forschungen N. F., hrsg. v. Helmut de Boor u. Hermann Kunisch, Bd. 5, Tübingen 1960.

Beissner, Friedrich, ›Deutsche Barocklyrik‹, in: Formkräfte der deutschen Dichtung vom Barock bis zur Gegenwart, Göttingen 1963, S. 35–55.

Bekker, Hugo, ›Gryphius's Lissa-Sonnets‹, Modern Language Review 63, 1968, S. 618–27.

Beller, Manfred, ›Thema, Konvention und Sprache der mythologischen Ausdrucksformen in Paul Flemings Gedichten‹, Euphorion 67, 1973, S. 157–89.

Bennedik, Brigitte E., Paul Gerhardts ›Morgenlieder‹ in englischen und amerikanischen Übertragungen, Diss. Univ. of Southern California 1974.

Berent, Eberhard, Die Auffassung der Liebe bei Opitz und Weckherlin und ihre geschichtlichen Vorstufen, The Hague 1970.

Bircher, Martin u. Alois M. Haas, Hrsg., Deutsche Barocklyrik. Gedichtinterpretationen von Spee bis Haller, Bern u. München 1973. (Enthält u. a. Beiträge zu Spee, Scheffler, Stieler, Gryphius, Greiffenberg, Kuhlmann u. Hoffmannswaldau.)

–, u. a., ›Stand und Aufgaben der Barockforschung‹, Wolfenbütteler Barock-Nachrichten, Jahrg. VI, Heft 1, Juni 1979, S. 252–92.

BOCK, CLAUS VICTOR, Quirinus Kuhlmann als Dichter. Ein Beitrag zur Charakteristik des Ekstatikers, Bern 1957.

BOURKE, THOMAS, ›»Metaphysical wit« und Witz in der deutschen Barocklyrik. Großbritannien und Deutschland. Europäische Aspekte der politisch-kulturellen Beziehungen beider Länder in Geschichte und Gegenwart‹, in: Festschrift für John W. P. Bourke, hrsg. v. Ortwin Kuhn, München 1974, S. 319–33.

BRINKMANN, WILTRUD, ›Logaus Epigramme als Gattungserscheinung‹, in: Zeitschrift f. dt. Philologie 93, 1974, S. 507–22.

BROWNING, ROBERT M., ›On the Numerical Composition of Friedrich Spee's *Trutznachtigall*‹, in: Festschrift für Detlev W. Schumann, München 1970, S. 28–39.

BRUCKNER, JÁNOS, ›Angelus Silesius u. Nikolaus von Kues, Kusanisches im *Cherubinischen Wandersmann*‹, Euphorion 64, 1970, S. 143–66.

BUNGARTEN, THEO A., ›»Schluß des 1648sten Jahres«. Interpretation eines Sonetts von Andreas Gryphius im Hinblick auf seinen Erlebnisinhalt‹, in: Sprachkunst. Beiträge zur Literaturwissenschaft 3, 1972, S. 230–45.

CAPUA, A. GEORGE DE, ›Two Quartets: Sonnet Cycles by Andreas Gryphius‹, Monatshefte 59, 1967, S. 325–29.

–, German Baroque Poetry. Interpretive Readings, Albany 1973.

CARPI, ANNA MARIA, ›La lirica religiosa di Paul Fleming‹, in: Studi di letteratura religiosa tedesca. In memoria di Sergio Lupi, Firenze 1972.

CLOSS, A., ›Die neuere deutsche Lyrik vom Barock bis zur Gegenwart‹, in: Deutsche Philologie im Aufriß, Bd. 2, Berlin [2]1960.

COHEN, FRITZ, ›Two early sonnets of Andreas Gryphius: A study of their original and revised forms‹, German Life and Letters 25, 1971/2, S. 115–26.

CONRADY, KARL OTTO, Lateinische Dichtungstradition und deutsche Lyrik des 17. Jahrhunderts, Bonn 1962.

–, ›Vom »Barock« in der deutschen Lyrik des 17. Jahrhunderts‹, in: Der literarische Barockbegriff, hrsg. v. Wilfried Barner, Darmstadt 1975, S. 460–87.

CUNNINGHAM, WILLIAM L., Martin Opitz. Poems of Consolation in Adversities of War, Bonn 1974.

–, ›Johann Christian Günthers *Trostaria*‹, Monatshefte f. dt. Unterricht, dt. Sprache u. Literatur 68, 1976, S. 31–40.

CYSARZ, HERBERT, Deutsches Barock in der Lyrik, Leipzig 1936.

DAHLKE, HANS, Johann Christian Günther: Seine dichterische Entwicklung, Berlin 1960.

DALY, PETER MAURICE, Die Metaphorik in den ›Sonetten‹ der Catharina Regina von Greiffenberg, Diss. Zürich 1964.

–, Dichtung und Emblematik bei Catharina Regina von Greiffenberg, Bonn 1976.

–, Emblem Theory. Recent German Contributions to the Characterization of the Emblem Genre, Wolfenbütteler Forschungen Bd. IX, Nendeln 1979.

DELBONO, FRANCESCO, Umanità e Poesia di Christian Günther, Società Editrice Internazionale 1959.

DERKS, PAUL, Die sapphische Ode in der deutschen Dichtung des 17. Jahrhunderts. Eine literaturgeschichtliche Untersuchung, Münster 1970 (Diss. Münster 1969).

DETTE, GERHARD, Lyrik-Theorie und barocke Poetik. Kritische Prolegomena zur Nutzung eines Kapitels historischer Dichtungslehre, Göttingen 1976.

DIETZE, WALTER, Quirinus Kuhlmann: Ketzer und Poet, Berlin 1963.

DIMLER, G. RICHARD, Friederich Spee's ›Trutznachtigall‹, Frankfurt, Bern 1973.

DRUX, RUDOLF, Martin Opitz und sein poetisches Regelsystem, Bonn 1976.

DYCK, JOACHIM, Ticht-Kunst, Deutsche Barockpoetik und rhetorische Tradition, Bad Homburg, Berlin, Zürich 1966, ²1969.

ELMORE, LAMAR, ›Johannes Klaj's last known work‹, Modern Language Notes 93, 1978, S. 361–73.

ERB, JÖRG, Paul Gerhardt und seine Lieder, Neuhausen-Stuttgart 1974.

ERK, HEINRICH, Offenbarung und heilige Sprache im ›Kühlpsalter‹ Quirin Kuhlmanns, Diss. Göttingen 1953 (Mikrofilm).

FÄSSLER, VERENI, Hell-Dunkel in der barocken Dichtung. Studien zum Hell-Dunkel bei Johann Klaj, Andreas Gryphius und Catharina Regina von Greiffenberg, Bern, Frankfurt 1971.

FECHNER, JÖRG-ULRICH, ›Opitz's reform and literary taste. A study of *Adversaria*‹, in: Oxford German Studies 6, 1971/2, S. 18–32.

–, ›Paul Gerhardts Lied. Tradition und Innovation‹, in: Literaturwissenschaftliches Jahrbuch 17, 1976, S. 1–21.

FLEMMING, WILHELM, Andreas Gryphius. Eine Monographie, Stuttgart 1965.

FÖLLMI, HUGO, Czepko und Scheffler. Studien zu Angelus Silesius' ›Cherubinischem Wandersmann‹ und Daniel Czepkos ›Sexcenta Monodisticha Sapientum‹, Diss. Zürich 1968.

FORSTER, LEONARD, ›Zu den Quellen des »Kühlpsalters«: Der 5. Kühlpsalm und der Jubilus des Pseudo-Bernhard‹, Euphorion 52, 1958, S. 256–71.

–, ›Georg Rudolf Weckherlin. Englischer Staatsmann und deutscher Dichter‹, Daphnis 6, 1977, 4, S. 163–69.

–, ›Kleine Schriften zur Deutschen Literatur im 17 Jahrhundert‹, Amsterdam 1977.

–, ›Quirinus Kuhlmann in Moscow 1689. An unnoticed account‹, Germano-Slavica. A Canadian Journal of Germanic and Slavic Comparative Studies 2, 1978, S. 317–23.

FRANK, HANS-JOACHIM, Catharina Regina von Greiffenberg: Leben und Welt der barocken Dichterin, Göttingen 1967.

FREUND, WINFRIED, Die deutsche Verssatire im Zeitalter des Barock, Düsseldorf 1972.

FRICKE, GERHARD, Die Bildlichkeit in der Dichtung des Andreas Gryphius, Berlin 1933 (Ndr. Darmstadt 1967).

GARBER, KLAUS, Martin Opitz – ›der Vater der deutschen Dichtung‹. Eine krit. Studie zur Wissenschaftsgeschichte der Germanistik, Stuttgart 1976.

GEIBEL, HEDWIG, Der Einfluß Marinos auf Christian Hofman von Hofmanswaldau, Diss. Gießen 1938.

GELLINEK, JANIS LITTLE, Die weltliche Lyrik des Martin Opitz, Bern, München 1973.

GILLESPIE, GERALD, ›Suffering in Günther's Poetry‹, German Quarterly 41, 1968, S. 21–38.

–, German Baroque Poetry, New York 1971.

HABERSETZER, KARL-HEINZ, ›»Was sind wir als... Spill der Zeiten?« Zu zwei unbekannten Oden von Andreas Gryphius‹, in: Wolfenbütteler Beiträge 1, 1972, S. 102–18.

HACKEN, RICHARD D., The Religious Thought of Martin Opitz as the Determinant of His Poetic Theory and Practice, Stuttgart 1976.

HAERTEL, WILHELM, Johann von Besser. Sein Leben und seine Werke. Ein Beitrag zur Geschichte d. deutschen Hofdichtung, Berlin 1910 (Ndr. Nendeln 1977).

HALLER, RUDOLF, Geschichte der deutschen Lyrik vom Ausgang des Mittelalters bis zu Goethes Tod, Bern, München 1967.

HANSEN, THEODOR, Johann Rist und seine Zeit. Aus den Quellen dargestellt, Halle 1872 (Ndr. Leipzig 1973).

HARPER, ANTHONY J., David Schirmer. A Poet of the German Baroque: An Examination of Schirmer's Lyric Poetry and its Relationship to the Literature of the Time, Stuttgart 1977.

HEIDUK, FRANZ, Die Dichter der galanten Lyrik. Studien zur Neukirchschen Sammlung, Bern, München 1971.

–, ›Hoffmannswaldau und die Überlieferung seiner Werke. Eine krit. Untersuch. m. d. Abdruck zweier bisher unbekannter Gedichte sowie einem Gesamtverzeichn. d. Handschriften u. ersten Drucke‹, in: Jahrbuch d. Freien Deutschen Hochstifts 1975, S. 1–72.

HERZOG, URS, ›Literatur in Isolation und Einsamkeit. Catharina Regina von Greiffenberg und ihr literarischer Freundeskreis‹, Deutsche Vierteljahrsschrift 45, 1971, S. 515–46.

–, Deutsche Barocklyrik, München 1979.

HESSELBACHER, KARL, Paul Gerhardt. Sein Leben – seine Lieder, Neuffen 1977 (K. H.s Paul Gerhardt. Der Sänger fröhlichen Glaubens, neu hrsg. v. S. Heinzelmann).

HOFFMEISTER, GERHART (Hrsg.), Europäische Tradition und deutscher Literaturbarock. Internationale Beiträge zum Problem von Überlieferung und Umgestaltung, Bern, München 1973.

IBEL, RUDOLF, Die Lyrik Philipp von Zesens, Diss. Würzburg 1922 (Masch.-Schr.).

–, Hofmann von Hofmannswaldau, Studien zur Erkenntnis deutscher Barockdichtung, Berlin 1928 (Ndr. Nendeln 1967).

INGEN, FERDINAND VAN, Vanitas und Memento mori in der deutschen Barocklyrik, Groningen 1966.

–, Philipp von Zesen, Stuttgart 1970 (Samml. Metzler M 96).

JACOBSEN, ERIC, Die Metamorphosen der Liebe und Friedrich Spees ›Trutznachtigall‹, Copenhagen 1954.

JÖNS, DIETRICH WALTER, Das ›Sinnen-Bild‹. Studien zur allegorischen Bildlichkeit bei Andreas Gryphius, Stuttgart 1966.

JOSEPH, ALBRECHT, Sprachformen der deutschen Barocklyrik, Rottach am Tegernsee 1930 (Diss. München 1929).

KAYSER, WOLFGANG, Die Klangmalerei bei Harsdörffer. Ein Beitrag zur Geschichte der Literatur, Poetik und Sprachtheorie der Barockzeit, Leipzig 1932 (Ndr. Göttingen 1962).

KIMMICH, FLORA, ›Nochmals zur Umarbeitung der Sonette von Andreas Gryphius‹, Euphorion 68, 1974, S. 296–317.

–, Sonnets of Catharina von Greiffenberg. Methods of Composition, Chapel Hill (Univ. of North Carolina) 1975.

KRÄMER, WILHELM, Das Leben des schlesischen Dichters Johann Christian Günther, 1695–1723, Bad Godesberg 1950. (Neuausg. m. ›Quellen und Anmerkungen zum Leben und Schaffen des Dichters und seiner Zeitgenossen‹, unter Mitwirk. v. R. Bölhoff, Stuttgart 1980.)

KRUMMACHER, HANS-HENRIK, Der junge Gryphius und die Tradition. Studien zu den Perikopensonetten und Passionsliedern, München 1976.

LEIGHTON, JOSEPH, ›Paul Fleming's sonnet »Bei einer Leichen«‹, Modern Language Review 71, 1976, S. 327–29.

LIEDER, F.W.C., ›Friedrich Spee and the *Théodicée* of Leibniz‹, Journal of English and Germanic Philology 11, 1912, S. 146–72; 321–54.

LIWERSKI, RUTH, ›Ein Beitrag zur Sonett-Ästhetik des Barock. Das Sonett der Catharina Regina von Greiffenberg‹, Deutsche Vierteljahrsschrift 49, 1975, S. 215–64.

LJUNGERUD, IVAR, ›Ehren-Rettung M. Simonis Dachii‹, Euphorion 61, 1967, S. 36–83.

MACHÉ, ULRICH, Zesens Hoch-Deutscher Helikon. Poetik zwischen Opitz und Gottsched, Diss. Princeton 1963 (Mikrofilm).

MANHEIMER, VICTOR, Die Lyrik des Andreas Gryphius, Berlin 1904.

MANNACK, EBERHARD, Andreas Gryphius, Stuttgart 1968 (Samml. Metzler M 76).

–, ›Hofmannswaldau und die Auflösung der Tradition‹, in: Jahrbuch d. Dt. Schillergesellschaft 15, 1971, S. 115–32.

–, ›Die Ausgabe der Werke Johann Rists‹, in: Jahrbuch f. Internationale Germanistik 4, 1972, 2, S. 72–73; 79–80.

–, ›Realistische und metaphorische Darstellung im »Pegnesischen Schäfergedicht«‹, in: Jahrbuch d. Dt. Schillergesellschaft 17, 1973, S. 154–65.

MAURER, WARREN R., ›Spee, Southwell and the Poetry of Meditation‹, Comparative Literature 15, 1963, S. 15–22.

MEIER, ANNEMARIE, Daniel Czepko als geistlicher Dichter, Bonn 1975.

MOORE, CORNELIA N., ›The lover and the beloved in Hofmannswaldau's poetry. Which one is glorified?‹, Daphnis 1, 1972, S. 150–67.

MÜLLER, GÜNTHER, Geschichte des deutschen Liedes vom Zeitalter des Barock bis zur Gegenwart, München 1925 (Ndr. Darmstadt 1959).

OBERMÜLLER, KLARA, Studien zur Melancholie in der deutschen Lyrik des Barock, Bonn 1974.

OTTO JR., KARL F., ›On Zesen's poetics‹, Neophilologus 57, 1973, S. 62–65.

PASQUALE, MATILDE DE, ›Alcuni interrogativi su: Simon Dach, Klage über den endlichen Untergang und Ruinirung der musicalischen Kürbs-Hütte u. Gärtchens. 13. Jan. 1641.‹, Studi Germanici 9, 1971, S. 208–22.

POWELL, HUGH, ›Observations on the Erudition of Andreas Gryphius‹, Orbis litterarum 25, 1970, S. 115–25.

PREISENDANZ, WOLFGANG, ›Präsente Bedrängnis. Über ein Gedicht von Johann Christian Günther‹, in: Jahrbuch d. Dt. Schillergesellschaft 18, 1974, S. 221–34.

PYRITZ, HANS, Paul Flemings deutsche Liebeslyrik, Leipzig 1932.

RASCH, WOLFDIETRICH, ›Lust und Tugend. Zur erotischen Lyrik Hofmannswaldaus‹, in: Rezeption und Produktion. Zwischen 1570 und 1730. Festschrift f. Günther Weydt zum 65. Geburtstag, hrsg. v. W. Rasch, H. Geulen u. K. Haberkamm, Bern u. München 1972, S. 447–71.

RENER, FREDERICK M., ›Friederich Spee's »Arcadia« revisited‹, Publications of the Mod. Lang. Assoc. of America 89, 1974, S. 967–79.

RIMBACH, GÜNTHER C., ›Das Epigramm und die Barockpoetik. Ansätze zu einer Wirkungsästhetik für das Zeitalter‹, in: Jahrbuch d. Dt. Schillergesellschaft 14, 1970, S. 100–30.

ROSENFELD, EMMY, Friedrich Spee von Langenfeld. Eine Stimme in der Wüste, Berlin 1958.

RITTER, JOACHIM-F., Friedrich von Spee, 1591–1635. Ein Edelmann, Mahner und Dichter, Trier 1977.

ROTERMUND, ERWIN, Christian Hofmann von Hofmannswaldau, Stuttgart 1963 (Samml. Metzler M 29).

–, Affekt und Artistik. Studien zur Leidenschaftsdarstellung und zum Argumentationsverfahren bei Hofmann von Hofmannswaldau, München 1972.

RUSTERHOLZ, PETER, Theatrum vitae humanae. Funktion und Bedeutungswandel eines poetischen Bildes. Studien zu den Dichtungen von Andreas Gryphius, Christian Hofmann v. Hofmannswaldau u. Daniel Caspar von Lohenstein, Berlin 1970.

SASSE, H.-C., ›Spirit and Spirituality of the Counter-Reformation in Some Early Gryphius Sonnets‹, Forum for Modern Language Studies (St. Andrew's), 12, S. 50–58.

SCHADE, RICHARD E., ›A Note on Kaspar Stieler‹, Modern Language Notes 91, 1976, S. 510–11.

SCHINDLER, MARVIN S., ›Gryphius' Religious Poetry. The Poetic Use of the Biblical Word‹, Germanic Review 45, 1970, S. 188–200.

–, The Sonnets of Andreas Gryphius. Use of the Poetic Word in the Seventeenth Century, Gainesville (Univ. of Florida Press) 1971.

SCHÖBERL, JOACHIM, ›liljen-milch und rosen-purpur‹. Die Metaphorik in der galanten Lyrik des Spätbarock. Untersuchung zur Neukirchschen Sammlung, Frankfurt 1972.

SCHÖNE, ALBRECHT, Kürbishütte und Königsberg. Modellversuch einer sozialgeschichtlichen Entzifferung poetischer Texte. Am Beispiel Simon Dach, München 1975.

SCHULZ-BEHREND, GEORGE, ›Die Opitz-Ausgabe‹, in: Jahrbuch f. Internationale Germanistik 4, 1972, 2, S. 74–75; 79–80.

SEGEBRECHT, WULF, Das Gelegenheitsgedicht. Ein Beitrag zur Geschichte und Poetik der deutschen Lyrik, Stuttgart 1977.

–, ›Steh, Leser, still! Prolegomena zu einer situationsbezogenen Poetik der Lyrik, entwickelt am Beispiel von poetischen Grabschriften und Grabschriftenvorschlägen in Leichencarmina des 17. und 18. Jahrhunderts‹, Deutsche Vierteljahrsschrift 52, 1978, S. 430–68.

SIEVEKE, FRANZ GÜNTHER, ›Christian Hofmann von Hofmannswaldaus *Helden-Briefe.* Imitatio oder aemulatio‹, in: Rezeption und Produktion. Zwischen 1570 und 1730. Festschrift f. Günther Weydt zum 65. Geburtstag, hrsg. v. W. Rasch, H. Geulen u. K. Haberkamm, Bern u. München 1972, S. 411–46.

SONNENBERG, WERNER, Studien zur Lyrik David Schirmers, Diss. Göttingen 1932.

SPAHR, BLAKE LEE, The Archives of the Pegnesischer Blumenorden. A Survey and Reference Guide, Univ. of California Publications in Modern Philology 57, Berkeley u. Los Angeles 1960.

STALDER, XAVER, Formen des barocken Stoizismus. Der Einfluß der Stoa auf die deutsche Barockdichtung. Martin Opitz, Andreas Gryphius und Catharina Regina von Greiffenberg, Bonn 1976.

STAMM, ISRAEL, ›Günther and Leibniz-Wolff‹, Germanic Review 23, 1948, S. 30–39.

STEINHAGEN, HARALD, ›Didaktische Lyrik. Über einige Gedichte des Andreas Gryphius‹, in: Festschrift f. Friedrich Beißner, hrsg. v. U. Gaier u. W. Volke, Bebenhausen 1974, S. 406–35.

STRICH, FRITZ, ›Der lyrische Stil des 17. Jahrhunderts‹, in: Abhandlungen zur deutschen Literaturgeschichte. Franz Muncker zum 60. Geburtstag dargebracht, München 1916, S. 21–53. Ndr. in: Richard Alewyn (Hrsg.), Deutsche Barockforschung. Dokumentation einer Epoche, Köln, Berlin [4]1970, S. 229–59; ebenso in: Der literarische Barockbegriff, hrsg. v. Wilfried Barner, Darmstadt 1975, S. 32–71.

SZYROCKI, MARIAN (Hrsg.), Poetik des Barock, Stuttgart 1977 (Reclam UB 9854).

TRUNZ, ERICH, ›Fünf Sonette des Andreas Gryphius‹, in: Vom Geist der Dichtung (Festschrift R. Petsch), Hamburg 1949, S. 180ff.

VIËTOR, KARL, Geschichte der deutschen Ode, München 1923 (Ndr. Darmstadt 1961).

VILLIGER, LEO, Catharina Regina von Greiffenberg. Zu Sprache und Welt der barocken Dichterin, Diss. Zürich 1952.

WAGENKNECHT, CHRISTIAN, Weckherlin und Opitz. Zur Metrik der deutschen Renaissancepoesie, München 1971.

WARNKE, FRANK J., ›Das Spielelement in der Liebeslyrik des Barock‹, Arcadia 4, 1969, S. 225–37.

WARNOCK, ROBERT G., u. ROLAND FOLTER, ›The German Pattern Poem: A Study in Mannerism of the Seventeenth Century‹, in: Festschrift f. Detlev Schuman zum 70. Geburtstag, hrsg. v. Albert R. Schmitt, München 1970, S. 40–73.

WEBER, RENATE, Die Lieder Philipp von Zesens, Diss. Hamburg 1962.

WENTZLAFF-EGGEBERT, FRIEDRICH-WILHELM, Das Problem des Todes in der deutschen Lyrik des 17. Jahrhunderts, Leipzig 1931.

WEYDT, GÜNTHER, ›Nachahmung und Schöpfung bei Opitz. Die frühen Sonette und das Werk der Veronica Gambara‹, Euphorion 50, 1956, S. 1–26.

–, ›Sonettenkunst des Barock. Zum Problem der Umarbeitung bei Andreas Gryphius‹, in: Jahrbuch d. Dt. Schillergesellschaft 9, 1965, S. 1–32.

WIEDEMANN, CONRAD, Johann Klaj und seine Redeoratorien, Nürnberg 1966.

–, ›Engel, Geist und Feuer. Zum Dichterselbstverständnis bei Johann Klaj, Catharina von Greiffenberg und Quirinus Kuhlmann‹, in: Literatur und Geistesgeschichte. Festgabe f. Heinz Otto Burger, hrsg. v. Reinhold Grimm u. Conrad Wiedemann, Berlin 1968, S. 85–109.

VON WIESE, BENNO, ›Die Antithetik in den Alexandrinern des Angelus Silesius‹, Euphorion 29, 1928, S. 503–22 (Ndr. in: Richard Alewyn, Hrsg., Deutsche Barockforschung, S. 260–83).

WINDFUHR, MANFRED, Die barocke Bildlichkeit und ihre Kritiker. Stilhaltungen in der deutschen Literatur des 17. und 18. Jahrhunderts, Stuttgart 1966.

WINKLER, JULIUS S., Johann Christian Günther: A Study in Contrasts and Controversy, Diss. Princeton 1963 (Masch.-Schr.).

WITTE-HEINEMANN, BIRGIT, ›Emblematische Aspekte im Gebrauch des freien Verses bei Andreas Gryphius‹, in: Jahrbuch d. Dt. Schillergesellschaft 17, 1973, S. 166–91.

WOLLGAST, SIEGFRIED, Friedrich Spee und die Hexenprozesse, Wissenschaftl. Zeitschr. d. Friedrich-Schiller-Univ. Jena/Thüringen 26, 1977, S. 675–82.

ZELL, CARL-ALFRED, Untersuchungen zum Problem der geistlichen Barocklyrik mit besonderer Berücksichtigung der Dichtung Johann Heermanns (1585–1647), Heidelberg 1971.

ZELLER, WINFRIED, ›Zur Textüberlieferung der Lieder Paul Gerhardts‹, in: Jahrbuch f. Liturgik und Hymnologie 19, 1975, S. 225–28.

ZEMAN, HERBERT, ›Kaspar Stielers *Die Geharnschte Venus.* Aspekte literaturwissenschaftlicher Deutung‹, Deutsche Vierteljahrsschrift 48, 1974, S. 478–527.

ZIEMENDORFF, INGEBORG, Die Metapher bei den weltlichen Lyrikern des deutschen Barock, Berlin 1933 (Ndr. Nendeln 1967).

ALLGEMEINES
(Bibliographien, Literaturgeschichten, Emblematik)

CURT VON FABER DU FAUR, German Baroque Literature, A Catalogue of the Collection in the Yale University Library, New Haven 1958. Bd. 2, 1969.

PAUL MERKER u. WOLFGANG STAMMLER, Reallexikon der deutschen Literaturgeschichte, hrsg. von Werner Kohlschmidt u. Wolfgang Mohr, Berlin [2]1958 ff. ([1]1925–31).

JOACHIM G. BOECKH u.a., Geschichte der deutschen Literatur, 1600–1700, Berlin (Ost) 1963 (Geschichte d. dt. Literatur v. d. Anfängen bis zur Gegenwart 5).

HERMANN SCHÜLING, Bibliographischer Wegweiser zu dem in Deutschland erschienenen Schrifttum des 17. Jahrhunderts, Gießen 1963–64.

MARIO PRAZ, Studies in Seventeenth-Century Imagery, Rom [2]1964.

WERNER KOHLSCHMIDT, Geschichte der deutschen Literatur vom Barock bis zur Klassik, Stuttgart 1966 (Geschichte d. dt. Literatur v. d. Anfängen bis zur Gegenwart 2).

ARTHUR HENKEL u. ALBRECHT SCHÖNE (Hrsg.), Emblemata, Handbuch zur Sinnbildkunst des 16. und 17. Jahrhunderts, Stuttgart 1967 (Ergänzte Neuausgabe m. Supplement 1976).

GERO VON WILPERT u. ADOLF GÜHRING, Erstausgaben deutscher Dichtung, Eine Bibliographie zur deutschen Literatur 1600–1960, Stuttgart 1967.

GERMAIN BAZIN, The Baroque: Principles, Styles, Modes, Themes, New York 1968.

MARIAN SZYROCKI, Die deutsche Literatur des Barock, Eine Einführung, Reinbek b. Hamburg 1968 (Neuaufl. Stuttgart 1979 [Reclam UB 9924]).

FRIEDRICH GAEDE, Humanismus, Barock, Aufklärung, Geschichte der deutschen Literatur vom 16. bis zum 18. Jahrhundert, Bern 1971.

INGRID MERKEL, Handbuch d. Dt. Literaturgeschichte, 2. Abteil., Bibliographien, hrsg. v. P. Stapf, Bd. 5, Barock, Bern, München 1971.

HAROLD JANTZ, German Baroque Literature, A Descriptive Catalogue of the Collection of Harold Jantz, And a Guide to the Collection on Microfilm, Bd. 1, 2, New Haven 1974.

HELMUT DE BOOR u. RICHARD NEWALD, Geschichte der deutschen Literatur von den Anfängen bis zur Gegenwart, Bd. 5, Die deutsche Literatur vom Späthumanismus zur Empfindsamkeit, 1570–1750, von Richard Newald, hrsg. v. G. Bangen u. E. Mannack, München 1975 (Unveränd. Ndr. d. 6. verb. Aufl.).

MARTIN BIRCHER, Deutsche Drucke des Barock 1600–1720 in der Herzog August Bibliothek Wolfenbüttel. In 16 Bänden. (Abteil. A: Bibliotheca Augusta, 6 Bde., Abteil. B: Mittlere Aufstellung, 6 Bde., Abteil. C: Helmstedter Bestände, 2 Bde., Abteil. D: Sonderbestände, 1 Bd., Ges.-Register: 1 Bd.) Bisher erschienen: Abteil. A: Bd. 1, Ethica, Grammatica, Poetica, Rhetorica, Nendeln 1977. Bd. 2, Arithmetica, Astronomica, Bellica, Geographica, Geometrica, Medica, Oeconomica, Physica, Nendeln 1978. Bd. 3, Politica, Nendeln 1979.

KARL-HEINZ HABERSETZER, Bibliographie der deutschen Barockliteratur, Ausgaben und Reprints 1945–1976, Hamburg 1978.

Gerhard Dünnhaupt, Bibliographisches Handbuch der Barockliteratur, Personalbibliographien zum deutschen Schrifttum des 17. Jahrhunderts, Stuttgart 1980.

Ilse Pyritz, Bibliographie zur deutschen Literaturgeschichte des Barockzeitalters, begründet v. Hans Pyritz, fortgeführt u. hrsg. v. I. Pyritz. Erster Teil: Allgemeine Bibliographie, bearbeitet v. R. Bölhoff. Zweiter Teil: Dichter und Schriftsteller, Anonymes, Textsammlungen, bearbeitet v. I. Pyritz, Bern u. München 1980.

PERSONEN- UND SACHREGISTER

HERBERT A. FRENZEL (HG.)
Elemente der Literatur
Beiträge zur Stoff-, Motiv- und Themenforschung.
2 Bände, je 177 Seiten, kart. (ISBN 3 520 70201 0/3 520 70301 1)

SIEGFRIED KIENZLE
Schauspielführer der Gegenwart
714 Einzelinterpretationen zum Schauspiel seit 1945.
659 Seiten. Leinen (ISBN 3 520 36903 6)

OTTO KNÖRRICH
Die deutsche Lyrik seit 1945
425 Seiten. Leinen (ISBN 3 520 40102 9)

FRANZ LENNARTZ
Deutsche Schriftsteller der Gegenwart
400 Einzeldarstellungen zur Schönen Literatur in deutscher Sprache.
825 Seiten. Leinen (ISBN 3 520 15111 1)

GOTTHOLD EPHRAIM LESSING
Hamburgische Dramaturgie
Kritisch durchgesehene Gesamtausgabe.
Mit Einleitung und Kommentar von Otto Mann.
495 Seiten. Leinen (ISBN 3 520 26703 9)

FRITZ MARTINI
Deutsche Literaturgeschichte
Von den Anfängen bis zur Gegenwart.
VIII, 727 Seiten. Leinen (ISBN 3 520 19617 4)

HANNS-JOSEF ORTHEIL
Wilhelm Klemm
Ein Lyriker der Menschheitsdämmerung.
96 Seiten. 3 Abbildungen. kart. (ISBN 3 520 70401 3)

ROY PASCAL
Der Sturm und Drang
Autorisierte deutsche Ausgabe.
XII, 406 Seiten, Leinen (ISBN 3 520 33502 6)

HELMUT PRANG
Geschichte des Lustspiels
IX, 390 Seiten. Leinen (ISBN 3 520 37801 9)

FRANK TROMMLER
Sozialistische Literatur in Deutschland
Ein historischer Überblick.
846 Seiten. Leinen (ISBN 3 520 4301 6)

DIETRICH WEBER
Deutsche Literatur der Gegenwart
Band 1: 662 Seiten. Leinen (ISBN 3 520 38203 2)
Band 2: 486 Seiten. Leinen (ISBN 3 520 38201 2)

GERO VON WILPERT
Lexikon der Weltliteratur
Band 1: Autoren
Biographisch-bibliographisches Handwörterbuch nach Autoren und anonymen Werken.
1793 Seiten. Leinen (ISBN 3 520 80702 5)
Band 2: Werke
Die Hauptwerke der Weltliteratur in Charakteristiken und Kurzinterpretationen.
ca. 1350 Seiten. Leinen (ISBN 3 520 80802 1)

GERO VON WILPERT
Sachwörterbuch der Literatur
928 Seiten. Leinen (ISBN 3 520 23106 9)

GERO VON WILPERT/ADOLF GÜHRING
Erstausgaben deutscher Dichtung
Bibliographie zur deutschen Literatur 1600–1960.
X, 1468 Seiten. Leinen (ISBN 3 520 80901 x)